DIE SACHE MIT DEM —WALD

SVEN HERZOG

MIT KOSMOS MEHR ENTDECKEN
Ökosystem
Wirtschaftsfaktor
Sehnsuchtsort
SEIT 1822

DIE SACHE MIT DEM —WALD

NEUE PERSPEKTIVEN UND KONZEPTE FÜR UNSER ÖKOSYSTEM

KOSMOS

INHALT

WARUM NOCH EIN WALDBUCH?

Man sollte glauben, zum Thema Wald sei alles gesagt, vielleicht nur noch nicht von jedem. Immer neue Bücher kommen auf den Markt, esoterische ebenso wie emotionale, Bildbände ebenso wie Fach- oder Sachbücher. Viele transportieren eine bestimmte Sichtweise, sehen den Wald aus einer bestimmten Perspektive, vertreten bestimmte Partikularinteressen und blenden viele andere Aspekte dabei aus.

Dies wird dem Thema Wald jedoch nicht gerecht. „Wald" verkörpert für uns Mitteleuropäer, Stadtmenschen ebenso wie Bewohner des ländlichen Raumes, ein breites Spektrum an Assoziationen, Empfindungen und Emotionen.

Welche Assoziationen entstehen, wenn Sie einmal die Augen eine Minute lang schließen und an „Wald" denken?

Kindheitserinnerungen vom Waldspaziergang? Märchenbücher mit phantasievollen Bildern von urigen Wäldern, in denen allerlei Fabelwesen zu Hause sind? Vogelgezwitscher und das Summen von Insekten? Licht, das durch Baumkronen fällt? Erstarrte Winterlandschaft? Der Geruch von Harz? Das Reh vertraut auf der Waldlichtung?

Vielleicht aber auch das Geräusch einer Motorsäge ganz von fern? Der leichte, nicht unangenehme Geruch nach warmem Motoröl in der Nähe einer Forstmaschine? Oder auch ein Hochglanzprospekt über nachhaltige und krisensichere Investitionen in Wälder?

Wir alle haben unsere individuellen Vorstellungen, wenn wir an Wälder denken, neben Emotionen und Erinnerungen verbinden wir diese mit (intakter) Natur, mit Erholung, mit Befreiung von den Alltagszwängen. Aber auch mit der nachhaltigen und achtsamen Nutzung natürlicher Ressourcen, der sich unsere Gesellschaft seit vielen Jahren als eine gedankliche Idealvorstellung verschrieben hat.

FRAGEN UND ANTWORTEN

Derselbe Wald hat viele Gesichter: Projektionsfläche unserer Sehnsucht und magischer Ort, Freizeit und Naturerlebnis, Ruhe und Meditation, Natur und Technik, Brennholzlieferant und Kohlendioxidspeicher.

Allerdings, und das ist vielen Menschen nicht wirklich bewusst, sind es meist Wirtschaftswälder, auf die sich unsere Vorstellungen beziehen. Wälder, die seit langer Zeit von Menschen auf vielfältige Weise genutzt werden.

Die planmäßige, geregelte und nachhaltige Bewirtschaftung der Wälder Mitteleuropas war und ist eine der wichtigsten Errungenschaften der Neuzeit. Sie legte die Grundlage für die sozio-ökonomische und sozio-kulturelle Entwicklung dieser Region.

Die frühe Neuzeit war geprägt durch die rapide Entwicklung der Montanindustrie und der Hochseeschifffahrt. Konstruktions- wie Energieholz wurde bald knapp und die geregelte Forstwirtschaft war die richtige Antwort auf die Energie- und Rohstoffkrise des 18. Jahrhunderts, die im Wesentlichen eine Krise der Holzversorgung nach massiver Übernutzung und weitgehender Zerstörung der Wälder darstellte.

Somit kann man die Entwicklung der nachhaltigen Forstwirtschaft aus ökonomischer Sicht in eine Reihe mit der Entwicklung der Eisenbahn im 19. Jahrhundert oder der Digitalisierung seit der zweiten Hälfte des letzten Jahrhunderts stellen.

Im beginnenden 20. Jahrhundert wurde es bald politisch. „Wald" und „Natur" waren spannende gesellschaftliche Themen. Naturschutz- und Wandervogelbewegung oder die „Naturgemäße Waldwirtschaft" entstanden oder entwickelten sich in dieser Zeit. Nach deren Vereinnahmung durch den Nationalsozialismus in den 1930er und 1940er Jahren galt die Beschäftigung mit dem Wald und der Natur in der Zeit nach dem Zweiten Weltkrieg lange Zeit als etwas hoffnungslos Gestriges. Andere Fragen waren deutlich zeitgeistiger und standen im gesellschaftlichen Fokus.

Mit der Anti-Atomkraft-Bewegung, aber auch mit dem Waldsterben der 1970er und 1980er Jahre änderte sich diese Sichtweise allerdings bald. Die Sorge um die Bewahrung der natürlichen Ressourcen rückte wieder in den Vordergrund. Naturschutz (und Wälder sind für viele Menschen nach wie vor pure Natur) war wieder gesellschaftsfähig. Auch wenn das Waldsterben durch saure Niederschläge in seinen Auswirkungen seinerzeit vielleicht überbewertet wurde, so hat es doch dazu beigetragen, eine Sensibilität für das Thema Wald bei den Menschen und in der Gesellschaft zu schaffen und zu verankern.

Seit einigen Jahren stehen wir wieder vor sterbenden Bäumen, ein Bild des Schreckens für Profis ebenso wie für Laien. Forstliche Verbände rufen reflexhaft nach finanziellen Beihilfen und beschwören gebetsmühlenartig den Klimawandel als Ursache allen Übels. Von forstlichen Fehlentscheidungen in den vergangenen Jahrzehnten hören wir erstaunlich wenig. Von Seiten der Politik kommen hilflose Gesten und mehr Bürokratie, aber kaum praktikable Angebote.

Auf der öffentlichen Bühne erscheinen Aktivisten und Publizisten, aber auch Verbandsvertreter und Forscher und stellen den Umgang der Forstleute mit unseren Wäldern in weiten Teilen infrage: Wäre es nicht besser, Wälder gar nicht mehr zu bewirtschaften? Weiß Mutter Natur nicht am besten, was gut für uns ist? Ist Holznutzung nicht Frevel an unseren natürlichen Ressourcen? Solche Fragen begegnen uns mittlerweile allenthalben.

Und wenn auch das relativ regenreiche Jahr 2021 vielerorts zeigt, dass nichts ist, wie es auf den ersten Blick zu sein scheint, so bewegt sich die Diskussion um die Zukunft unserer Wälder, aber auch um die Zukunft einer nachhaltigen Forstwirtschaft, weiterhin im Krisenmodus. Der Geist ist aus der Flasche und nicht mehr einzufangen.

FAKTENBASIERTE INFORMATIONEN

An dieser Stelle setzt das vorliegende Buch an. Es will der lauten öffentlichen Diskussion nicht einfach noch eine weitere Meinung hinzufügen. Es hat auch nicht die Absicht, „wissenschaftlich fundierte Wahrheiten“ zu präsentieren. Denn „Wissenschaft“ und „Wahrheit“ passen bekanntlich nicht zusammen. Es sind Religionen und Ideologien, welche sich in Besitz der Wahrheit wähnen.

Die Absicht des vorliegenden Buches ist es, die interessierte Leserin und den interessierten Leser darin zu unterstützen, sich selbst ein Bild zu machen und die zahlreichen und widersprüchlichen Aussagen einmal kritisch zu hinterfragen, Zusammenhänge zu erkennen und festzustellen, dass die Dinge nicht ausschließlich schwarz oder weiß sind.

Dass in Wäldern einzelne Bäume sterben, ist normal. Auf diese Weise passt sich die Baumpopulation an wechselnde Umweltbedingungen während des langen Baumlebens an. Im Lebenszyklus eines Waldes sind „Jahrhundertereignisse“ wie Trockenjahre oder Stürme nichts Außergewöhnliches. Bäume sterben, die umstehenden Bäume schließen die Lücke alsbald.

Wenn allerdings ganze Waldbestände absterben, dann müssen wir uns fragen, was in der Vergangenheit falsch gelaufen ist. Wo wurden Fehler gemacht? Und wie können wir diese in Zukunft vermeiden? Das vorliegende Buch versucht Antworten auf diese und zahlreiche andere Fragen zu geben. Es will dabei nicht belehren, sondern faktenbasierte Informationen liefern.

Welche Rolle spielen Böden, Pflanzen und Wildtiere in unseren Wäldern? Sind Rehe und Hirsche wirklich nur Schädlinge, die es zu dezimieren gilt?

Und was können Wälder in Zukunft leisten, um die gesellschaftlichen Bedürfnisse in Bezug auf Biodiversität, Klimaschutz und Erholung zu befriedigen, ohne dass dabei das forstliche Kerngeschäft, die Nutzung des Holzes, auf der Strecke bleibt?

Gerade in Zeiten großer politischer Unsicherheit und weltweiter Abhängigkeiten der Produktions- und Lieferketten ist die nachhaltige, lokale Versorgung mit Konstruktions- und Energieholz wichtiger als je zuvor.

Auf den folgenden Seiten wollen wir unseren Umgang mit Wäldern einmal „gegen den Strich bürsten“. Dabei werden wir erkennen, dass Forstwirtschaft sich nicht darin erschöpfen darf, Wälder lediglich zu verwalten. Langfristiges Denken und der kluge Einsatz natürlicher Ressourcen sind die Voraussetzung für langfristige Erfolge. Dabei stehen sich Ökonomie und Ökologie keineswegs so unversöhnlich gegenüber, wie dies derzeit in der Öffentlichkeit oft wahrgenommen wird.

Es ist sicher nicht sinnvoll, Wälder wie unter einer Käseglocke zu schützen. Solche Ansätze sind in der Vergangenheit zu oft gescheitert. Sowohl eine kluge, nachhaltige forstliche Nutzung als auch eine Öffnung der Wälder für erholungssuchende Menschen mit unterschiedlichen Interessen stehen einem langfristigen Schutz der Waldökosysteme nicht im Wege. Schutz durch Nutzung ist weltweit heute eines der erfolgreichsten Schutzkonzepte.

Dazu bedarf es zukünftig allerdings einiger Voraussetzungen. Damit unsere Wälder mit ihren vielfältigen gesellschaftlichen Funktionen eine Zukunft haben, ist es erforderlich, dass wir als Waldbesitzer und Forstleute festgefahrene Glaubenssätze verlassen, ohne dabei Bewährtes über Bord gehen zu lassen. Nachhaltigkeit bedeutet weder Verharren in ewig gestrigen Denkansätzen noch jedem Modetrend hinterherzulaufen!

Wenn wir nach Jahrzehnten erkennen, dass standortfremde Baumarten wie die Fichte enorme Probleme bekommen, dann sollten wir uns sehr gut überlegen, ob es jetzt klug ist, nun die Libanonzeder oder andere Exoten zu pflanzen, oder ob wir nicht zunächst die ökologischen Potentiale der vorhandenen Arten ausloten sollten. Wir sollten prüfen, ob die Entscheidungen der 1990er Jahre, Forstbetriebe personell massiv zu „verschlanken“ und Reviere deutlich zu vergrößern, wirklich zielführend waren. Oder ob es nicht klüger ist, wieder mehr Personal in die Fläche zu bringen und forstliche Arbeiten nicht weiter „outzusourcen“. Und müssen viele Forstdienststellen im Herbst und Winter tage- und wochenlang nur sehr bedingt arbeitsfähig sein, weil die Forstbeamten sich auf der Jagd befinden?

Als Bürger, Naturfreunde und Waldbesucher müssen wir lernen, Waldökosysteme mit ihren Böden, Tieren und Pflanzen achtsam zu behandeln, wenn wir diese für unsere Zwecke nutzen. Nur so werden auch unsere Kinder und Enkel die Wälder erleben und bewundern können, die heute begründet werden.

Wenn dieses Buch ein Stück dazu beitragen kann, hat es sein Ziel erreicht.

1. WÄLDER UND MENSCHEN IN GESCHICHTLICHER ZEIT

Seit Menschen begonnen haben, über sich selbst und ihr Dasein nachzudenken, sind es neben den Tieren vor allem die Bäume und Wälder, die unsere Kultur- und Zivilisationsgeschichte über Jahrtausende immer wieder beeinflusst haben. Darauf gehen wir in Kapitel 2 näher ein.

Umgekehrt wurden Wälder ihrerseits bereits früh durch menschliche Aktivitäten beeinflusst. So können wir davon ausgehen, dass Menschen mit dem Beginn der Sesshaftigkeit eines bedeutenden Teiles der Bevölkerung bereits im Neolithikum einen signifikanten Einfluss auf die Wälder Mitteleuropas ausübten[102]. Holz wurde schnell der zentrale, das Leben bestimmende Rohstoff, man spricht deswegen auch von einer „hölzernen Zeit".

Neben der Holznutzung waren es zwei weitere Phänomene, welche die Wälder Mitteleuropas seit der Jungsteinzeit signifikant beeinflussten: Rodung und Waldweide.

Sesshaftigkeit war zwingend mit Rodungen verbunden. Dadurch wurden Flächen für Siedlungen, vor allem aber Anbauflächen für das

Getreide geschaffen. Die Ernährung der Haustiere wiederum erfolgte durch Waldweide, wie sie bis ins 19. und 20. Jahrhundert hinein auch in Mitteleuropa gängig war und lokal (etwa im Alpenraum) bis heute noch in Rudimenten zu beobachten ist. Die Tiere wurden – meist behirtet – in den Wald um die Siedlungen getrieben, von dessen Pflanzen und Früchten (Eicheln und Bucheckern spielten dabei eine wesentliche Rolle) sie sich ernährten. Während die Schweine zum Winter meist geschlachtet wurden, hielt man Rinder, Schafe und Ziegen den Winter über im Stall, wo diese mit Laubheu, also mit getrockneten Blättern und Trieben verschiedener Gehölze wie Hasel, Linde, Esche oder Ulme gefüttert wurden. Schließlich wurde Laub- und Nadelstreu aus den umliegenden Wäldern als Einstreu in den Ställen verwendet.

Diese vielfältigen Nutzungen des Waldes bedeuteten eine lokale Übernutzung und hatten Auszehrung der Böden der umliegenden Waldgebiete zur Folge. Die Böden verloren je nach Standort mehr oder weniger schnell ihre Fruchtbarkeit, die Verjüngungsfähigkeit der Wälder ließ nach.

Siedlungen zu Beginn menschlicher Sesshaftigkeit dürfen wir uns somit auch nicht wie heute über Jahrhunderte stationär vorstellen, sondern eher wie den (heute noch in Teilen der Tropen üblichen) Wald-Feld-Bau: Wenn die Böden nach einigen Jahren oder Jahrzehnten ausgezehrt waren, wenn die hölzernen Gebäude verfielen, zogen die Menschen weiter, rodeten neue Flächen und der Kreislauf begann aufs Neue. In den meisten Fällen waren die hinterlassenen Gebiete aber nicht dauerhaft geschädigt und entwaldet, sondern es bildete sich ein neuer, „Sekundärwald", der seinerseits Jahrhunderte überdauerte und trotz niedriger Bevölkerungsdichte bereits in vor- und frühgeschichtlicher Zeit zumindest lokal das Waldbild prägte. Es gibt durchaus gute Gründe anzunehmen, dass die umfangreichen Wälder mit dominierender Buche (oder auch Fichte in den höheren Lagen) in weiten Teilen Mitteleuropas bereits die Folgen jahrtausendealter menschlicher Einflussnahme darstellen[102].

Seit dem ersten vorchristlichen Jahrtausend war es die Kultur der Kelten, welche große Teile Mitteleuropas beeinflusste. Trotz erster größerer Siedlungen und Städte und dem damit verbundenen Raubbau im Umfeld der Siedlungen war Mitteleuropa offenbar immer noch sehr waldreich, auch wenn uns keine schriftlichen Zeugnisse aus dieser Epoche vorliegen[182].

Hölzerne Zeit

Bei genauerer Betrachtung war die Epoche vom Neolithikum (Jungsteinzeit) über die Bronze- und Eisenzeit bis ins 19. Jahrhundert immer auch und vorwiegend eine „hölzerne Zeit“: Holz dominierte (bis zum Siegeszug der Kohle seit dem 19. Jahrhundert) die Energiegewinnung und war bis ins 20. Jahrhundert wichtigstes Bau- und Konstruktionsmaterial. Erst Kohle und Stahl, später Erdöl und Kunststoffe veränderten die Situation grundlegend. Der Soziologe und Volkswirt Werner Sombart schrieb über diese Zeit[189]:
„Das Holz griff in alle Gebiete des Kulturdaseins hinein, war für alle Zweige des Wirtschaftslebens die Vorbedingung ihrer Blüte und bildete so sehr den allgemeinen Stoff aller Sachdinge, dass die Kultur vor dem 19. Jahrhundert ein ausgesprochen hölzernes Gepräge trägt.“

Schriftliche Zeugnisse hinterließen uns allerdings die Römer. Wer in der Schule Lateinunterricht hatte, kennt wahrscheinlich noch die Texte etwa von Caesar, Plinius oder Tacitus. Diese zeichnen, neben militärischen Berichten oder Informationen zu Land und Leuten, auch ein Bild der Landschaft in den besetzten Gebieten nördlich der Alpen.

Sie beschreiben die Wälder in „Germanien“, im Siedlungsraum der „Germanen“ (ein damals wie heute gerne verwendeter Sammelbegriff für verschiedene Ethnien nördlich der Donau und westlich des Rheins) als lebensfeindlich, dunkel, unwirtlich und als selbst in vielen Tagesmärschen nicht zu durchquerende Hindernisse.

Sicher ist dies ein subjektives Bild. Wir können uns aber leicht vorstellen, wie sich Menschen, die ein mediterranes Klima und das Licht des Südens gewohnt waren, im kalten und regnerischen Norden fühlten. In einer Landschaft, in der sowohl die Natur mit ihren Wäldern und wilden Tieren als auch manche Völker als ausgesprochen (lebens-)feindlich empfunden wurden. So ist es wohl die Summe aus Klima, Vegetation und einer unberechenbaren, asymmetrischen Kriegführung verschiedener lokaler Gruppen, welche diesen Eindruck prägte.

Erklärtes Ziel der Römer war es daher, das besetzte Gebiet zu „befrieden". Dazu gehörte auch, Wälder zu roden, Siedlungsraum zu schaffen und Landwirtschaft zu betreiben, wie man dies aus der Heimat gewohnt war.

Gleichzeitig wurden enorme Mengen an Holz als Energiequelle und für Konstruktionszwecke benötigt. Militärische Befestigungsanlagen, Kastelle und Wohnsiedlungen wurden errichtet, Fahrzeuge für Transportzwecke und Kriegsmaschinen gebaut und eine wachsende soziale Oberschicht sah ein geheiztes Haus und heiße Bäder als Selbstverständlichkeit an.

Die Rodungen zur Römerzeit sind schwer zu beziffern, doch gehen wir davon aus, dass an Rhein und Mosel und entlang des Limes bereits in den ersten nachchristlichen Jahrhunderten in etwa die Verteilung von Wald und Ackerflächen herrschte, wie wir das heute zum Beispiel in der Wetterau oder am Oberrhein vorfinden[143].

Während die Landwirtschaft der Römer bereits als hochentwickelt und aus heutiger Sicht sogar als nachhaltig gelten konnte, wurden die Wälder lediglich ausgebeutet, vergleichbar etwa mit der heutigen Exploitationswirtschaft, also einer ungeregelten und die wirtschaftlichen bzw. ökologischen Folgen nicht berücksichtigenden Holznutzung, in einigen tropischen Regionen. Von Nachhaltigkeit konnte hier keine Rede sein.

Aus heutiger Sicht interessant ist die Tatsache, dass, wie erwähnt, die Verteilung von Wald und Feld in einigen Regionen bereits seit der Römerzeit bis heute weitgehend unverändert besteht.

Dennoch gab es über die Jahrtausende immer wieder Flächen, die gerodet und besiedelt waren, doch später wieder aufgegeben und vom Wald vereinnahmt wurden. Diese „Wüstungen" bergen beispielsweise keltische Siedlungen, römische Villen, mittelalterliche Dörfer oder Grabstätten aus allen Epochen. Insbesondere zur Zeit der Völkerwanderung und des Rückzugs des römischen Imperiums aus Nord- und Mitteleuropa, aber auch nach den Pestepidemien des Mittelalters hat sich der Wald zahlreiche ehemals gerodete Flächen wieder zurückgeholt[143].

Dies bedeutet aber auch, dass, wie wir später noch sehen werden, in Mitteleuropa keine Urwälder, also vom Menschen unberührte Wälder, mehr existieren.

Eine besondere gesellschaftliche Bedeutung erreichte der Wald später, im fränkischen Reich. Dessen politisches System war im Wesentlichen auf die Interaktion zwischen den Königen und dem Adel gegründet. Das aus römischer Zeit brachgefallene Land, das „Niemandsland", ging meist ins Eigentum des Königs bzw. Kaisers über.

Ein Problem bildeten in diesem Zusammenhang die „Gemeinfreiheiten", die Gewohnheitsrechte der keltischen bzw. germanischen Stammesgesellschaften, welche von alters her ihren freien Mitgliedern Holznutzung, Jagd oder Fischfang gestatteten.

Dem schoben die fränkischen Könige, Merowinger ebenso wie Karolinger, alsbald einen Riegel vor. Durch den „Bann", eine königliche Verfügung, wurde die Ausübung der Gemeinfreiheiten untersagt. Die Könige reservierten sich auf diese Weise Flächen insbesondere für die Jagd.[61,120,173]

Diese Form der Besitzergreifung von vormals öffentlichem Land wurde auch „Einforstung" (inforestation) genannt, und alsbald wurden die Begriffe „Wald" und „Forst" synonym gebraucht. Erst in jüngster Zeit wird sprachlich wieder mehr zwischen „Wald" und „Forst" unterschieden. Das hat aber ganz andere Gründe, wie wir später noch sehen werden.

Bannforste wurden im Laufe der Jahrhunderte an vielen Orten in Europa etabliert; in England etwa war es Wilhelm der Eroberer, der dafür berüchtigt ist, auf diese Weise zahlreiche Flächen der Allgemeinheit entzogen zu haben. Aus heutiger Sicht haben diese frühen Übergriffe staatlicher Gewalt durchaus ihre Vorteile: Zahlreiche große Waldgebiete, beispielsweise Harz, Solling, Reinhardswald, Spessart, Nürnberger Reichswald, Schönbuch und viele andere sind nur aufgrund ihrer Eigenschaft als Bannwälder und später Teile von Königsgütern bis heute in diesem Umfang erhalten. Auch die Tatsache, dass etwa Rotwild in Deutschland bislang noch nicht völlig ausgerottet wurde, hat etwas mit der Existenz ehemaliger Bannforste in der Hand der Landesherren und des Adels im 19. Jahrhundert zu tun (vgl. Kapitel 4).

Über die Jahrhunderte diente Landbesitz einschließlich Wald den Königen auch als Währung, um sich Adelige und Kirche als loyale Gefolgsleute zu sichern. Lehen und Schenkungen verteilten den Waldbesitz. Die Anzahl der Grund- und damit Waldbesitzer vermehrte sich, während der Umfang des einzelnen Grundbesitzes geringer wurde.

DIE PERIODE DER RODUNGEN

Einer Phase des wirtschaftlichen Wachstums und des Ausbaus der Siedlungen bis ins achte Jahrhundert folgte eine Zeit ökonomischer Rückschläge. Erst ab der ersten Jahrtausendwende ging es in Europa wirtschaftlich wieder aufwärts, das Klima wurde deutlich wärmer und die Bevölkerung Mitteleuropas wuchs. Für die Wälder hatte die „Periode der Rodungen“ begonnen, welche erst in der spätmittelalterlichen Klimaabkühlung ihr Ende fand.

Zwischen der ersten Jahrtausendwende und dem Ende des 14. Jahrhunderts reduzierte sich die Waldfläche von über der Hälfte der Fläche auf weniger als ein Drittel. Die Bevölkerung erreichte um die Mitte des 14. Jahrhunderts einen Höhepunkt. Allein für das heutige Gebiet Deutschlands können wir von etwa 15 Millionen Menschen ausgehen. Mehr Menschen bedeuteten mehr Nahrungsbedarf und in ungünstigen Jahren Hungersnöte. Da die Produktivität des Agrarlandes sich in einer Zeit ohne künstliche Düngemittel (diese wurden erst durch Justus von Liebig an der Universität Gießen im 19. Jahrhundert entwickelt) kaum steigern ließ, wuchs der Druck auf die Wälder.

Bauern und Klöstern wurde vom Grundherrn Wald überlassen mit der Verpflichtung, diesen zu roden und zu landwirtschaftlichen Flächen umzuwandeln. Je nach Epoche und Region erfolgte dies auf unterschiedliche Weise. Sogenannte Waldhufendörfer erstreckten sich in den Mittelgebirgen zunächst entlang der Täler, später wurden dann auch die Hänge gerodet. Zahlreiche Ortsbezeichnungen zeugen bis heute nicht nur von der Rodung, sondern auch von den Ausführenden (z. B. „Pfaffenrode“ oder „Konradsreuth“).

Ab dem 14. Jahrhundert gingen zahlreiche Siedlungen wieder verloren. Wir können davon ausgehen, dass bis heute etwa ein Fünftel der damaligen Siedlungen wieder aufgegeben wurde, „wüst gefallen“ ist und bis heute als „Wüstung“ nur noch in Flurkarten oder Flurbezeichnungen weiterexistiert. Beispiele aus jüngerer Vergangenheit (vgl. Abbildung S. 14) zeigen, wie schnell die Natur sich ehemalige Siedlungen wieder zurückholt.

Bereits Mitte des 15. Jahrhunderts war z. B. im Reinhardswald dieser Zustand weitgehend erreicht; der Wald hatte einen nicht unerheblichen Teil der ehemals gerodeten Flächen wieder eingenommen[20,21,80,89]. Kriege, Seuchen und Hungersnöte waren häufige Gründe für das Wüstfallen von Siedlungen. Bereits nach wenigen Jahrzehnten wurden diese Orte wieder vom Wald überwuchert. Lediglich mit sehr geübtem Blick kann man hier und da bis heute solche mittelalterlichen Wüstungen noch erkennen.

Die verbliebenen Ortschaften erlebten eine gegenteilige Entwicklung. Hier breiteten sich die Feldmarken zunehmend aus, so dass mit der Zeit aus Wald mit einzelnen Rodungsinseln landwirtschaftliche Fluren mit inselartigen Wäldern darin entstanden[143].

NÄHRWALD UND WALDWEIDE

Beschäftigen wir uns mit der Bedeutung der Wälder für die bäuerlichen Siedlungen, so erkennen wir, dass „Wald“ in den vergangenen Jahrhunderten nicht nur Holzlieferant war. Der Begriff des „Nährwaldes“ trifft die Situation sehr gut.

Auch wenn der Acker es war, der die Menschen sesshaft machte, so war dieser allein über viele Jahrhunderte keineswegs in der Lage, das Überleben der Menschen zu sichern. Einen wesentlichen Teil der Nahrungsbasis lieferten Haustiere, also Schweine, Rinder, Ziegen und Schafe. Haustiere waren erforderlich, um in Mitteleuropa mit seinem ausgeprägten Jahreszeitenklima die Wintermonate zu überstehen.

Die ursprünglich geringen Erträge des Getreideanbaus waren allerdings nicht in der Lage, das Vieh mit zu ernähren: Wir können davon ausgehen, dass im Mittelalter nur etwa die dreifache Menge des ausgesäten Getreides wieder geerntet werden konnte, während heute je nach Getreideart und -sorte etwa das Zwanzig- bis Vierzigfache des ausgebrachten Getreides geerntet werden kann. Das Vieh musste die meiste Zeit des Jahres seine Nahrung in den umgebenden

Wäldern suchen. Schweine, Ziegen, Schafe und Rinder wurden aus dem Dorf in die Wälder getrieben und ernährten sich dort.

Um die Verluste durch große Prädatoren (Raubtiere wie Bär, Wolf und Luchs) zu reduzieren, war eine Behirtung regelmäßig erforderlich. Hinsichtlich der Waldweide müssen wir bezüglich der Folgen für den Wald zwischen Schweinemast und der Weide von wiederkäuenden Huftieren (Schafe, Ziegen und Rinder) unterscheiden. Schweinemast war grundsätzlich weniger problematisch, je nach Intensität der „Baummast", also der Produktion vor allem an Eicheln und Bucheckern, nahmen die Tiere einen mehr oder minder geringen Teil dieser Früchte auf. Für die Waldverjüngung blieb in der Regel genug übrig.

Dennoch sollten wir bedenken, dass wir heute nicht genau sagen können, wie häufig „Mastjahre" früher tatsächlich auftraten. Als Mastjahre bezeichnen wir Jahre mit intensiver Fruktifikation der Waldbäume, d.h. der Produktion von Eicheln, Bucheckern oder

Abb. 3: Bilddokumente der Romantik zeigen die typischen aufgelichteten Wälder als Folge vielfacher Übernutzung (Jules Dupré, 1837).

Kastanien. Wir wissen nicht, ob diese etwa in der Warmzeit des Hochmittelalters deutlich häufiger waren, so wie auch seit dem späten 20. Jahrhundert bis heute die Mastjahre wieder zunehmen.

Im Übrigen gilt die Fraßaktivität von Schweinen im Wald eher als günstig, fressen sie doch auch zu einem erheblichen Anteil Insektenlarven und Mäuse, also Organismen, welche im Wald aus menschlicher Sicht nach wie vor eher als „schädlich" angesehen werden.

Problematischer waren die wiederkäuenden Huftiere, also Schafe, Ziegen und Rinder. Diese ernährten sich einerseits auf den waldfreien Lichtungen und Wiesen, aber zu einem wesentlichen Teil auch von der Waldverjüngung („Verbiss") und Rinde größerer Bäume („Schäle"). Hinzu kommt die Laubheugewinnung durch die Bauern zur Fütterung der Tiere über den Winter. Auf den Bilddokumenten der Romantik zeigen sich die typischen aufgelichteten Wälder als eine Folge vielfacher Übernutzung, u.a. auch durch Waldweide (vgl. Abbildung 3).

Zahlen für zwei nordhessische Waldgebiete (Kaufunger Wald und Reinhardswald) aus dem Jahre 1739 belegen den Eintrieb von 795 Schweinen, 1173 Rindern und 3146 Schafen im Kaufunger Wald (4500 ha) und von 5459 Schweinen, 3059 Pferden, 5868 Rindern, 19 374 Schafen und 718 Ziegen für den Reinhardswald (21 000 ha)[117]. Diese Zahlen, selbst wenn wir davon ausgehen, dass sich nicht alle Tiere das ganze Jahr im Wald aufhielten, und dass nicht alle Teile des Waldgebietes gleich intensiv beweidet wurden, sprechen für sich. Die Dichte an wiederkäuenden Huftieren lag schätzungsweise mindestens um den Faktor zehn, lokal und temporär aber sogar um den Faktor hundert über der von Natur aus vorhandenen Wildwiederkäuerdichte.

Wie intensiv die Nutzung der Wälder durch Waldweide auf Ebene der einzelnen Gemeinde tatsächlich war, zeigt ein Beispiel aus Sachsen (vgl. Kasten[98]).

Nutzung durch Waldweide im Dorf Taura in der Dahlener Heide in Sachsen

Das Dorf Taura bestand im Jahre 1551 aus insgesamt 31 Gehöften und bewirtschaftete 380 Hektar Feldflur. Die Bauern besaßen in diesem Jahr 228 Rinder, 36 Schweine und 354 Schafe. Gehen wir davon aus, dass diese im Wesentlichen siedlungsnah zur Waldweide getrieben wurden, so können wir leicht erkennen, dass hier ein Beweidungsdruck durch Rinder und Schafe im Wald existierte, der denjenigen der wildlebenden Huftiere um Größenordnungen überstieg und langfristig sicher massive Beeinträchtigungen der Waldstruktur und der Baumartenzusammensetzung bewirkte. Gehen wir weiterhin davon aus, dass die Mehrzahl dieser Tiere den Winter in Stallhaltung verbrachte, so kommt zu den unmittelbaren Fraßeinwirkungen noch ein Nährstoffexport durch Laubstreugewinnung für die Ställe sowie den Schnitt von Laubheu als Winterfutter hinzu. Auch wenn Exkremente der Weidetiere wiederum gewisse Nährstoffeinträge bedeuteten, so wurden die Waldböden langfristig durch mehr oder minder hohe Netto-Nährstoffverluste geschädigt.

Eine solche Situation dürfte im ausgehenden Mittelalter und in der beginnenden Neuzeit in vielen Teilen Mitteleuropas den Normalfall darstellen. Daher können wir anhand solcher Beispiele heute in etwa ermessen, welchen zerstörerischen Einfluss die Waldweide langfristig auf die Waldbestände hatte. Auch langfristig genutzte Hutewälder sind gekennzeichnet durch wenige, sehr licht stehende, alte fruchttragende Bäume (vgl. Abbildung 4), insbesondere Eichen, die eine parkartige, halboffene Landschaft bildeten. Durch eine intensive Beweidung mit Wiederkäuern kommt es nicht mehr zur Verjüngung, die typische Waldstruktur geht verloren.

Allerdings gibt es aus heutiger Sicht durchaus auch positive Aspekte der Waldweide. Betrachten wir nämlich die Biodiversität nicht allein durch die forstliche Brille auf Waldbaumarten bezogen, so können wir davon ausgehen, dass die gesamte Artendiversität in den

Abb. 4: Ehemaliger Hutewald: Kenzeichnend ist der parkartige Charakter der Landschaft mit einzelnen alten Eichen.

durch Waldweide genutzten Waldbeständen vermutlich deutlich höher war, als dies im heutigen Wirtschaftswald der Fall ist. Mittlerweile wird die Waldweide wieder als ein strategisches Instrument im Naturschutz diskutiert[117]. Allerdings stellten die Haustiere im Rahmen der Waldweide auch immer eine ernstzunehmende (Nahrungs-) Konkurrenz für die wildlebenden Huftiere dar. Die bis heute zu beobachtende, gegenüber „natürlichen" Verhältnissen deutlich reduzierte Zahl an freilebenden Huftieren in den Wäldern ist somit vermutlich nicht nur der direkten Bejagung durch den Menschen, sondern auch einer teils drastischen Verschiebung der Konkurrenzverhältnisse zwischen Haus- und Wildtieren geschuldet.

HANDWERK UND INDUSTRIE „FRESSEN“ WÄLDER

Auch wenn die Wälder bis weit in die Neuzeit (und in einigen Regionen Europas bis heute) im Wesentlichen Nährwälder waren, welche vor allem durch Waldweide und Imkerei direkt oder indirekt der menschlichen Ernährung dienten, so waren es verschiedene andere Nutzungen, welche letztlich die Zerstörung vieler mitteleuropäischer Wälder besiegelten.

Der Köhlerei kam schon früh in mittelalterlichen Wäldern eine große Bedeutung zu. Holzkohle war ein entscheidender Brennstoff im Rahmen der Metallverhüttung oder Glasherstellung. Nur durch Verwendung von Holzkohle waren die etwa zur Eisenschmelze erforderlichen Temperaturen erreichbar. Für die Holzkohleproduktion ist Laubwald, z. B. die umfangreichen Buchenbestände im Norden Hessens oder im Süden Niedersachsens, die bevorzugte Rohstoffquelle. Wo dieser fehlte, etwa in den Hochlagen der Mittelgebirge, kam auch Nadelholz zum Einsatz.

Während des Mittelalters beobachten wir einen Konzentrationsprozess der Eisenverhüttung und -verarbeitung, ausgehend von kleinen Waldschmieden zu größeren Metallhütten und Eisenhämmern entlang der Flüsse in der Nähe größerer Waldgebiete[37,186].

Für die Verhüttung war Holzkohle aus den Wäldern, für die Metallverarbeitung (Hammerwerke) zusätzlich Energie aus Wasserkraft erforderlich. Auch hierauf finden wir bis heute in zahlreichen Orts- und Flurnamen Hinweise (z. B. die Gemeinde Wondrebhammer in der Oberpfalz). Die Holzkohleproduktion erfolgte in „Meilern“, zunächst wohl überwiegend in großen „Grubenmeilern“, später[76] in kleineren, (vom Konzept her bereits seit dem Altertum bekannten) mobilen „Platzmeilern“, welche den (mit zunehmender Nutzung immer schwieriger erschließbaren) Holzvorräten mit vertretbarem Aufwand folgen konnten[76,77].

Ein Platzmeiler (vgl. Abbildung 5) besteht aus einem runden, dicht aufgeschichteten Holzstapel aus großen Scheiten mit einer Abdeckung aus Reisig bzw. Erde, welche einen kontrollierten Abbrand des Holzes zu Holzkohle erlaubt. Die Kunst des Köhlers besteht darin, stets das richtige Maß an Luftzufuhr zu finden, welches das Erlöschen des Feuers einerseits und das vollständige Abbrennen des Holzes andererseits verhindert.

Die ehemaligen Standorte der mobilen, oft nur über einige Jahre oder Jahrzehnte am gleichen Ort befindlichen Meiler, die „Meilerplatten", sind gelegentlich heute noch als kreisrunde, ebene Plätze von etwa 10 bis 15 Meter Durchmesser im Wald erkennbar.

Die leichte Umsetzbarkeit der Meiler, nachdem nach einigen Jahren oder Jahrzehnten der lokale Holzvorrat aufgebraucht war, führte zu einer Vielzahl an Meilerstandorten. So werden in einer Untersuchung für den nordhessischen Reinhardswald im Mittel 13 Meilerplatten pro Quadratkilometer beschrieben, für den benach-

Abb. 5: Holzkohlemeiler (Platzmeiler) im Solling um 1909

barten Kellerwald im Mittel 23 Meilerplatten pro Quadratkilometer, wobei diese allerdings nicht gleichmäßig über das Gebiet verteilt liegen, sondern deutliche lokale Klumpungen zeigen[172].

Diese Ergebnisse geben interessante Hinweise auf die Situation der Wälder in der beginnenden Neuzeit, wie wir unten noch genauer erkennen werden.

Neben der Holzkohleproduktion benötigte auch die Glasherstellung große Mengen Holz. Einerseits diente dieses zur Glasschmelze, vor allem aber in Form von Pottasche (Kalziumkarbonat, welches früher aus Holzasche gewonnen wurde) als wesentlicher Rohstoff bei der Herstellung der Glaswaren.

Auch Salinen waren von alters her auf enorme Mengen an Holz angewiesen. Pro Tonne produzierten Salzes gehen wir von einem Holzbedarf von orientierend geschätzt vier Raummetern (Raummaß für Holz, das als ein Kubikmeter parallel geschichtetes Rund- bzw. Scheitholz definiert ist) für Brennholz zum Salzsieden aus. Das erscheint auf den ersten Blick überschaubar, doch die teils jahrhundertelangen Produktionszeiträume der Salinen führten zusammen mit dem ebenfalls stetig benötigten Bau- und Konstruktionsholz langfristig zu umfangreichen Entwaldungen.

Beispielsweise existierte die Saline in Lüneburg etwa seit dem Jahr 800, bildete spätestens seit dem 12. Jahrhundert einen wichtigen überregionalen Wirtschaftsfaktor und stellte den Betrieb 1980 ein. Die Entstehung der Lüneburger Heide ist unter anderem eine Folge der lokalen Waldübernutzung durch den Salinenbetrieb. Allerdings waren es regelmäßig auch Salinenverwaltungen, welche schon früh und lange vor der Beschreibung des forstlichen Nachhaltigkeitsprinzips erste Ansätze nachhaltiger Wirtschaftsweisen ersannen. Während für die Saline in Lüneburg keine derartigen Aktivitäten überliefert sind[210], gab es für die Saline Reichenhall bereits im 17. Jahrhundert regelmäßige Einschätzungen des Holzvorrates im Einzugsgebiet.

Abb. 6: Holz aus den Mittelgebirgen wurde zu riesigen Flößen von bis zu 300 Meter Länge gebunden und rheinabwärts in die Niederlande transportiert. (Kolorierter Kupferstich von J. E. Grave nach einer Vorlage von J. Bulthuis, 1796)

Noch deutlich ältere Ansätze nachhaltigen Wirtschaftens, welche bis in die Bronzezeit zurückreichen, werden für die Salzgewinnung im Raum Hallstatt in Österreich beschrieben[41].

Bau- und Konstruktionsholz wurde seit dem ausgehenden Mittelalter vor allem auch für die Montanindustrie (Grubenholz und Brennholz) in zahlreichen Mittelgebirgen (z. B. Harz, Erzgebirge) und für den Schiffbau, aber auch den Bau von Windmühlen in den zu dieser Zeit bereits waldarmen Niederlanden benötigt.

So wurden aus den Mittelgebirgen wie dem Schwarzwald große Mengen Holzes oft über kleinere Flüsse in den Rhein transportiert und dort zu großen Flößen gebunden rheinabwärts in die Niederlande exportiert („Holländertannen", vgl. Abbildung 6). Laubholz (z. B. Eichen) wurde als zusätzliche Nutzlast auf solchen Flößen befördert und für den Schiffbau verwendet. Für den Bau eines großen seegängigen Schiffes bedurfte es mehrerer Tausend etwa 150-jähriger Eichen. Mit Beginn der Neuzeit gab es in Europa rund 20 000 derartiger Schiffe, die allermeisten davon fuhren unter niederländischer Flagge. Da die Flößerei vergleichsweise große Mengen (schwimmfähigen) Nadelholzes benötigt, können wir davon ausgehen, dass die (Über-)Nutzung der Waldbestände spätestens zu diesem Zeitpunkt auch die fichten- und tannenreichen Hochlagen der Mittelgebirge erreicht hatte.

HOLZNOT: EUROPAWEITE KRISE ODER „FAKE NEWS"?

Die verschiedenen intensiven Nutzungen der Wälder führten bereits seit dem 16. Jahrhundert zu Klagen über eine bevorstehende Holznot. Der Zustand der Wälder hatte dann auch Mitte des 18. bis Mitte des 19. Jahrhunderts seinen Tiefpunkt erreicht. Um 1800 waren in Deutschland im Umfeld von Siedlungen und in der Nähe von Bergwerken oder Industrieanlagen kaum noch geschlossene Wälder vorhanden, die Holzvorräte erreichten ein Minimum.

Zeitgenössische Darstellungen sprechen vielfach von verwüsteten Landschaften, bei entsprechenden Ausgangssubstraten (Geest) bildeten sich durch die Entwaldung offene Sandböden, so dass Flugsande und Wanderdünen sogar Städte wie Celle bedrohten[222].

Heidelandschaften sind typischerweise Relikte von durch Übernutzung zerstörten Waldgebieten auf ärmeren Standorten. Dennoch sind solche Lebensräume heute aus Naturschutzsicht wertvoll, zeigen diese doch eine ausgesprochen hohe Artenvielfalt und werden auch landschaftsästhetisch sehr positiv gesehen.

Relikte dieser zerstörten Wälder finden wir heute nicht nur in Form von Heiden (z. B. Lüneburger Heide), sondern auch in Gestalt von Trockenrasengesellschaften (Biotope, die sich an trockenen, nährstoffreichen, z. B. Kalkstandorten ausbilden) oder kahlen Gebirgsrücken. Viele dieser Lebensräume gelten aus Naturschutzsicht und hinsichtlich ihrer Artenvielfalt heute als ausgesprochen wertvoll. Das soll uns aber nicht darüber hinwegtäuschen, dass solche Landschaftselemente die Folge einer Raubbauwirtschaft an ehemaligen Wäldern darstellen.

Der Historiker Joachim Radkau und weitere Autoren entwickelten demgegenüber seit den 1980er Jahren die Vorstellung, dass eine allgemeine und umfassende Versorgungskrise in Bezug auf Holz nie bestanden habe. Vielmehr habe es sich bei dem Phänomen „Holznot" um räumlich und zeitlich begrenzte Versorgungsengpässe und Übernutzungen gehandelt[148,149,154,218]. Die Autoren streiten das Problem als solches und die damit einhergehende lokale Waldverwüstung keineswegs ab, gehen allerdings davon aus, dass mit dem alarmistischen Argument der drohenden Holznot gezielt bestimmte politische Ziele und staatliche Interessen durchgesetzt werden sollten. Damit wird letztlich eine alte These vom „Popanz des Holzmangels" aufgegriffen, die bereits Heinrich Ernst Christian von Berg in der ersten Hälfte des 19. Jahrhunderts aufgestellt hatte[212,213].

Für die nordhessischen Wälder lässt sich beispielsweise zeigen, dass diese zu Beginn des 19. Jahrhunderts zumindest nicht flächendeckend zerstört waren[169,172].

Allerdings besteht auch die gegenteilige Ansicht, dass nämlich die Holznot des 18. Jahrhunderts tatsächlich eine Krise säkularen Ausmaßes gewesen sei, welche letztlich erst durch die zunehmende Verwendung von Steinkohle zur Energiegewinnung gelöst werden konnte[184,189].

Diese Diskussion lässt aufmerken, zeigt sie doch interessante Parallelen zur Energiekrise der 1970er Jahre, zum Waldsterben der 1980er Jahre, aber auch zur aktuellen Klimadebatte. Geschichte wiederholt sich nicht, doch wir können aus der Geschichte, in diesem Falle aus der Instrumentalisierung von Krisen für eigene politische oder unternehmerische Zwecke, einiges lernen.

So problematisch die Verknüpfung von wissenschaftlich plausiblen Hypothesen mit politischem Aktivismus sein mag, so sehr überzeugen doch manchmal die Resultate: Sowohl die Versorgungsprobleme mit dem Rohstoff Holz im 19. Jahrhundert als auch die Probleme mit verschiedenen Umweltbelastungen, welche in den 1970er bis 1990er Jahren zu ausgeprägten Waldschäden führten, wurden schließlich gelöst. Nun gibt es seit einigen Jahren wieder Stimmen, welche den Alarmismus im Kontext der Klimadiskussion kritisieren. Möglicherweise braucht eine Gesellschaft aber beides: saubere wissenschaftliche Hypothesen und politischen Aktivismus. Fragwürdig bleibt es, beides miteinander zu vermischen[131,150].

NACHHALTIGKEIT ALS FORSTLICHES KONZEPT

So können wir festhalten, dass das 18. und frühe 19. Jahrhundert zumindest in vielen Regionen durch massive Versorgungsengpässe des zentralen Rohstoffes „Holz" gekennzeichnet war. Auch spielt es letztlich nicht die entscheidende Rolle, ob die zunehmende Gründung akademischer forstlicher Lehranstalten in verschiedenen Ländern seinerzeit eher durch den Zwang der ökonomischen Verhältnisse selbst oder durch die (vielleicht gezielt manipulierte) politische Stimmung jener Zeit katalysiert wurde.

Auch war es dem sächsischen Oberberghauptmann Hannß Carl von Carlowitz (1645–1715) keineswegs bewusst, was er rund 200 Jahre später bewirken würde, als er in seinem Werk „Sylvicultura oeconomica, oder haußwirthliche Nachricht und Naturmäßige Anweisung zur wilden Baum-Zucht"[214] das erste Mal mit kratzender Feder niederschrieb (oder vielleicht doch seinem Sekretär diktierte): „*Wird derhalben die größte Kunst/Wissenschaft/Fleiß und Einrichtung hiesiger Lande darinnen beruhen / wie eine sothane Conservation und*

Anbau des Holtzes anzustellen / daß es eine continuierliche beständige und nachhaltende Nutzung gebe / weiln es eine unentberliche Sache ist / ohne welche das Land in seinem Esse nicht bleiben mag." Der Begriff der Nachhaltigkeit war in der Welt.

Zunächst war das noch rein ökonomisch gedacht und auf die Holzproduktion bezogen, doch das sollte sich im Laufe der kommenden zwei Jahrhunderte ändern. Allerdings war es nicht von Carlowitz, der diese Gedanken in die Tat umsetzte und durch die Gründung forstlicher Ausbildungsstätten an zahlreiche junge Menschen weitergab. Diese Aufgabe fiel einer Generation von Forstleuten zu, welche wir heute als die „forstlichen Klassiker" bezeichnen: Diese im späten 18. und frühen 19. Jahrhundert wirkenden Forstleute, insbesondere Heinrich Cotta (1763–1844), Georg Ludwig Hartig (1764–1837), Gottlob König (1779–1849), Johann Christian Hundeshagen (1783–1834), Friedrich Wilhelm Leopold Pfeil (1783–1859) und Carl Justus Heyer (1797–1856) waren erfahrene Praktiker, teils bereits mit eigener akademischer Ausbildung, denen es gelang, die anfangs noch vagen Vorstellungen von forstlicher Nachhaltigkeit zu operationalisieren und in konkrete, langfristige Handlungskonzepte umzusetzen. Sie waren wissenschaftlich und publizistisch tätig, gründeten eigene Lehr- und Ausbildungsstätten oder wurden an solche berufen, so dass es ihnen gelang, ihre Ideen auch weiterzutragen.

Aus dem Förster als Lehrberuf entstanden in diesen Jahren die Forstwissenschaften mit einer zugrundeliegenden, umfangreichen akademischen Ausbildung.

Die Bewirtschaftung der Wälder, nunmehr auf naturwissenschaftlicher und mathematischer Grundlage, änderte sich grundlegend.

Aufgelichtete oder devastierte (zerstörte) Wälder wurden wieder aufgeforstet, Waldweide und verschiedene andere landwirtschaftliche Nutzungen der Wälder wurden langsam zurückgedrängt.

Es sollte in einem Forstbetrieb langfristig nicht mehr Holz genutzt werden als nachwuchs, und der Siegeszug der vergleichsweise schnell wachsenden und vermeintlich unproblematischen Baumarten Fichte (auf den nähstoffreicheren Standorten) und Kiefer (auf nährstoffarmen oder anderweitig extremen Standorten) begann.

Die Nutzung des Holzes in Form teils umfangreicher Kahlschläge mit anschließender Neupflanzung wurde zum Standardverfahren der Waldwirtschaft, so dass sich über die Jahrzehnte Wälder aufbauten, wie wir sie in nicht geringer Zahl bis heute noch vorfinden. Dabei sprechen wir vom „Alterklassenwald“, da ein gepflanzter Waldbestand immer aus Bäumen gleichen Alters besteht und jedes Jahr ein weiterer Teil der Gesamtfläche auf diese Weise neu bepflanzt wird. Oftmals (nicht immer) wurde auch nur eine einzige Baumart gepflanzt, wir sprechen dann von „Reinbeständen“ im Gegensatz zu Mischbeständen mit mehreren Baumarten.

Dieser Weg, so viel sei hierzu angemerkt, war seinerzeit durchaus naheliegend und richtig. Die Probleme, die sich heute mit den Fichten- und Kieferreinbeständen (vgl. Kapitel 7) zeigen, waren zum einen nur teilweise abzusehen, zum anderen hatte die Lösung des aktuellen Problems, der Wiederbewaldung und der Verhinderung weiterer Schädigung der Böden, absoluten Vorrang vor anderen Überlegungen.

NATURGEMÄSSE WALDWIRTSCHAFT

Der auf diese Weise zunehmend entstehende Altersklassenwald wurde allerdings schon bald nicht mehr uneingeschränkt positiv gesehen.

Eine kleine Minderheit namhafter Forstwissenschaftler wie Gottlob König (1779–1849), Karl Geyer (1822–1907) oder Emil Adolf Roßmäßler (1806–1867) sah die Probleme der Reinbestandeswirtschaft und des Altersklassenwaldes voraus und plädierte dafür, dass sich

Förster mehr an den natürlichen Prozessen im Wald orientieren sollten. In den 1920er Jahren schließlich formten sich diese Vorstellungen zu einem forstlichen Konzept, der „Naturgemäßen Waldwirtschaft“[132].

Dieses ist im Wesentlichen gekennzeichnet durch den Verzicht auf Kahlschläge („Dauerwald“) und die Abkehr von Altersklassenwald und Reinbeständen. Stattdessen sollen Wirtschaftswälder, wie es der Name andeutet, in Anlehnung an natürliche Wälder ein Mosaik an unterschiedlichen Baumarten unterschiedlichen Alters enthalten. Die Nutzung erfolgt lokal und kleinflächig überall dort, wo einzelne Stämme oder kleine Gruppen die erwünschten Dimensionen erreicht haben.

Bis heute lebt dieses Prinzip in der „Naturnahen Waldwirtschaft“ weiter und hat sich seit einigen Jahrzehnten in Deutschland und vielen anderen europäischen Ländern zum Standard forstlichen Wirtschaftens entwickelt. Wenngleich in der Bewirtschaftung zunächst aufwendiger, so erscheint diese Wirtschaftsweise heute deutlich risikoärmer und – bei mittlerweile sehr hohen Löhnen und extremen Lohnnebenkosten für Handarbeit im Wald – durch die „Naturverjüngung“ (statt Saat oder Pflanzung) teilweise auch kostengünstiger als die konventionellen Altersklassenwälder.

Allerdings müssen wir uns an dieser Stelle fragen, warum es bis ins 21. Jahrhundert gedauert hat, bis sich dieses Prinzip forstlichen Wirtschaftens durchgesetzt hat. Dies hat verschiedene Gründe. Ein wichtiger Grund sind in Deutschland sicherlich zwei verlorene Weltkriege.

Nach diesen kam es nämlich zu hochgradigen Übernutzungen der Wälder, um die von den jeweiligen Siegermächten geforderten Reparationsleistungen liefern zu können („Reparationshiebe“). Es entstanden in kurzer Zeit riesige Kahlschläge. Ende der 1940er Jahre wurde diese Situation zusätzlich durch eine Borkenkäferkalamität,

Abb. 7: Bergmischwälder im Hochgebirge (hier in Tirol) wurden schon immer naturnah bewirtschaftet.

etwa im Thüringer Wald[8], verschärft. In dieser Situation war, wie bereits schon im frühen 19. Jahrhundert, schnelles Handeln angesagt. Somit waren es wieder vor allem Fichte und Kiefer, schnell und preiswert in Monokulturen gepflanzt, die in der Lage waren, die Kahlflächen mit den vorhandenen, sehr begrenzten Ressourcen dieser Zeit wieder zu bestocken.

Ein weiterer möglicher Grund für die Zurückhaltung dem Dauerwaldgedanken gegenüber nach dem Zweiten Weltkrieg wäre, dass jener ein Jahrzehnt zuvor durchaus in das ideologische Konzept des Nationalsozialismus passte und somit von der Politik bald vereinnahmt wurde[55,88]. Bis in die 1960er Jahre haftete dieser Wirtschaftsform (ähnlich wie auch dem Naturschutz[10]) somit ein unguter, „ewiggestriger" Beigeschmack an.

Schließlich war es für viele Betriebe schlichtweg rationeller, einfacher und bequemer, in Kahlschlägen und Altersklassen zu denken und zu wirtschaften. Dies gilt auch und gerade für die staatlichen Forstverwaltungen. Auch die kurzfristige Rentabilität eines privaten Betriebes (sofern man in der Forstwirtschaft von Kurzfristigkeit sprechen kann) ist mit Fichten und Kiefern, die nach 80 bis 100 Jahren geerntet werden können, auf den ersten Blick günstiger. Erst als sich gegen Ende des 20. Jahrhunderts zunehmend zeigte, wie risikoanfällig solche Monokulturen sind (vgl. Kapitel 7 und 8), erfolgte ein Umdenken. Dieses zeigen die „Waldumbauprogramme" aller deutschen Landesforstverwaltungen seit den 1990er Jahren, welche bis heute mit mehr oder weniger gutem Erfolg umgesetzt werden.

Solche Umbauprogramme erfordern, das ist das Kennzeichen forstlichen Wirtschaftens, allerdings viel Zeit. Jedes Jahr kann, gerade aus Gründen der Nachhaltigkeit, maximal etwa der hundertste Teil eines Waldbestandes umgewandelt werden. Denn dazu ist die Ernte des Altbestandes erforderlich. Und so traf die Sommertrockenheit der vergangenen Jahre immer noch auf zahlreiche Waldbestände, welche nicht gut an solche extremen Umweltsituationen angepasst waren. Das Fehlen eines hinreichend großen und gut qualifizierten Personal- und Maschinenbestandes in den Forstbetrieben und die Abkehr von angeblich überholten Waldschutzkonzepten tat ein Übriges. So müssen wir uns, wie wir im Folgenden sehen werden, heute erneut großen Herausforderungen in der Waldwirtschaft stellen.

2. MYTHOS WALD

Jeder darf in Deutschland den Wald frei betreten. Dies ist – auch im internationalen Kontext – nicht selbstverständlich, doch wird der Wert dieses hohen Gutes kaum wahrgenommen, sondern gilt den Meisten als Selbstverständlichkeit.

Viele Menschen sind sich der Tatsache nicht bewusst, dass Wälder letztlich nichts Anderes als Grundstücke sind, die einen Eigentümer haben, wirtschaftliche Erträge zeitigen müssen und/oder wichtige Funktionen im Natur- und Artenschutz erfüllen.

Und obwohl die meisten Menschen es keineswegs schätzen würden, wenn jedermann ohne zu fragen in ihren Garten käme, etwa um dort mit Freunden zu grillen, so nehmen sie für sich doch ganz selbstverständlich in Anspruch, Wälder zu jeder Tages- und Nachtzeit für ihre Freizeitaktivitäten, zum Pilzesuchen, zum Sammeln von Beeren und Kräutern, zum Spaziergang oder für sportliche Aktivitäten zu nutzen.

Dieses Recht ist hierzulande gesetzlich garantiert und kann, je nach Bundesland, lediglich geringfügig eingeschränkt sein oder aus wichtigen Gründen (z. B. nach Sturmereignissen, Waldbränden oder bei hohen Schneelagen) eingeschränkt werden.

Somit sind Wälder faktisch Allgemeingut. Die Rechte der Eigentümer sind so extrem wie – vielleicht mit Ausnahme des Mietrechtes – sonst nirgendwo in unserem Land beschnitten.

Woher kommt die hinter dieser Rechtslage stehende Einstellung? Hat sie vielleicht mit einem besonderen Verhältnis der Menschen zum Wald zu tun? Der Antwort wollen wir in diesem Kapitel auf die Spur kommen. Und anders als in den meisten anderen Kapiteln dieses Buches stehen hier eindeutig wir Menschen mit unseren Empfindungen, Emotionen, Ängsten und Sehnsüchten im Vordergrund.

WÄLDER: DUNKEL UND LEBENSFEINDLICH

Dass Wälder bei uns Menschen Emotionen auslösen, ist nicht neu. Schriftliche Zeugnisse darüber hinterließen erstmals die Römer (vgl. Kapitel 1).

Plinius, der über einige Jahre bei den römischen Besatzungstruppen am Rhein stationiert war, schrieb kurz und bündig: *„Wälder bedecken ganz Germanien und verbinden die Kälte mit der Dunkelheit."*

Bei Tacitus finden wir unter anderem Bemerkungen zur „Varusschlacht" im Teutoburger Wald (9 n. Chr.). Auch hier hebt der Autor die Unwirtlichkeit hervor: *„Wenngleich das Land im Einzelnen Unterschiede zeigt, so macht es mit seinen Wäldern einen schaurigen, mit seinen Sümpfen einen abstoßenden Eindruck."*

Mehr als ein Jahrhundert zuvor konnte man bei Caesar bereits ein wenig schmeichelhaftes Bild über die Waldgebiete östlich des Rheins finden.

Caesar war als römischer Feldherr verpflichtet, regelmäßig militärische Lageberichte nach Rom zu senden. Deren Zusammenfassung unter dem Titel „De bello Gallico" („Über den Gallischen Krieg") ist – da in der klaren und einfachen Sprache des Soldaten verfasst – bis heute einer der ersten Texte, an dem Schulkinder lateinische Übersetzungen üben müssen.

Aus diesen Berichten erfahren wir etwas vom „Hercynischen Wald" (im Namen „Harz" bis heute erhalten). Allerdings umfasst dieses Waldgebiet weit mehr als nur den Harz, sondern vermutlich die mehr oder weniger zusammenhängenden Waldungen, welche sich östlich des Rheins erstrecken, möglicherweise bis zu den Karpaten. Dass diese undurchdringlichen und militärisch kaum beherrschbaren (und auch später durch die Römer nie wirklich eroberten) Gebiete nicht gerade in einem positivem Licht beschrieben werden, ist verständlich.

Die Bauern und Mönche des Mittelalters, welche Wälder rodeten, um Acker- und Siedlungsland zu gewinnen, werden den Wald wohl ähnlich negativ gesehen haben wie die Angehörigen der Römischen Besatzungstruppen viele Jahrhunderte zuvor. Auch der Begriff der „Wildnis", der mit demjenigen des Waldes oft eng verknüpft ist, weckte nicht immer die positiven Emotionen, welche diesen Gebieten seit der Einrichtung der ersten Wildnisgebiete in den Vereinigten Staaten von Amerika[112] und bis heute in der aktuellen Nationalpark-PR zugeschrieben werden.

In der (höfischen) mittelalterlichten Dichtung tritt der Wald regelmäßig als ein gefahrvoller Ort auf, ein Ort des Verlassenseins[193]. Darüber hinaus waren Wälder zu dieser Zeit das Refugium der Gesetzlosen, aus der Gesellschaft Ausgestoßenen, letztlich der Verbrecher, denen niemand begegnen wollte. Dieser Aspekt des Waldes wurde vielfach in den Märchen und Erzählungen aufgegriffen, die andererseits auch, wie wir noch sehen werden, ein ausgesprochen positives (Stimmungs-)Bild von Wäldern zeichnen.

Von den negativen Assoziationen zeugen bis heute noch Begriffe wie derjenige des „Großstadtdschungels" (der Chaos, Unwohlsein und vielleicht auch Gefahr assoziiert) oder aber des „Hinterwäldlers", eines Menschen, der ungebildet und zivilisationsfern sein Dasein fristet.

Bis in die Neuzeit bilden Wälder Rückzugsorte im Rahmen „asymmetrischer Konflikte“, von Guerillaverbänden in Lateinamerika bis zu den Vietcong im Vietnamkrieg. Gegen Letztere setzten US-Truppen in großem Maßstab Chemikalien („Agent Orange“) zur Entlaubung der Wälder ein, doch ohne militärischen Erfolg. Das Symbol dieser zerstörten Wälder blieb allerdings in den 1970er Jahren präsent in den Friedensbewegungen Nordamerikas und Europas.

Ganz individuelle Ängste, alleine oder im Dunkeln in den Wald zu gehen, finden wir bis heute bei vielen Menschen. Ob dabei die erwähnten Narrative, seit früher Kindheit und in Märchen und Erzählungen regelmäßig wiederholt, die entscheidende Rolle spielen, ob es subjektive, oftmals singuläre persönliche Erfahrungen sind[105,106] oder ob möglicherweise noch ganz andere Faktoren in diesem Zusammenhang relevant werden, ist letztlich nicht wirklich klar und möglicherweise auch bei jedem einzelnen Menschen anders.

Der Forstmann und langjährige Leiter des Nationalparkes Harz, Wolf-Eberhardt Barth[11,12], vertritt beispielsweise die Hypothese, dass wir Menschen, vereinfacht gesagt, den längsten Teil unserer Evolutionsgeschichte in den afrikanischen Savannen zugebracht haben und somit eine genetisch bedingte Anpassung auch in unserer emotionalen Welt an offene, leicht hügelige, von wenigen Bäumen bestandene Savannenlandschaften erfolgt sei. Dies erklärt, warum viele Menschen etwa die Landschaften der Toskana oder die Lüneburger Heide als angenehmer empfinden als reine Waldlandschaften.

WALD UND NATIONALE IDENTITÄT

Allerdings werden Wälder für uns Menschen keineswegs nur abweisend oder furchteinflößend wahrgenommen. Eine interessante Facette der Wahrnehmung von Wald ist, zumindest in Deutschland, auch die Verknüpfung des Begriffes „Wald“ mit einer nationalen Identität. Man könnte darüber spekulieren, ob die, im Vergleich zu Frankreich, erst sehr späte Vereinigung zahlreicher Länder und Kleinstaaten zu einem Nationalstaat im Jahre 1871 den Bedarf nach derartigen Identitätssymbolen befördert hat.

Die Geschichte des Sieges des cheruskischen Adeligen (ehemals in römischen Diensten) Arminius über die römischen Truppen unter dem Feldherrn Varus bzw. die darum gewobenen Mythen wirkten jedenfalls noch viele Jahrhunderte nach: in Gestalt der Legende von „Hermann dem Cherusker“, den „alten Germanen“ und deren Wäldern, welche nun nicht mehr mit den negativen Eigenschaften wie zur Zeit der Römer bedacht wurden.

Interessanterweise war es wiederum Tacitus, der mit seiner „Germania“, einer volkskundlichen Schrift über die Germanen, zum Kronzeugen und Kristallisationspunkt für diejenigen Menschen wurde, welche mit der Überwindung mittelaterlichen Denkens, mit dem Übergang in die Neuzeit, im kleinstaatlichen Mitteleuropa eine eigene nationale Identität suchten.

Er berichtet nämlich auch von heiligen Hainen, die nicht betreten werden durften, von rituellen Feiern in den Wäldern und darüber, dass so manche germanischen Völker ihren Ursprung im Dunkel der Wälder sahen[105,106].

Immer wieder wird dieses Thema über die Jahrhunderte in Fachbüchern ebenso wie in der belletristischen Literatur aufgegriffen und ein positives und respektvolles Bild vom Wald gezeichnet, welches die indigenen Völker Mitteleuropas, die Kelten und die Germanen, von alters her entwickelt hätten. Mangels schriftlicher Zeugnisse, selbst der keltischen Hochkulturen, lässt sich darüber allerdings, so viel sei vorausgeschickt, nur wenig Belastbares sagen.

Im 15. Jahrhundert sind es Humanisten wie etwa der Dichter Conrad Celtis, welche die Legenden um den Cheruskerfürsten mit-

Abb. 9: Die Legende von Hermann dem Cherusker, den „alten Germanen" und deren Wäldern wurde seit dem 15. Jahrhundert zu einem deutschen Identitätssymbol stilisiert.

begründen und damit zu einem „deutschen Gründungsmythos" beitragen. Die eigene Identität wird auf einen Ursprung der germanischen Stämme aus den dunklen Wäldern der Vorzeit zurückgeführt. Noch bis weit ins 20. Jahrhundert hinein wird dieses Narrativ wirken. So sieht der Schriftsteller Elias Canetti das Meer als nationales Symbol der Engländer, die Berge als Symbol der Schweizer und den Wald als das Symbol der Deutschen[28].

Doch zurück zur Geschichte des Arminius und der Schlacht im Teutoburger Wald. Unzählige Bilder, Gedichte, Romane, Lieder oder Opern, aber auch zahlreiche Sachbücher greifen die Thematik über die Jahrhunderte auf (vgl. Abbildung 9).

1743 schrieb Johann Elias Schlegel eine Tragödie mit dem Titel „Hermann", Friedrich Gottlieb Klopstock verfasste zwischen 1769 und 1787 drei Theaterstücke zum Thema, beginnend 1769 mit „Die Hermanns Schlacht". 1808 erschien das Stück „Die Hermannsschlacht" des Heinrich von Kleist, um nur einige Beispiele aus dem Bereich der Dramatik zu nennen. Auch wenn dem Wald in diesen Werken eher eine Nebenrolle zukommt, so finden wir doch regelmäßig den Bogen vom römischen Geschichtsschreiber Tacitus über die „Germanen" und deren Wälder zum Mythos und Identitätssymbol der Deutschen.

Diese Argumentationskette finden wir aber nicht allein in der Dichtung. Die Brüder Grimm sammelten in ihren Werken, darunter mehrere Bände über „Altdeutsche Wälder"[51], die Mythen, Sagen, Geschichten und Überlieferungen, in denen oft das Waldmotiv eine besondere Rolle spielt (vgl. Abbildung 10). Zeitgenössische Multiplikatoren, etwa Lehrer, nutzten deren Sammlungen, so dass sich der Ursprungsmythos von den Vorfahren aus den undurchdringlichen, von Menschenhand unberührten Wäldern schnell verbreitete. Gerade in einer Zeit, in der lokale Waldverwüstung und Waldzerstörung einen Höhepunkt erreicht hatte, dürften die so transportierten idealisierenden Vorstellungen auf besonders fruchtbaren Boden gefallen sein.

Abb. 10: Titelmotiv des Märchens „Rotkäppchen" aus der ersten Hälfte des 20. Jahrhunderts: Die Ambivalenz von Bedrohlichkeit und stimmungsvoller Waldeinsamkeit kommt hier zum Ausdruck.

Verschiedene Autoren verknüpfen später die Wald- oder Natursymbolik mit einer deutschen nationalen Identität, so z. B. der Journalist, Novellist und Kulturhistoriker Wilhelm Heinrich Riehl[159], welcher verschiedene „Nationalcharaktere" definierte. Riehl, der in verschiedenerlei Hinsicht auch als ein früher Vertreter des Landschafts- und Naturschutzes gelten kann, stellt Wald und „Wildnis" in einen engen Zusammenhang und nimmt dabei auch Bezug auf Nordamerika oder Russland. Beiden Regionen bzw. den dort lebenden Völkern bescheinigt er, letztlich ebenso wie den Deutschen, gerade aufgrund ihrer bestehenden oder aus früheren Epochen noch vorhandenen Bindung an Wälder und Wildnis eine hohe Vitalität und Zukunftsfähigkeit. Auffallend ist bei Riehl, ebenso wie bei manchen seiner Zeitgenossen, die Verknüpfung seiner – heute antiquiert erscheinenden – sehr homogenen Vorstellung des „Charakters" eines Volkes mit einem geradezu modern anmutenden Blick auf die Natur und ihre Bedeutung für das menschliche Dasein.

Hinsichtlich des Blickes auf die Bedeutung der „Wildnis" und des „Wilden" für die menschliche Zivilisation erinnert vieles, wie wir noch sehen werden, an die Werke des Philosophen der Aufklärung, Jean-Jaques Rousseau[188].

Verfolgen wir diesen Faden weiter, so führt uns dieser direkt zu den technik- und zivilisationskritischen Vorstellungen Carl Wilhelm Neumanns[137], welche denjenigen der heutigen Umweltbewegung überraschend nahekommen. Neumanns Vorstellungen vom Wald, in denen er das Ideal des „Naturwaldes" als „Lebensgemeinschaft" favorisiert, scheinen in hohem Maße vom Dauerwaldgedanken (vgl. Kapitel 1) beeinflusst. Auch Raoul Heinrich Francé[44,45], ein angesehener Botaniker und Bodenkundler seiner Zeit, vertrat diese Vorstellungen.

Autoren wie Franz von Mammen[217] schließlich bereiteten den Boden für die politische und ideologische Vereinnahmung des Themas. Von Mammen vergleicht den Wald im Sinne einer Organismengemeinschaft unmittelbar mit der Volksgemeinschaft und stellt ihn letzterer quasi als soziales Vorbild dar[105].

In der Zeit des Nationalsozialismus wurden der „deutsche Wald" und seine Mystifikationen zur idealen Projektionsfläche für die eigenen Ideologien. Die Themen „Wald", „Natur" und „Lebensgemeinschaft" wurden bald schon instrumentalisiert, um die Vorstellungen einer moralischen und biologischen Überlegenheit der eigenen Volksgemeinschaft in eine Fach- und Laienöffentlichkeit zu transportieren.

Ein Propagandafilm aus dem Jahre 1936 trug den (Francé zitierenden, s. o.) Titel „Ewiger Wald": „Wald" und „Volk" werden miteinander zu einem Kaleidoskop an emotionsreichen Bildern und Sequenzen vermischt, die letztlich zur Hybris des „tausendjährigen Reiches" überleiten.

Die Landesgruppen des 1904 gegründeten „Deutschen Bundes Heimatschutz" wurden alsbald durch Überführung in den „Reichsbund Volkstum und Heimat" gleichgeschaltet und das Thema Wald in die gängige „Blut- und Boden"-Ideologie eingespeist.

Der Dauerwaldgedanke stieg zu einer Art Staatsideologie auf[88]. Der Idee des Dauerwaldes wurde die (auch heute weitestgehend abgelehnte) Bodenreinertragslehre des 19. Jahrhunderts (welche, vereinfacht gesagt, für den Waldbesitzer eine maximale Verzinsung des Bodenwertes forderte) gegenübergestellt und letztere als eine Form der kapitalistischen Ausbeutung des Bodens diffamiert[53].

Gleichzeitig führten in der täglichen Praxis insbesondere in den Kriegsjahren die Zwänge einer zunehmend desolaten Wirtschaft dazu, dass solcherart Vorstellungen letztlich kaum umgesetzt wurden[165].

Dass in dieser Zeit auch Ideen entwickelt bzw. politisch vereinnahmt wurden, welche heute (immer noch oder wieder) als gute fachliche Praxis gelten, ist eine Ironie der Geschichte. Sie lehrt uns, die Dinge aufgrund ihrer fachlichen Basis zu beurteilen und nicht danach, ob sie von „den richtigen" oder „den falschen" Menschen propagiert werden.

Auch wenn so manches Konzept in Forstwirtschaft und Naturschutz bis heute auf (aus fachlicher Sicht überholten) Vorstellungen von der Überlegenheit des Heimischen bzw. Lokalen und der Unterlegenheit (oder gar Schädlichkeit[6,29,110]) des „Fremden" basieren, so müssen wir uns davor hüten, deshalb ganze Sektoren oder Branchen unter Generalverdacht zu stellen.

Es ist allerdings dringend erforderlich, die nach heutigem Stand des Wissens fachlich ganz oder teilweise überholten Konzepte kritisch zu hinterfragen und durch Ansätze auf Grundlage des aktuellen Kenntnisstandes zu ersetzen oder zumindest zu ergänzen (vgl. Kapitel 8).

WALD ALS SEHNSUCHTSORT

Der Aufklärer Jean-Jacques Rousseau beschreibt 1755 in seinem Werk „Discours sur l'inégalité" einen idealisierten Naturzustand des Menschen, welcher zu der bis heute immer wieder zitierten Vorstellung vom „Edlen Wilden" führte. Volksschriftsteller wie Karl May und James Fenimore Cooper bedienten dieses Klischee in ihren Romanen.

Dabei ist das bzw. der idealisierte „Wilde" nur der Spiegel, welchen sich eine zivilisierte Gesellschaft selbstkritisch vorhält. Mit dem Blick auf den idealisierten Menschen, der im Einklang mit einer idealisierten Natur lebt, erkennen wir – damals wie heute – am besten die Schattenseiten der zivilisatorischen Entwicklung.

Diese Sehnsucht nach dem Bodenständigen, dem Wahren und Ursprünglichen, hat unsere Gesellschaft seitdem nicht mehr losgelassen.

Klassiker wie Goethe („Über allen Gipfeln ist Ruh'") oder Schiller thematisierten den Wald und fühlten sich mit diesem eng verbunden. Mit der Epoche der Romantik Ende des 18. und Anfang des 19. Jahrhunderts erfährt in Deutschland das Thema „Wald" nochmals eine weitere Wandlung, hin zum Positiven. Der Aspekt des Waldes als

Heimat der Verfemten und Gesetzlosen, als gefahrvoller Ort, tritt weiter in den Hintergrund. Stattdessen wird der Wald als Sehnsuchtsort dargestellt und wahrgenommen. Typisch für diese Entwicklung sind etwa der Schriftsteller Ludwig Tieck und sein Kunstmärchen „Der blonde Eckbert" (1797). Dieser prägte den Begriff der „Waldeinsamkeit", welcher sich später, von Joseph von Eichendorff (1788–1857) über Novalis oder E. T. A. Hofmann bis Heinrich Heine, zu einem zentralen Motiv der Romantik entwickeln sollte[114]. Auch hier wird – neben der Einsamkeit des Waldes, der Chance zur Besinnung und Selbstfindung – der Wald in seiner Langlebigkeit im Vergleich zur kurzen Lebensspanne des Menschen, letztlich der Ewigkeitsaspekt, adressiert[59]. Natur wird als beseelt wahrgenommen, die Vorstellung von Bäumen als „Geschwistern"[125] des Menschen scheint hier zumindest in Teilen ihre Wurzeln zu haben.

Auch andere Genres greifen das Thema auf. Robert Schumann (1810–1856) schreibt in dieser Epoche seine romantischen Klavierstücke. In der Malerei sind es die Bilder Caspar David Friedrichs (1774–1840, vgl. Abbildung 11), welche die meisten von uns mit der Epoche der Romantik verknüpfen. Das Motiv des Waldes und seiner Einsamkeit finden wir in zahlreichen seiner Werke, etwa „Der Chasseur im Walde", „Wolfsschlucht", „Der einsame Baum" oder „Abend". Ludwig Richter (1803–1884) knüpft Jahre später etwa mit „Genoveva in der Waldeinsamkeit" nahtlos an. In der Oper „Freischütz" Carl Maria von Webers (1786–1826) verbindet sich das Waldmotiv mit dem Zauber- und Märchenhaften.

Die Märchen der Brüder Grimm sind, wenngleich in dieser Zeit zusammengestellt, nicht ausschließlich Kinder der Romantik. Ihre Grundmotive stammen oftmals aus deutlich früheren Epochen. Dementsprechend adressieren sie eine große Vielfalt an unterschiedlichen Motiven. Doch in der Form, in der wir sie kennen, scheint neben dem Wald als bedrohlicher Wildnis und gefahrvollem Terrain, bewohnt von

Abb. 11: Caspar David Friedrich: Der einsame Baum

wilden Tieren und Gesetzlosen, immer wieder auch die stimmungsgeladene Waldeinsamkeit der Romantik in den Erzählungen durch.

Kommen wir noch einmal zurück zu den „Waldbildern" der Maler der Romantik. Diese zeigen definitiv keine Naturwälder oder auch nur naturnahe Wälder. Vielmehr finden wir dort eindeutig solche Wälder, welche vom Menschen extrem beeinflusst wurden. manchmal sind es nur Relikte ehemaliger Wälder, durch Waldweide aufgelichtet oder durch Kahlschläge zerstört (vgl. Kapitel 1). Möglicherweise liegt gerade hier der Schlüssel für die Waldbegeisterung der Romantiker. Es sind die Reste von „verlorenen Paradiesen", die als Folge einer zunehmenden Urbanisation und Industrialisierung im 18. Jahrhundert für immer verlorenzugehen drohen. Es liegt somit nahe, dass die Vorstellung vom „Sehnsuchtsort Wald" nicht zuletzt den kollektiven

Sorgen vor dem Verlust der heimischen Wälder Ende des 18. Jahrhunderts entspringt. Ganz ähnlich, wie sich Ende des 19. und Anfang des 20. Jahrhunderts vor dem Hintergrund zunehmender Industrialisierung (Jugend-)Bewegungen wie Wandervogel- und Pfadfinderbewegung, Reformpädagogik, Naturismus und andere bildeten. Dass sich manche davon bald politisierten oder politisch vereinnahmt wurden, steht auf einem anderen Blatt.

In Nordamerika führten ähnliche Motive bereits früh zur Gründung von Nationalparken und später, vor allem befördert durch Aldo Leopold[111], zur Etablierung von Wildnisgebieten. Letztere dienen von ihrem Konzept her – anders als unsere mitteleuropäischen Nationalparks – nicht allein dem „Schutz“ von Natur, nicht der Trennung „hier Mensch – dort (museale) Wildnis“. Vielmehr waren Wildnisgebiete geplant als Orte, an denen es Menschen erlaubt ist, Mensch in einer sehr ursprünglichen Form zu sein. Wandern mit Kanu oder Packpferd, Jagen und Fischen sind praktisch die einzigen zugelassenen Aktivitäten. Letztlich ist es also nicht die Natur, sondern die Natursehnsucht des Menschen, die hier bewusst in den Vordergrund gestellt wurde. Dies zeigt recht interessante Parallelen zur heutigen Bedeutung von Wäldern für uns Menschen, wie wir unten noch sehen werden.

DER WALD ALS SAKRALER ORT

Die längste Zeit der Menschheitsgeschichte haben wir Menschen die Natur, und damit auch die Wälder, als ein mystisches Umfeld erlebt, welches sich dem Verstand keinesfalls von selbst erschloss. Bis in die Jungsteinzeit und teils weit darüber hinaus, lange vor den drei großen „Religionen der Schrift“, also Judentum, Christentum und Islam, lebten Menschen auf Augenhöhe mit der Natur, wollten und konnten sie sich nicht „untertan machen“.

Für unverstandene Phänomene wie den Wechsel der Jahreszeiten, ein Gewitter oder eine Sonnenfinsternis bedurfte es geeigneter Erklärungen. Der Verhaltensforscher Irenäus Eibl-Eibesfeld beschreibt dies sehr treffend mit dem Satz *„Götter und Dämonen sind Hypothesen zur Erklärung der Welt.“*

Steinzeitliche Höhlenmalereien, die Baumkulte der griechischen und römischen Antike, die Vielfalt der keltischen oder germanischen Götter und Baumgottheiten mit ihrem Bezug zu Naturphänomenen sind Ausdruck eines magisch-mystischen Naturverständnisses[49], von dem wir uns trotz aller Säkularisierung seit der Französischen Revolution nie völlig befreien konnten. Bis heute haben sich viele Menschen bei aller Rationalität und Technikverbundenheit eine tiefe, oft unbewusste Sehnsucht nach dem Magischen und Mystischen bewahrt, das gerade in Mitteleuropa die Wälder mit einschließt.

Laubabwurf im Herbst als Symbol für das Sterben und der immer wieder neue Laubaustrieb im Frühling; aber auch die jahrhundertealten Bäume als Ewigkeitssymbol prädestinieren Bäume und Wälder als Metapher für unser menschliches Leben einschließlich der Vorstellungen eines „ewigen Lebens“. Es ist daher naheliegend, dass sich Menschen zunehmend die Bestattung in einem Wald wünschen. Dem stehen allerdings in den meisten Ländern Mitteleuropas gesetzliche bzw. bürokratische Hürden entgegen. Speziell ausgewiesene Waldfriedhöfe oder Friedwälder erfahren daher wachsenden Zuspruch.

Zahlreiche heutige Waldzeremonien können wir durchaus in einem sakralen Zusammenhang sehen. Neben dem Ewigkeitsaspekt (Langlebigkeit der Bäume), der geeignet ist, Demut zu lehren, spielen die Stille des Waldes und die Möglichkeit der Meditation und Selbstfindung eine wichtige Rolle. Die bekannteste Waldzeremonie ist wohl die Baumumarmung. Das zugrundeliegende Ritual besteht daraus, eine Verbindung zu einem Baum zu schaffen, ihn zu umarmen, zuzuhören, mit ihm zu sprechen und sich bei ihm zu bedanken.

Das Phänomen des „Waldbadens“, des shinrin yoku, stammt ursprünglich aus Japan und wurde dort in den 1980er Jahren entwickelt. Auch wenn man auf den ersten Blick einen sakralen Zusammenhang dahinter vermuten mag, so handelt es sich doch eher um eine Entspannungstherapie, welche auf der Idee basiert, durch Achtsamkeitsübungen und Einsatz aller Sinne einen meditativen Zustand und letztlich eine stressreduzierende und möglicherweise sogar immunstimulierende Wirkung zu entfalten.

MENSCHEN UND WÄLDER HEUTE

In der Nachkriegszeit war das Thema „Wald“ – insbesondere in Westdeutschland – lange Zeit in die „Kitschecke“ mit Heimatfilm im Fernsehen und darüber dem röhrenden Hirsch in Öl an der Wand verbannt. Eine ernsthafte Auseinandersetzung wurde, nicht zuletzt aufgrund der Besetzung und Vereinnahmung der Thematik im Nationalsozialismus, vermieden.

Umweltbewegung und Waldsterben der 1970er und 1980er Jahre (vgl. Kapitel 8) ließen das Interesse vieler Menschen am Thema „Wald“ wieder aufleben. Künstler wie Joseph Beuys mit seiner Installation „7000 Eichen – Stadtverwaldung statt Stadtverwaltung“ auf der Documenta 1982 trugen das Thema in größere gesellschaftliche Kreise.

Dieses neu erwachte Interesse hatte zunächst allerdings weniger mit dem Mythos „Wald“ zu tun, sondern entsprang mehrheitlich der Sorge um die natürlichen Ressourcen.

Der Hamburger Soziologe Albrecht Lehmann hat sich intensiv damit beschäftigt, wie diese Sichtweisen zusammenhängen[105]. Seine Untersuchungen zeigen in der Tat, dass viele Menschen zumindest in Deutschland offenbar ein ganz besonderes Verhältnis zum Wald haben. Wald spielt in der persönlichen Lebensgeschichte vieler Menschen eine besondere Rolle, die auf spezielle persönliche Erinnerungsmuster zurückgeführt wird. Diese sind allerdings beeinflusst durch eine ebenso persönliche Sozialisierung. So können wir davon ausgehen, dass dabei vornehmlich die in der Romantik entstandene, immer wieder kulturell tradierte Bilderwelt, modifiziert durch persönliche Erfahrungen, reflektiert wird. Bis heute hat sich der Wald des Nachts, aber auch in der Stille des Mittags, für viele Menschen offenbar eine gewisse „Unheimlichkeit" erhalten. Nach Lehmann wirken hier alte Traditionen, insbesondere Märchen und Sagen, in die Gegenwart hinein und erreichen die „esoterischen Mittelschichtsmilieus" der urbanen Räume. Ästhetische Vorstellungen werden heute allerdings nicht selten von Ängsten vor ökologischen Problemen und damit verbundenen Verlustängsten überlagert.

Auch historische Ereignisse der Gegenwart würden „mythenhaft" verarbeitet. Die Ängste, die sich in weiten Teilen der Bevölkerung in den 1980er Jahren um das „Waldsterben" entwickelten, können somit auch im Kontext dieses durch Mythen und Ängste geprägten Waldbewusstseins interpretiert werden. Wald war, ist und bleibt in der deutschen Öffentlichkeit ein sensibles gesellschaftliches und politisches Kulturthema. Vor diesem Hintergrund ist es eine offene Frage, wie die aktuellen großen Herausforderungen, insbesondere die Frage der Anpassung der Wälder an den Klimawandel, aber auch die Konsequenzen der in jüngster Zeit aufgetretenen Schäden durch Trockenheit und Borkenkäferkalamitäten von den Menschen wahrgenommen werden.

Werden die Menschen vor dem Hintergrund jahrhundertealter Mythen um den Wald eher emotionalisiert, werden sie sich in neue Mythen und esoterische Konzepte zurückziehen, um die diffusen Ängste um unsere Wälder zu verarbeiten? Oder wird es Wissenschaft und Publizistik gelingen, ein rational geprägteres Bild unserer Wälder zu entwerfen, um den zweifellos vorhandenen Bedrohungen mit rationalen Denkansätzen zu begegnen?

3. WÄLDER ALS ÖKOSYSTEME

Wälder, das ist den meisten Menschen heute bewusst, sind weit mehr als nur Ansammlungen von Bäumen. Alle Komponenten des Waldes, also Bäume und Sträucher, krautige Pflanzen, Pilze, Bakterien, Tiere und Böden (auch als Biogeozönose bezeichnet) sind voneinander gegenseitig abhängig und bilden ein System, genauer gesagt, ein dynamisches System, welches stetigen Veränderungen unterworfen ist.

Einerseits zyklischen, sich stetig wiederholenden Veränderungen, also etwa dem Tages- oder Jahreszeitenrhythmus, die das System immer wieder in bestimmte Zustände zurückkehren lassen. Andererseits beobachten wir auch nichtzyklische Veränderungen, welche das System so verändern, dass es einen bestimmten Zustand verlässt und einen anderen Zustand erreicht. Dies können kurzfristig beispielsweise Stürme oder Fraßeinwirkungen nach Massenvermehrungen einer Insektenart sein. Langfristig führt die stetige Anpassung an sich über die Jahrmillionen der Erdgeschichte immer wieder vollziehende klimatische Veränderungen zu nichtzyklischen Veränderungen.

Auch nach einer solchen nichtzyklischen Veränderung kann das System mittel- bis langfristig wieder in seinen Ausgangszustand zurückkehren, aus einem Buchenwald wird über viele Jahrzehnte und verschiedene Entwicklungsstufen nach einem Sturmereignis wieder ein Buchenwald. Wir sprechen dann von Resilienz.

Das System kann aber auch eine neue, unabhängige Entwicklungsrichtung einschlagen. Solche Entwicklungen können durch den Menschen verursacht werden, etwa wenn aus einem massiv übernutzten Buchenwald eine Trockenrasengesellschaft entsteht. Sie können allerdings, wie etwa die nacheiszeitliche Waldentwicklung erkennen lässt, auch natürlicherweise entstehen.

WALDAUFBAU: DAS MEHRGESCHOSSIGE HAUS

Wälder sind geprägt von Bäumen, also Pflanzen, welche große Höhen erlangen (mindestens vier bis fünf Meter) und deren Sprossachse (also der Stamm) verholzt und dadurch stabilisiert wird. Erst die mit der Verholzung verbundenen Eigenschaften erlauben es, Baumhöhen bis zu vielen Dutzend Meter, ja teilweise von weit über 100 Meter, zu erreichen.

Bäume ihrerseits gliedern sich in die Krone (also den Teil, der die Blätter trägt und für die Energiegewinnung durch Photosynthese verantwortlich ist), den Stamm (der Stabilität schafft und die Leitungen für die lebenswichtigen Substanzen bündelt) und das Wurzelsystem (welches der Verankerung im Boden und der Wasser- sowie Nährstoffaufnahme dient).

Eine Besonderheit des Waldes, die er allerdings mit einigen anderen Ökosystemen (z. B. Seen) teilt, ist sein „mehrgeschossiger“ Aufbau: Da gibt es den Boden, in dem die Pflanzen wurzeln, die bodennahe Moos- oder Bodenschicht und die Krautschicht mit typischerweise ein- oder zweijährigen krautigen Pflanzen, die Strauchschicht mit niedrig wachsenden Gehölzen sowie die Baumschicht, welche man auch nochmals in Stamm- und Kronenschicht unterteilen kann.

Die einzelnen Schichten kann man auch als „Stratozönosen" betrachten, also jeweils spezifische Lebensgemeinschaften aus Pflanzen, Tieren und Mikroorganismen. Das Bild eines mehrgeschossigen Hauses[114] fügt sich gut mit dem Begriff der „Ökologie" zusammen, welcher sich vom griechischen „οίκος" (Haus) ableitet.

Auch die Tatsache, dass die einzelnen „Stockwerke" nicht isoliert voneinander stehen, sondern sich gegenseitig beeinflussen, lässt sich mit diesem Bild sehr schön verdeutlichen: Keller (mit Fundamenten und Versorgungsleitungen) und Dach (welches maßgeblich das „Innenklima" des Hauses bestimmt) sind von entscheidender Bedeutung für alle Bewohner des Hauses.

Genauso finden wir mannigfache Interaktionen zwischen den einzelnen Schichten eines Waldbestandes:

Das Wasser und die Nährstoffe liefert zu einem entscheidenden Teil der Boden, dort sind die Bäume über ihre Wurzeln fest verankert und das aus dem Kronendach herabfallende Laub wird hier auf jedem Quadratmeter tonnenweise „recycelt". Ein Waldboden bildet sich somit praktisch aus zwei Richtungen: von unten her durch Verwitterung des jeweiligen Ausgangsgesteins und von oben durch die Zersetzung der anfallenden organischen Substanz, von der Laubstreu bis zu Tierkadavern.

Zahlreiche Entwicklungsstadien von Insekten, welche von den Blättern im Kronenraum leben, verpuppen sich im Boden und/oder deren Larven leben dort (z. B. Maikäfer). Der Boden gibt aber auch zahlreichen Säugetieren (z. B. Maulwurf, Dachs oder Mäusen) Lebensraum und Nahrung. Selbst Tiere, die ansonsten die Strauchschicht besiedeln, etwa Wildschweine, beziehen einen wesentlichen Teil ihrer Nahrung (z. B. Mäuse, Insektenlarven oder Wurzeln) aus dem Boden.

Abb. 13: Tiere wie der Eichelhäher fressen Waldfrüchte, verbreiten sie aber auch.

Die Boden- oder Moosschicht bildet die Grenze zum Oberboden, beherbergt neben der Laubstreu und deren zahlreichen Bewohnern vor allem Moose und Pilze. Moose sind in der Lage, sehr schnell Wasser aufzunehmen und dies auch schnell wieder abzugeben. Sie wirken folglich wie ein Schwamm regulierend auf Niederschlagsspitzen und tragen zum kühleren Mikroklima in Wäldern (s. u.) bei.

Die Krautschicht liefert vielen pflanzenfressenden Arten, vom Wildrind bis zum Hasen, Nahrung, die Strauchschicht sorgt für Deckung und bildet damit gleichzeitig das Nahrungsreservoir für die größeren Raubtiere wie Wolf oder Luchs. Die Früchte der Strauchschicht bilden die Nahrungsgrundlage etwa für Eichhörnchen, Eichelhäher oder Haselmaus.

Auf dem Boden keimen die Samen der Bäume, die nach einigen Jahren in die Kraut- und später in die Strauchschicht einwachsen, um nach einem oder mehreren Jahrhunderten das Kronendach zu erreichen.

Hier leben zahlreiche Vogelarten von der Vielfalt an Insekten.

Eichhörnchen und Eichelhäher (vgl. Abbildung 13) nutzen die Baumfrüchte und Baummarder ebenso wie Habichte wiederum die Eichhörnchen oder Eichelhäher als Nahrung.

Diese wenigen Beispiele mögen genügen, um einen ersten Eindruck von der Komplexität der Lebensverhältnisse in einem Waldbestand zu geben.

DIE SONNE ALS ENERGIELIEFERANT

Die großen Mengen an Energie, welche jedes Ökosystem benötigt, um langfristig in seiner Vielfalt der Lebensformen zu bestehen, stammt aus der Sonnenstrahlung. Diese ermöglicht die Energiegewinnung durch pflanzliche Photosynthese und damit die Grundlage allen Lebens auf der Erde.

Beitrag der Pflanzen zum Weltklima

Die Energiegewinnung mittels Photosynthese (auch „Kohlenstoff-Assimilation“ genannt) erfolgt in den grünen Pflanzenteilen. Sie enthalten die „Chloroplasten“, kleine Kraftwerke in der Pflanzenzelle, welche dazu dienen, das Kohlendioxid der Luft mittels Sonnenlicht und Wasser zu Zucker und Sauerstoff zu assimilieren.
Die Zucker können zum Aufbau von Pflanzensubstanz, z. B. Holz, genutzt werden. Dies erfolgt nach der einfachen chemischen Gleichung:

$$6\,CO_2 + 6\,H_2O \rightarrow C_6\,H_{12}\,O_6 + 6\,O_2$$

Der Abbau von Zuckern zur Energiegewinnung, die Atmung (Dissimilation), ist der gegenläufige Vorgang: Hierbei entsteht unter Verbrauch von Sauerstoff wieder Kohlendioxid.
Der von den weltweiten Wäldern produzierte Sauerstoff trägt ebenso wie der in diesen gebundene Kohlenstoff zu einem ausgeglichenen weltweiten Klima bei.

Hinsichtlich der Sonneneinstrahlung weisen Wälder bereits einige Besonderheiten auf. Von der Gesamtstrahlung, die von der Sonne an der Oberfläche, also im Kronenbereich eines Waldbestandes, ankommt, werden zwischen 10 und 15 Prozent wieder in die Atmosphäre reflektiert. Im Vergleich zu landwirtschaftlichen Flächen ist dies eher wenig, Ackerflächen etwa reflektieren um die 30 Prozent der Sonneneinstrahlung, Wiesen immerhin noch rund ein Viertel[26]. Am Waldboden wiederum kommt (je nach Waldgesellschaft und Dichtstand) lediglich rund ein Zehntel derjenigen Strahlung an, welche den Kronenraum erreicht hat.

Ein Teil der Sonnenstrahlung (rund 30 bis 40 Prozent) erwärmt die Luftmassen im Waldbestand und den Boden darunter.

Rund 40 bis 60 Prozent des Sonnenlichts wird allerdings dazu verwendet, Wasser direkt, über Bodenvegetation und Strauchschicht, vor allem aber über die Blätter des Kronendaches zu verdunsten. Dabei wird Wasser, welches durch die Saugspannung der Verdunstung über das Wurzelsystem aus dem Boden gesaugt wird, wie in einer überdimensionalen Pumpe durch hunderte oder tausende mikroskopisch kleiner „Wasserleitungen" im Stammholz aufwärts befördert.

Die Tatsache, dass nur ein Teil der Sonnenstrahlung überhaupt bis zum Waldboden gelangt, und durch die Verdunstungskälte im Kronenraum entsteht das typische, kühle Wald-Innenklima, welches gerade an heißen Sommertagen von uns Menschen so angenehm empfunden wird.

Ein weiterer, absolut gesehen sehr kleiner Teil des Sonnenlichts bzw. der darin enthaltenen Energie (im niedrigen einstelligen Prozentbereich) schließlich dient der Photosynthese, also der Grundlage für die Stoffproduktion und treibt damit die zentralen Lebensvorgänge der Bäume an. Rund die Hälfte davon wird gleich wieder veratmet, d. h. zur eigenen Energiegewinnung der Bäume verwendet. Dabei wird Sauerstoff verbraucht und es entsteht Kohlendioxid. Somit ist lediglich ein minimaler Anteil der im Waldbestand ankommenden Sonnenenergie für den Aufbau der gesamten Pflanzensubstanz unserer Wälder verantwortlich.

Die grünen Pflanzen und die anderen Photosynthese betreibenden Organismen nennen wir in der Ökologie auch „Produzenten", während diejenigen Arten und Artengruppen, welche von den Pflanzen (z. B. das Reh) oder den Pflanzenfressern (z. B. der Wolf) leben, „Konsumenten" genannt werden. Diejenigen Lebewesen, welche sich von abgestorbener organischer Substanz ernähren (z. B. Pilze und Bakterien), nennen wir „Destruenten" (s. u.).

WECHSELWIRKUNG MIT DER ATMOSPHÄRE

Die Erde wird von einer riesigen Hülle aus einem Gemisch verschiedener Gase, der Atmosphäre, umgeben. Sie wird von den Anziehungskräften der Erde stabilisiert. Die wichtigsten Gase in der Erdatmosphäre sind Stickstoff (78 Prozent), Sauerstoff (21 Prozent) und Kohlendioxid (0,04 Prozent).

Daneben wirken beispielsweise Feinstaubpartikel, Ozon und Wasserdampf ebenfalls auf die Temperatur der Atmosphäre ein. Über den in ihr enthaltenen Wasserdampf steht die Atmosphäre mit der Hydrosphäre (aus den Meeren, den Binnengewässern, dem Grundwasser, dem im Eis gebundenen und in der Atmosphäre vorhandenen Wasser bestehend) in engem Austausch (Meer-Wasserdampf-Regen-Flüsse-Meer). Dieser Austausch ist bei Wäldern aufgrund der Höhe und der großen Oberflächen der Bäume im Vergleich mit anderen Ökosystemen besonders intensiv.

Das Kohlendioxid der Luft ist heute als wichtiges „Treibhausgas" in aller Munde. Allerdings muss man dazu wissen, dass das CO_2 in der Luft nur einen geringen Teil des gesamten Kohlendioxids der Erde ausmacht. In den Weltmeeren ist eine etwa fünfzigmal höhere CO_2-Menge gelöst, welches in einem langsamen, aber stetigen Austausch mit der Atmosphäre steht. Auch in pflanzlichen Sedimenten aus Jahrmillionen dauernder früherer Photosynthese finden sich nicht unerhebliche Mengen an Kohlendioxid. Diese werden auch als fossile Brennstoffe (z. B. Kohle, Erdöl) genutzt. Sie gelten in diesem Zusammenhang nach derzeitigem Stand des Wissens als wichtiger Treiber des Klimawandels, da durch die Anreicherung des Kohlendioxids in der Atmosphäre die langwellige (Wärme-)Ausstrahlung von der Erde ins Weltall vermindert wird.

Wälder wiederum entziehen der Atmosphäre durch die Photosynthese (s. o.) Kohlendioxid und speichern dieses in ihrer Pflanzensubstanz. Damit wirken sie der Erwärmung der Erdatmosphäre entgegen (vgl. Kapitel 8).

Stickstoff ist in der Luft in großen Mengen vorhanden, dort allerdings für die Pflanzen, im Gegensatz zum CO_2, nicht unmittelbar nutzbar. Erst über Stickstoffverbindungen, die in den Boden gelangen, wird dieses Element über die Wurzeln für die meisten Pflanzen nutzbar. Einige Pflanzenarten leben in einer Symbiose mit Bakterien, welche in der Lage sind, Luftstickstoff zu binden. Oxidationsprozesse in der Atmosphäre und vor allem die Verbrennung organischer Substanzen (durch Menschen oder natürliche Prozesse wie Waldbrände) erzeugen auch in der Atmosphäre Stickstoffverbindungen, welche über die Niederschläge in die Böden gelangen. Heute bedeuten die durch den Menschen erzeugten Stickstoffverbindungen aus fossilen Brennstoffen eine nicht zu unterschätzende Düngungswirkung auf die Böden. Für die Wälder führt eine solche Düngung zu einer gesteigerten Biomasseproduktion. Zahlreiche Lebensgemeinschaften, die an arme Standorte angepasst sind, drohen allerdings durch diese Überdüngung zu verschwinden.

Das dritte bedeutende Gas in der Atmosphäre ist der Sauerstoff.

Dieser wurde nicht wie CO_2 und Stickstoff während der Erdgeschichte aus dem Erdinneren freigesetzt, sondern ist ein Produkt des – zunächst einzelligen – Lebens auf der Erde. Bis die Atmosphäre den heutigen Sauerstoffgehalt in etwa erreicht hatte, vergingen schätzungsweise zwei Milliarden Jahre. Erst danach konnten sich langsam Lebensformen ausbilden, welche über die Sauerstoffatmung ihre Energie gewinnen.

Wälder waren an diesem Prozess der Sauerstoffaufsättigung der Atmosphäre selbstverständlich noch nicht beteiligt. Sie entstanden erst viel später und tragen dennoch schon seit Millionen Jahren erfolgreich dazu bei, dass das heutige Gleichgewicht der Atmosphäre mit einem Sauerstoffanteil von rund 21 Prozent erhalten bleibt.

WALD UND MIKROKLIMA

Wie eingangs erwähnt, ist nicht jede Ansammlung von Bäumen auch ein Wald. „Wald" setzt voraus, dass die Bäume flächenhaft und so dicht beieinander stehen, dass sie sich gegenseitig beeinflussen und ein typisches „Mikroklima" bewirken, also insbesondere eine höhere Beschattung und eine niedrigere Temperatur, aber auch andere Windverhältnisse als in der umgebenden Landschaft. Auch die Wuchsform der Bäume im Wald unterscheidet sich übrigens deutlich von Bäumen derselben Art, welche freistehend erwachsen sind.

Wäldern kommt somit in der Landschaft regelmäßig auch die Funktion von „Wärmetauschern" zu. Insbesondere Stadtwälder sind in diesem Zusammenhang auch aus menschlicher Sicht von wachsender Bedeutung: Städte sind aufgrund menschlicher Aktivitäten (Verbrennungsprozesse, wärmespeichernde Wirkung der Gebäude aus Stein und Beton) meist spürbar wärmer als ihre unmittelbare Umgebung. Stadtwälder können hier kühlend wirken.

Ähnliches gilt übrigens auch bei großer Kälte im Winter: Durch das Kronendach wird insbesondere vom Boden der Nadelwälder weniger Wärme abgestrahlt, so dass wir im Waldbestand meist etwas höhere Wintertemperaturen finden als in der freien Landschaft.

Ebenfalls in Städten, aber auch in der Agrarlandschaft oder in speziellen Situationen wie auf Truppenübungsplätzen kommt Wäldern eine Filterfunktion für die verschiedenen Sorten von Staub zu: Diese setzen sich auf den Blättern der in die Atmosphäre ragenden Bäume ab, werden also aus der Luft herausgefiltert, so dass im Wald und auch dessen unmittelbarer Umgebung die Luft deutlich ärmer an Staubpartikeln ist als in Städten oder über intensiv bewirtschafteter Agrarlandschaft.

Der angenehme Geruch, der uns insbesondere in Nadelwäldern auffällt, stammt aus den von den Bäumen produzierten Harzen. Was wir Menschen dabei wahrnehmen, sind leicht flüchtige, gasförmige Substanzen, die „Terpene".

WALD UND WIND

Wind, also Luftbewegung, hat für unsere Wälder zwei Gesichter. Er ist einerseits für Wälder in verschiedener Hinsicht notwendig, kann aber in Form von Stürmen auch große Schäden an Wäldern verursachen.

Zunächst ist ein gewisses Ausmaß an durchmischender Luftbewegung förderlich für die Lebensprozesse, insbesondere die Transpirationsvorgänge durch die Blätter und somit auch für die Photosynthese der Bäume. Stärkerer Wind, der beispielsweise die Blätter bewegt, schadet dem Wald nicht wirklich, reduziert aber die Biomasseproduktion dadurch, dass die Blattflächen oder Nadeln aus ihrer für die maximale Lichtausbeute optimalen Position herausbewegt werden.

Viele Baumarten nutzen den Wind zur Pollen- und zur Samenverbreitung. Wir sprechen dann auch von Anemogamie und Anemochorie. So werden die Pollen der heimischen Nadelbäume, aber auch der meisten anderen Arten, durch den Wind verbreitet. Auf diese Weise wird der übermäßigen Selbstbestäubung und damit der drohenden genetischen Verarmung in einem Waldbestand vorgebeugt. Dieses Phänomen ist auch entscheidend für die Erhaltung der Biodiversität in Wäldern. Pollen können, je nachdem, welche Wind- und Thermikverhältnisse herrschen und in welche Luftschichten sie getragen werden, über viele hundert Kilometer durch die Luft transportiert werden.

Abb.14: Pionierbaumarten wie die Birke (hier in der Königsbrücker Heide) nutzen den Wind oft nicht nur für die Pollen- sondern auch für die Samenausbreitung.

Abb.15: Wurzelteller einer vom Wind geworfenen Fichte auf ungeeignetem Standort (Staunässe) in der Dresdner Heide. Das Wurzelsystem reicht nur wenige Zentimeter in den Boden.

Aber auch die Samen zahlreicher Bäume werden mit Hilfe des Windes verbreitet. Diese ökologische Anpassung dient wiederum der schnelleren Ausbreitung der Art über große Flächen. Daher finden wir auch bei den „Pionierbaumarten", welche als erste an der Besiedlung entwaldeter Flächen beteiligt sind, bevorzugt anemochore Arten, die den Wind auf diese Weise nutzen. Birke, Kiefer oder Weide sind bekannte Beispiele (vgl. Abbildung 14).

Starker Wind bzw. Sturm wiederum ist, vor allem wenn er in Böen auftritt, in der Lage, Bäume, aber auch ganze Waldbestände zu entwurzeln oder aber im Stammbereich umzubrechen. Wir sprechen dann von Windwurf bzw. Windbruch.

Windwurf betrifft naturgemäß eher Arten mit einem flachen Wurzelsystem wie die Fichte. Werden Fichten auf ungeeigneten, weil zu flachgründigen oder zu nassen („staunassen") Standorten gepflanzt, steigt das Windwurfrisiko deutlich (vgl. Abbildung 15).

Windbruch hingegen entsteht dann, wenn die Bäume tiefwurzelnd und im Boden gut verankert sind, aber der Stamm dem Winddruck nicht standhält. Auch Windbruch wird durch böigen Sturm deutlich wahrscheinlicher. Oft haben Bäume allerdings „Vorerkrankungen" im Stammbereich, wie etwa Pilzbefall (z. B. Rotfäule bei Fichten) aufgrund zu feuchter Standortbedingungen oder aufgrund alter Verletzungen, z. B. Fäll- oder Blitzschäden, die Fäulnispilzen den Weg bereiten und auf diese Weise den Stamm schwächen.

Auch die Bestandesränder und die Exposition der Bestände beeinflussen das Risiko für Sturmschäden. So sind beispielsweise dichte Bestandesränder ohne einen stufigen Aufbau des Waldrandes besonders gefährdet, aber auch kleinere Waldbestände innerhalb ansonsten baumarmer, ausgeräumter Agrarlandschaften.

Allerdings müssen wir uns immer wieder bewusst machen, dass „Schäden" grundsätzlich die Folge der Bewertung durch uns Menschen sind: Wenn durch ein bestimmte Ereignis (z. B. Sturm) Bäume entwurzelt oder gebrochen werden, so werden sich alsbald Baumsämlinge einfinden und es wird über einen längeren Zeitraum auf dieser Fläche wieder Wald entstehen. Das braucht Zeit und es wird nicht immer derjenige Wald sein, den wir uns aus wirtschaftlicher Sicht wünschen. Aber solange wir den wirtschaftlichen Aspekt außer Acht lassen, muss dies nicht zwangsläufig ein Problem darstellen. Ein bestimmtes Konzept im Naturschutz, der „Prozessschutz" (vgl. Kapitel 8), favorisiert genau diese Sichtweise.

WALD UND WASSER

Wälder sind in hohem Ausmaß vom Wasser abhängig. So finden wir Wälder nur in Regionen, die einen jährlichen Niederschlag von mindestens rund 400 Millimeter aufweisen. Wo dies nicht der Fall ist, kann langfristig kein Wald existieren. Dort finden wir beispielsweise Grassteppen oder Wüsten.

Auch für das Wasser gilt allerdings, wie wir noch sehen werden, dass ein „Zuwenig" genauso ein Problem darstellen kann wie ein „Zuviel". Der globale Wasserkreislauf (Verdunstung durch die Weltmeere, Sättigung der Atmosphäre mit Wasserdampf, Regen, Ablauf des Regens über die Böden in die Flüsse und über diese wieder ins Meer) versorgt Wälder durch Niederschläge mit dem notwendigen Wasser. Diese benetzen die Baumkronen und fließen von ihnen in den Boden oder fallen direkt auf den Waldboden. Ein Teil dieses Wassers verdunstet direkt von Blättern und Bodenoberfläche, ein Teil versickert jedoch in den Boden. Im Boden folgt das Wasser der Schwerkraft und sammelt sich in Grundwasserströmen, welche ihrerseits wieder als Quellen die Fließgewässer speisen.

Es ist eine vielfach diskutierte Frage, inwieweit Wald zur „Grundwasserneubildung“ und damit zur Trinkwasserbereitstellung beiträgt. Gerade das „Sammeln“ und die verzögerte „Freigabe“ der Niederschläge durch Interzeption (Anteil des Niederschlages, auch Schnee, Tau und Beregnungswasser, der an den Pflanzen haften bleibt und erst langsam zum Boden abläuft oder wieder verdunstet) sowie der geringere Oberflächenabfluss des Wassers auf Waldböden spricht für eine vergleichsweise hohe Bedeutung. Von daher wäre die bisherige Sichtweise, dass vor allem Ackerland mit hohem Bracheanteil die Grundwasserbildung fördert, während Nadelwälder die geringste Grundwasserneubildung aufweisen[226], einmal unter verschiedenen Standortbedingungen und unterschiedlichen Waldgesellschaften zu überprüfen.

Ein Teil des Bodenwassers wird allerdings durch Kapillar- und andere Effekte für eine bestimmte Zeit im Boden gehalten. Unter einem Kapillareffekt oder einer Kapillarwirkung verstehen wir ein physikalisches Phänomen, durch das Flüssigkeiten in schmalen Spalten oder dünnen Röhren mit einer gewissen Kraft festgehalten werden bzw. sich in diese hineinbewegen. Wenn wir einen Schwamm nur leicht mit einer Wasseroberfläche in Verbindung bringen, ohne diesen unterzutauchen, saugt er sich dennoch voll. Böden können also Wasser in einem bestimmten Ausmaß und für eine bestimmte Zeit speichern.

Über die Wurzeln wird das Wasser aus dem Boden aufgenommen und über die röhrenförmigen Transportsysteme der Stämme zu den Blättern geleitet. Die Blätter bzw. deren regulierbare „Ventile“, die „Spaltöffnungen“, transpirieren und auf diese Weise entsteht ein stetiger Wasserstrom durch den Stamm zu den Blättern.

Waldbäume und damit Waldbestände sind somit auch in der Lage, auf Stress durch anhaltende Trockenheit mit einem deutlich reduzierten Wasserverbrauch zu reagieren.

Trockenstress bei Bäumen

Bäume als „hydrostabile" Pflanzen versuchen, anders als etwa Moose oder Algen, den Wassergehalt ihrer Zellen durch den „Transpirationssog" (vgl. Abbildung 16) konstant zu halten. Durch unterschiedlichen Wassergehalt im Boden und in der Atmosphäre entsteht ein „Wasserpotentialgefälle", das durch Verdunstung über die Spaltöffnungen der Blätter ausgeglichen wird. Das führt zu einem Sog, der stetigen Wasserstrom durch die Pflanze gewährleistet.

Trockenheit im Boden kann zu einer Unterbrechung der Wasserversorgung führen. Darauf reagiert der Baum, indem er zunächst über ein komplexes Signalsystem die Spaltöffnungen schließt, um die verdunstete Wassermenge zu senken.

Bei anhaltender Trockenheit bildet er vermehrt Feinwurzeln, die eine größere Oberfläche zur Wasseraufnahme schaffen. Das kostet Energie, die dem Sprosswachstum verloren geht.

Das ist umso gravierender, als die Pflanze bereits aufgrund der geschlossenen Spaltöffnungen „hungert", denn der Transpirationsstrom ist ja auch für die Photosynthese wichtig.

Weiterhin wird transpirierende Fläche (Blätter oder belaubte Zweige) abgestoßen. Dadurch geht weiteres Potential zur Energiegewinnung verloren.

Parallel dazu werden z. B. Zucker in den Zellen eingelagert, um über ein osmotisches Potential Wasser in den Zellen zu halten. Allerdings werden die Blätter anfälliger gegenüber Pathogenen, da sie nun eine interessante Zucker- und Stickstoffquelle darstellen.

Führen diese Reaktionen nicht zum Erfolg, kann der Wasserfaden in den Gefäßen im Stamm abreißen, es kommt zu Lufteintritt, einer irreversiblen „Embolie".

Passiert dies in vielen der Gefäße, können die betreffenden Kronenteile oder auch der ganze Baum absterben.

Das nicht verdunstete Wasser dient, ebenso wie die im Wasser enthaltenen Mikronährstoffe (die bei der Verdunstung zurückbleiben), in den Pflanzenzellen zur Aufrechterhaltung der Lebensprozesse.

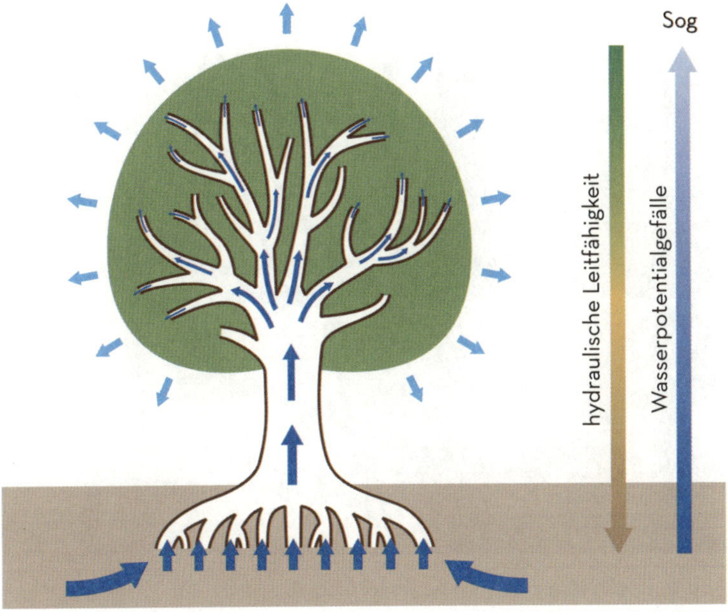

Abb. 16: Der Transpirationssog aufgrund eines Wasserpotentialgefälles sorgt für einen stetigen Wasserstrom von den Wurzeln bis zu den Blättern.

Von besonderer Bedeutung ist dabei die Photosynthese, welche für jedes entstehende Zuckermolekül jeweils sechs Wassermoleküle verarbeiten muss.

Wir erkennen, dass eine stetige Versorgung mit Wasser für Wälder essentiell ist. Eine Folge extremer Trockenjahre, wie wir sie gegen Ende der 2010er und Beginn der 2020er Jahre erlebten, kann zum Absterben nicht nur einzelner Bäume, sondern ganzer Waldbestände durch Schäden, die von Trockenheit verursacht werden, also Trocknisschäden[162], oder durch Folgeschäden (Borkenkäfer) führen (vgl. Abbildung 17). Teilweise ist dies ein menschengemachtes Phänomen, welches durch nichtstandortgerechte Baumartenwahl (oftmals Fichte auf ungeeignetem Standort) bedingt ist. Teilweise ist das Absterben auch durch den sekundären Befall mit Borkenkäfern bedingt (vgl. Abbildung 18).

Abb. 17: Trocknisschaden an einer Eberesche

An diesen Beispielen wird deutlich, dass es in Ökosystemen mit langlebigen Organismen wie Bäumen in besonderem Maße darauf ankommt, bei wirtschaftlichen Eingriffen auch die langfristigen (und das bedeutet hier viele Jahrzehnte oder gar Jahrhunderte) Konsequenzen zu bedenken.

Wie erwähnt, kann ein „Zuviel" an Wasser auch nachteilige Folgen für Wälder mit sich bringen, etwa wenn anhaltende Regenfälle den Grundwasserspiegel so weit ansteigen lassen, dass der Wurzelraum der Bäume weitgehend von Wasser ausgefüllt wird und zu einem massiven Sauerstoffmangel an den Wurzeln führt.

Ein weiteres Problem kann durch große Mengen an Neuschnee oder aber durch früh einsetzenden Neuschnee im Herbst entstehen. Schneedruck, d. h. das Umdrücken von Bäumen durch hangabwärts gleitende Schneemassen oder Schneebruch, also das Umbrechen von

Abb. 18: Borkenkäferbefall an einer vorgeschädigten Fichte

Abb. 19: Früher Neuschnee, wenn die Bäume noch belaubt sind, birgt ein hohes Schneebruchrisiko (hier ein Bergahorn in der Dresdner Heide).

Abb. 20: Durch Schneedruck gebrochene Fichte in den Alpen (Absam, Tirol)

Bäumen durch die hohe Schneelast, können die Folge sein (vgl. Abbildungen 19 und 20). Schließlich führen auch Lawinenabgänge regelmäßig zu entwaldeten Schneisen im Bergwald. All diese Phänomene sind allerdings nur aus forstwirtschaftlicher Sicht ein Problem. Für ein Ökosystem sind das ganz normale Vorgänge, an die sich die Wälder über Jahrtausende anpassen und mit denen sie leben.

STANDORT UND BODEN

Als „Standort" eines Waldes bezeichnen wir nicht alleine dessen geographische Koordinaten, sondern im Sinne eines forstlichen Fachbegriffes bedeutet „Standort" viel mehr: Er schließt die Summe aller abiotischen und biotischen Einflussfaktoren auf den Wald (also insbesondere den Boden, das lokale Klima, die vorhandenen Tiere und anderen Pflanzen) mit ein.

In der Vergangenheit wurde der Standort des Waldes oft als vergleichsweise konstant angesehen. Das war insofern nicht falsch, als Standortveränderungen im Vergleich zu biologischen Prozessen des Waldökosystems nur sehr langsam verliefen. Veränderungen des Standortes gab es allerdings schon immer, sie sind der Motor jeder evolutiven Entwicklung.

Seit der Industrialisierung Mitte des 19. Jahrhunderts finden wir durch den Menschen verursachte, zunächst kleinräumige, später auch großflächigere und heute globale Standortveränderungen, die vergleichsweise schnell vonstatten gehen. Oft ist auch vom Standort die Rede, wenn im Grunde der Waldboden gemeint ist. So spricht man von einem „gut wasserversorgten Standort" oder einem „armen Standort" und meint damit vor allem den Boden.

Diese umgangssprachliche Unschärfe gibt uns bereits einen Hinweis auf die große und vielfältige Bedeutung des Bodens für den Wald.

Er bildet einerseits das mechanische Substrat, in welchem sich Bäume mit ihrem Wurzelwerk so fest verankern, dass diese tonnenschweren Pflanzen trotz der enormen Hebelwirkung auch bei Sturm nur selten umfallen. Zum anderen bildet der Boden die zentrale „Logistikeinheit" für die Wasser- und Nährstoffversorgung des Waldes.

Wie bereits erwähnt, entstehen Böden grundsätzlich aus zwei Richtungen: einerseits „von unten her" durch Verwitterung des geologischen Ausgangsgesteines, andererseits von der Bodenoberfläche her durch Zersetzung, also „Recycling" der „Abfälle" der lebenden Bestandteile des Ökosystems.

Auch die Niederschläge spielen bei der Bodenbildung eine Rolle. In der Vergangenheit waren es oftmals die „sauren Niederschläge", also vor allem Schwefelverbindungen aus Industrie und Verkehr, welche, vermittelt über das Niederschlagswasser, in die Böden gelangten und hier Versauerungsprozesse bewirkten (vgl. Kapitel 8)[204,205].

Das Ausgangsgestein verwittert je nach seiner Zusammensetzung langsamer oder schneller. Immer wieder eindringendes Wasser, Frost, chemische Prozesse sowie der mechanische Aufschluss durch Pflanzenwurzeln führen zu einer stetigen Neubildung von Mineralboden aus dem Grundgestein. Tiefwurzelnde Bäume beschleunigen diese Umbauvorgänge vom Ausgangsgestein zu einem lockeren Mineralboden etwa im Vergleich zu Graslandökosystemen deutlich.

Die organischen Abfälle in Form von toter Pflanzenmasse gelangen von oben auf den Boden, werden durch Bakterien, Einzeller, Insekten, Regenwürmer, also die Destruenten (Zersetzer) im Boden, zerkleinert, durchmischt und so in den Mineralboden eingearbeitet.

Durch „Verdauung" der Streu durch die Bodenorganismen erfolgt gleichzeitig eine chemische Umwandlung: Pflanzliche Streu wird zu Biomasse der Bodenorganismen.

Chemisch schwer abbaubare Stoffe, etwa das Lignin, eine Komponente des Holzes, werden zu Huminstoffen abgebaut. Diese chemisch sehr unterschiedlichen Substanzen dienen im Boden der Bindung von Wasser und Mikronährstoffen, den Spurenelementen. Darüber hinaus verbinden sie sich mit den „Tonmineralen“, kleinsten Partikeln aus der Verwitterung des Ausgangsgesteins, und schaffen so ein optimales Substrat, welches Nährstoffe und Wasser sehr flexibel binden und abgeben kann. Es entsteht auf diese Weise ein gut durchlüftetes Gefüge als Voraussetzung für das Wurzelwachstum im Boden.

Die für das Pflanzenwachstum erforderlichen Nährelemente stammen zu einem geringen Teil aus der Verwitterung des Ausgangssubstrates (etwa die Elemente Kalzium, Kalium, Magnesium, Schwefel oder Phosphor), in größerem Umfang aber aus der Verwitterung organischer Substanz. Letzteres gilt auch für den Kohlenstoff, der in großen Mengen als CO_2 aus Zersetzungsprozessen frei wird. Der Stickstoff entstammt ebenso wie der Sauerstoff im Wesentlichen der Atmosphäre. Unterschiedliche Baumarten liefern unterschiedlich gut abbaubare Laubstreu. Daher findet sich beispielsweise in artenreichen Mischwäldern eine viel umfangreichere Zersetzerfauna und -flora als etwa unter Fichten- oder Kiefern-Reinbeständen.

Ein Waldboden kann also, je nach Ausgangsgestein, klimatischen Verhältnissen und der auf ihm wachsenden Waldgesellschaft, ganz unterschiedlich aussehen. Alle Faktoren bedingen sich dabei gegenseitig: Das Ausgangsgestein liefert die Grundvoraussetzung für die aufstehende Vegetation, die Vegetation selbst trägt aber zusammen mit dem örtlichen Klima (vor allem Temperatur- und Niederschlagsverlauf) zur weiteren Entwicklung des Bodens bei. Grundwasserstand, Alter des Bodens und Geländerelief sind zusätzliche wichtige Faktoren, die einen Boden beeinflussen.

In der Bodenkunde unterscheidet man daher unterschiedliche Bodentypen. In Mitteleuropa finden wir etwa Braunerden, Parabraunerden, Podsole, Rendzinen, Pelosole, Pseudogleye und Gleye oder Marschböden im Bereich der Küsten.

Braunerden zum Beispiel entstehen durch Weiterentwicklung schwach entwickelter und flachgründiger Böden, die auf kalkarmem bis kalkfreiem Festgestein wie Sandstein, Granit oder Quarz entstehen. Die in diesem Stadium der Bodenentwicklung ausgeprägte physikalische Verwitterung schafft eine große Angriffsfläche für die chemische Verwitterung („Silikatverwitterung"). Diese intensive Säure- und Oxidationsverwitterung, vor allem eisenhaltiger Silikate, führt zu den für die Braunerde typischen und auch optisch erkennbaren Merkmalen: Verbraunung und Verlehmung.

Die Verbraunung ist das Ergebnis des Zusammenwirkens von Eisenfreilegung und der Oxidation eisenhaltiger Silikate und Minerale. Die Verlehmung beruht auf der Neubildung von Tonmineralen aus Verwitterungsmaterial. Im Allgemeinen ist die Braunerde ein leistungsfähiger Waldboden.

Auch die bis heute immer wiederkehrenden Waldschäden wurden und werden häufig von den Bodenverhältnissen mitbestimmt bzw. über den Boden vermittelt. Selbst Fraßeinwirkungen durch große Huftierarten (Schäle) können ihre Ursache offenbar in von Menschen verursachten Bodenveränderungen haben. In Kapitel 8 werden wir darauf noch einmal detaillierter eingehen.

RECYCLING IM ÖKOSYSTEM: DIE DESTRUENTEN

Wenn im Herbst die Bäume ihr Laub verlieren, wenn Bäume vom Sturm entwurzelt werden oder wenn Tiere des Waldes ihre Fäkalien absetzen oder sterben, kommt die meist unscheinbare Gruppe der Destruenten, der Zersetzer, in Spiel.

Dabei handelt es sich keineswegs um eine einheitliche, botanisch oder zoologisch klar definierte Artengruppe. Vielmehr umfasst der ökologische Begriff der Destruenten alle Arten, vom Bakterium über

Pilze bis zum aasfressenden Käfer, welche sich auf den Abbau abgestorbener organischer Substanz spezialisiert haben.

Naturgemäß bilden die Mikroorganismen, und unter diesen die Bakterien, die größte Gruppe. Innerhalb weniger Tage werden (mit Hilfe der auch aasfressenden Konsumentenarten, s. u.) Tierkadaver nahezu restlos beseitigt. Die im Herbst herabgefallenen Tonnen an Laub sind im folgenden Sommer kaum noch erkennbar. Die vom Sturm gefällte Eiche benötigt etwas mehr Zeit, doch nach einigen Jahrzehnten ist auch ein solcher Baumriese verschwunden.

Die meisten Destruenten leben im Boden. Auf sie entfällt von der gesamten Bodenmasse nur ein kleiner Teil. Bakterien, Pilze und Algen bilden ihrerseits von der Gesamtmasse her das Gros der Zersetzer. Um eine Vorstellung von der Größenordnung zu bekommen, seien hier einmal einige Zahlen genannt:

Wenn wir davon ausgehen, dass der Boden insgesamt aus etwa 90 Prozent mineralischer und 10 Prozent organischer Substanz besteht, so teilt sich die organische Substanz wiederum zu 80 Prozent auf totes Pflanzenmaterial, zu etwa 15 Prozent auf lebende Pflanzenwurzeln und lediglich zu 5 Prozent auf Bodenlebewesen auf.

Von der Gesamtbodenmasse entfällt auf die zersetzenden Bodenorganismen also lediglich ein halbes Prozent[178]!

Diese Bodenorganismen wiederum setzen sich zu jeweils rund 40 Prozent aus Pilzen bzw. Algen einerseits und Bakterien andererseits zusammen. 17 Prozent bildet die „Makrofauna“, also mit bloßem Auge gut sichtbare Tiere wie Würmer, Asseln, Insekten und andere (einschließlich der im Boden lebenden Säugetiere). Mehr als zwei Drittel der Makrofauna sind Regenwürmer. Unter der Makrofauna finden sich auch zahlreiche Arten, welche nicht zu den Zersetzern gehören, etwa Mäuse oder viele Insektenarten. Die sogenannte Mesofauna stellt etwa drei Prozent der zersetzenden Bodenorganismen. Darunter fallen kleinere Würmer, Nematoden (Fadenwürmer), kleinere Insekten und deren Larven, Spinnentiere und die „Collembolen" (Springschwänze). Letztere sind flügellose kleine Insekten, von denen heute über 2000 Arten bekannt sind. Noch artenreicher ist die Gruppe der Spinnentiere, so kennen wir heute über 10 000 Milbenarten. Die meisten von ihnen leben von toter Pflanzensubstanz, viele allerdings auch räuberisch von Bakterien. Zu den wichtigsten Bodentieren im Wald gehören die bekannten Regenwürmer, welche ebenfalls tote Pflanzensubstanz zerkleinern und auf deren Exkrementen wiederum unzählige Insekten und Pilze leben.

Mykorrhiza: Geheimnisvolle Symbiosen im Waldboden

Eine interessante Symbiose, also eine ökologische Beziehung, die beiden Partnern Vorteile bringt, zwischen Pilzen und höheren Pflanzen bildet die „Mykorrhiza"[91]. Der Begriff setzt sich aus den altgriechischen Wortstämmen für „Pilz" und „Wurzel" zusammen. Bei einer Mykorrhiza geht der Pilz mit den Feinwurzeln der Pflanzen, in diesem Fall der Bäume, eine sehr innige Verbindung ein. Bei der „Ektomykorrhiza" umhüllen die Pilzfäden („Hyphen") die Baumwurzel, bei der „Endomykorrhiza" dringen die Pilzhyphen sogar in die Zellen der Wurzelrinde ein. Bei Bäumen ist die Ektomykorrhiza deutlich häufiger.

Der Vorteil der Zusammenarbeit für den Pilz ist die Lieferung von Kohlenhydraten bzw. deren Abbauprodukten durch den Baum. Der Baum wiederum profitiert, indem durch den Pilz Nährsalze geliefert werden und so etwa die Stickstoff- und Phosphorversorgung verbessert wird. Auch die Wasserversorgung kann gesteigert werden, vermutlich schützen die Mykorrhiza auch vor anderen Pilzen oder anderen für die Pflanze schädlichen Organismen.

Eine weitere Hypothese besagt, dass über die Mykorrhizapilze auch zwischen Individuen Stoffe ausgetauscht werden können[185], etwa zwischen Eltern und ihren Nachkommen. Selbst ein Informationsaustausch innerhalb von Waldbeständen wird auf diese Weise für möglich gehalten („wood wide web").

Wir erkennen somit leicht, dass Waldökosysteme außerordentlich intensiv vernetzte Gebilde darstellen. Wälder gehören zu den kompliziertesten Ökosystemen dieser Erde, an denen die Tiere einen ganz entscheidenden Anteil haben.

KONSUMENTEN: OFT IN IHRER WIRKUNG ÜBERSCHÄTZT

Während die Zersetzer unter den Tieren die weitaus größte Artengruppe ausmachen, sind diejenigen Tiere, welche lebende Pflanzensubstanz konsumieren, schon deutlich in der Minderheit. Wir schätzen, dass im Mittel etwa ein bis drei Prozent der gesamten produzierten Pflanzenmasse von den Pflanzenfressern aufgenommen wird. Diese Werte können auch deutlich von Jahr zu Jahr schwanken: Wenn es beispielsweise zu einer massenhaften Vermehrung einer Insektenart wie des Eichenwicklers oder der Nonne kommt, so kann dieser Anteil auch deutlich höher sein und im Extremfall nahezu die gesamte Blatt- oder Nadelmasse eines Jahres betreffen. Derartige Massenvermehrungen oder Gradationen machen auch Säugetiere, etwa Mäuse oder Lemminge durch, doch deren Auswirkungen auf die Waldvegetation sind deutlich geringer.

Nahezu verschwindend gering sind demgegenüber die Einflüsse großer Pflanzenfresser wie Wildrind, Rothirsch, Elch oder Reh auf die Biomasse der Wälder, auch wenn dies von bestimmten Interessengruppen in der Öffentlichkeit gerne anders dargestellt wird. Allerdings können große Säugetiere durchaus deutliche qualitative Wirkungen in einem Waldökosystem entfalten, wie wir später noch zeigen werden.

Nach den gegenseitigen Abhängigkeiten der Pflanzen und Tiere voneinander unterteilt man in der Ökologie die Konsumenten gelegentlich in Pflanzenfresser und Fleischfresser. Alternativ dazu können wir auch von Konsumenten erster (Pflanzenfresser) und zweiter Ordnung (Fleischfresser) sprechen. Beides führt nicht wirklich zum besseren Verständnis der Systeme, da diese Ansätze von linearen, quasi „hierarchischen" Nahrungsketten ausgehen.

In der Theorie führt dann der Wegfall eines Kettengliedes zwangsläufig zu erheblichen Beeinträchtigungen der „übergeordneten" oder der „nachgeordneten" Kettenglieder: Der Hirsch frisst Pflanzen, der Wolf frisst den Hirsch und „reguliert" diesen dadurch. Wenn also der Mensch den Wolf ausrottet, nehmen Hirsche überhand und zerstören den Wald. Wenn der Mensch die Hirsche ausrottet, verhungern die Wölfe.

In der Realität stellen sich die Dinge allerdings weit komplexer dar: Nicht „Nahrungsketten", auch nicht „Nahrungspyramiden", sondern hochkomplexe Nahrungsnetze sind die Regel. Auch sind es nicht, wie wir seit dem 19. Jahrhundert wissen[115], die Raubtiere, welche ihre Beute regulieren. Vielmehr „reguliert" die Beute das Raubtier.

Wobei der Begriff der „Regulation" als solches schon unzutreffend ist: Es handelt sich keineswegs um einen technischen Regelkreis, wie etwa ein Thermostatventil in der Heizung. Und es handelt sich auch nicht um einen zielgerichteten Prozess.

Vielmehr haben wir es in Ökosystemen mit einer Vielzahl an zufälligen Vorgängen zu tun, die letztlich nicht gesetzmäßig, sondern lediglich zufällig miteinander verbunden sind.

Der Luchs erbeutet den Hasen nicht, weil er ausschließlich Hasen frisst, sondern weil Hasen ein günstiges Verhältnis von Jagdaufwand zu Fleischertrag liefern und weil er zufällig gerade einen Hasen antrifft. Letzteres vielleicht deshalb, weil es in einem bestimmten Jahr gerade viele Hasen gibt. Vielleicht waren zwei oder drei vorausgegangene Frühjahre mild und trocken, und viele Junghasen haben überlebt. Alternativ könnte der Luchs auch eine Maus erbeuten. Dafür verbraucht er allerdings ähnlich viel Energie wie für das Erbeuten eines Hasen, doch die Maus liefert nur einen deutlich geringeren Energieertrag. Somit wird ein Luchs dann günstige Bedingungen vorfinden, die ihm einen guten Fortpflanzungserfolg sichern, wenn es sich um ein „gutes Hasenjahr" handelt und er nicht auf Mäuse ausweichen muss.

Folglich bedingen viele Hasen im nächsten Jahr auch viele Luchse, und wenige Hasen eher wenige Luchse, nicht umgekehrt. Und somit wird auch klar, warum ein Raubtier, auch wenn es zeitweise häufig wird, seine Beute normalerweise nicht ausrottet.

Dieser als „Lotka-Volterra-Regel"[115,211] in der Ökologie berühmt gewordene Zusammenhang ist allerdings auch nur eine Regel, keineswegs ein Gesetz. Denn es gibt Ausnahmen, insbesondere, wenn der Mensch ins Spiel kommt.

Nehmen wir das Beispiel Fuchs und Maus. Hier gilt ein ähnlicher Zusammenhang wie bei Luchs und Hase: Gute Mäusejahre bedeuten gute Bedingungen für Füchse, deren Bestand nimmt nach einigen Jahren mit hohen Mäusedichten zu. Bricht die Mäusepopulation in einem darauffolgenden Jahr etwa aufgrund eines seuchenhaft auftretenden Krankheitserregers zusammen, besteht akuter Nahrungsmangel für die große Zahl an Füchsen. Diese sind Nahrungsgeneralisten, können also leicht auf andere Beutetiere ausweichen. Kommt nun im gleichen Lebensraum etwa das Auerhuhn vor, so erbeuten die dort lebenden Füchse mangels Mäusen vermehrt auch Auerhühner. Da diese aber in vielen Wäldern (u. a. aufgrund von Störungen durch die Freizeitnutzung der Wälder und von Lebensraumverlusten durch die moderne Forstwirtschaft) sehr selten geworden sind, kann gelegentlich schon ein zusätzlicher Aderlass durch den Fuchs einen (kleinen) Auerhuhnbestand zum Verschwinden bringen.

Schließlich ist auch die Trennung zwischen den unterschiedlichen Gruppen von Tieren unscharf: Zahlreiche Raubtiere (wie beispielsweise Wolf, Fuchs, Marder oder Braunbär) ernähren sich zu nicht

Abb. 21: Wirbeltiere als Aasfresser: Über die Bedeutung von Tierkadavern im Ökosystem wissen wir bis heute eher wenig.

geringen Teilen auch von Obst oder anderen Früchten, agieren also teilweise, etwa zu bestimmten Jahreszeiten, wie Pflanzenfresser. Gleichzeitig sind zahlreiche Fleischfresser, zumindest wo es sich anbietet, auch Aasfresser. Von der Kohlmeise bis zum Seeadler, vom Maulwurf bis zum Braunbären nehmen Fleischfresser auch tote tierische Substanz auf und agieren dann wie Destruenten (vgl. Abbildung 21).

ÖKOLOGISCHE NISCHEN

Wenn wir das Beispiel des Buchenwaldes noch einmal aufgreifen, so zeigen sich nicht nur Nahrungsnetze, welche Beziehungen zwischen den grünen Pflanzen und den Tieren herstellen, es zeigen sich auch spezifische, durch eine Summe an ökologischen Faktoren definierte Teilräume innerhalb eines Ökosystems, die „ökologischen Nischen“[36,52]. Etwas vermenschlichend und nicht ganz korrekt werden diese oft auch als „Planstellen“ einer Species interpretiert. Nicht ganz korrekt unter anderem deshalb, weil wir einerseits in der Ökologie keine vorgegebenen „Aufgaben“ kennen, sondern sich solche Wechselbeziehungen im Rahmen der gemeinsamen evolutiven Entwicklung mehrerer Arten über tausende, zum Teil zehntausende von Jahren herausbilden und sich auch über die Zeit verändern können. Zum anderen sind ökologische Nischen auch nie präzise voneinander abgegrenzt, sondern überlappen sich teilweise deutlich und zwischen unterschiedlichen Arten.

So leben die Mäuse weitgehend unterirdisch oder am Waldboden und ernähren sich dort von Wurzeln, aber auch beispielsweise von den Baumfrüchten, den Bucheckern. Die Mäuse schaffen wiederum eine Nische für deren Raubtiere, das Mauswiesel oder das Hermelin, aber auch die Wildkatze. Alle drei Arten sind vergleichsweise eng an das Vorkommen von Mäusen gebunden, andere Tiere wie Singvögel werden allerdings auch, in geringerem Umfang, erbeutet. Auch der Fuchs nutzt diese Nahrungsressourcen intensiv, wenngleich er als Mesoprädator (mittelgroßes Raubtier) zusätzlich noch ganz andere Nahrungsquellen erschließt.

Der Baummarder besetzt diese Nische ebenfalls mit. Wobei Baummarder auch die Strauchschicht (Singvögel) und sogar den Kronenraum der Bäume (Eichhörnchen) zum Beuteerwerb nutzen. Mäuse, Singvögel und teilweise Eichhörnchen gehören wiederum zum typischen Beutespektrum des Habichts oder des Sperbers (tagsüber). Mäuse sind die Hauptbeute des Waldkauzes (nachts).

Wir erkennen leicht, dass der Begriff der ökologischen Nische als Hilfe für die gedankliche Einordnung einer Art im Ökosystem ausgesprochen hilfreich ist. Eine präzise, möglicherweise sogar mathematisch fassbare Abgrenzung liefert dieser nicht.

WÄLDER UND HUFTIERE

Huftiere, also tendenziell größere und große Säugetiere, wirken in Waldökosystemen als Transportmittel für viele vor allem krautige Pflanzen und Gräser, welche sie über den Verdauungstrakt oder über ihr Fell verbreiten[56]. Aufgrund teilweise großer Streifgebiete dieser Tiere ist die Diasporenverbreitung, also die Ausbreitung von Fortpflanzungsformen wie Samen, Früchten oder Pollen, ausgesprochen effektiv und wird nur von derjenigen durch Vögel übertroffen.

Eine weitere wichtige ökologische Wirkung der Huftiere sind Bodenverwundungen, insbesondere durch Wildwechsel (vom Wild regelmäßig benutzter Weg), aber auch Suhlen oder „Plätzstellen". Hier werden günstige Keimbedingungen für „Rohbodenkeimer" geschaffen, also für Pflanzen, die direkt auf dem Mineralboden die besten Keimbedingungen vorfinden.

Abb. 22: Wildschweine tragen durch Wühlen zur Lockerung des Bodens bei.

Eine dritte Kategorie bedeutender ökologischer Wirkungen sind die Fraßeinwirkungen.

Das Artenspektrum der Huftiere umfasst in Mitteleuropa einerseits die Wildschweine (vgl. Abb. 22), welche als Allesfresser durch wühlende Tätigkeit im Wesentlichen Mäuse und Insektenlarven aufnehmen und im Übrigen in Wäldern vor allem von den Samen der fruchttragenden Laubbaumarten (Bucheckern, Eicheln, Kastanien) leben.

Ein deutlich unterschiedliches Ernährungsverhalten zeigen andererseits die Wildwiederkäuer, also Wildrinder sowie Schaf-, Ziegen- und Hirscharten.

Wiederkäuer sind in ihrem Ernährungsverhalten einerseits hochgradig spezialisiert, andererseits nutzen sie alle grundsätzlich das gleiche Prinzip des Nahrungsaufschlusses. Ihr vierteiliger Magen (Pansen-, Netz-, Blätter- und Labmagen) ist auf die Verdauung von kohlenhydratreicher Substanz (Zellulose) mit Hilfe einer Vielzahl symbiotischer Bakterien und Protozoen im Pansen spezialisiert. Rund 35 Milliarden Bakterien finden wir in einem Gramm Panseninhalt[178]. Dabei liegt der Wert der Symbiose für die Wiederkäuer in der Möglichkeit des Aufschlusses der ansonsten nicht nutzbaren Zellulose, den Mikroorganismen bietet der Pansen eine hochgradig geschützte und hinsichtlich der umgebenden Bedingungen sehr homogene Umwelt.

Die Wildwiederkäuer haben sich aber im Laufe der Evolution weiter spezialisiert. So unterscheiden wir die Rauhfutterfresser, zu denen beispielsweise das Ur, der heute ausgestorbene Vorfahr unserer Hausrinder, zählte, und – mit Einschränkung – auch der Wisent und das Mufflon. Die letztgenannten Arten stehen allerdings bereits an der Grenze zu den „Mischäsern", welche nicht nur faserreiche Nahrung, sondern auch große Anteile eher fett- oder proteinhaltiger Nahrung aufnehmen. Ein typischer Mischäser ist etwa der Rothirsch.

Das andere Extrem im Äsungsspektrum der Wildwiederkäuer bilden die Konzentratselektierer (vgl. Abb. 23). Das Reh ist hierzulande der typische Vertreter. Konzentratselektierer bevorzugen Nahrung mit vergleichsweise wenig Faseranteil. Fasern können sie in ihrem kleinen Pansen auch kaum aufschließen. Vielmehr sind sie auf proteinreiche Pflanzenteile (Kräuter, aber auch Knospen) spezialisiert.

Durch die Aktivität der Konzentratselektierer kann sich – im Sinne einer qualitativen Wirkung auf das Waldökosystem – im Laufe der Zeit die Baumartenzusammensetzung, also das Mischungsverhältnis zwischen Baumarten im Mischbestand, ändern. Oftmals werden dadurch die Edellaubhölzer (also Mischbaumarten, welche einen hohen wirtschaftlichen Wert haben, wie etwa Kirsche oder Ahorn) in einem Buchenbestand seltener. Für den Waldbestand als solches ist dies meist kein Problem, für den wirtschaftenden Forstbetrieb möglicherweise schon (vgl. Kapitel 7).

Inwieweit eine solche Reduktion der Baumarten durch Fraßeinwirkungen auch in Urwäldern stattfand, ist eine Frage, auf die wir heute vermutlich keine abschließende Antwort finden können. Gleiches gilt für die Frage, ob die große Anzahl an Wildwiederkäuerarten in früheren Zeiten (Ur, Wisent und Elch fehlen heutzutage) möglicherweise eher eine Art „Booster" für die Biodiversität war.

Das „Schälen", also das Abziehen der Baumrinde, oft bei Fichten, aber auch bei anderen Baumarten, durch verschiedene Hirscharten, Elche und Wildrinder hat ökologisch gesehen keine quantitativen, sondern eher qualitative Auswirkungen. Durch die Wunden in der Rinde können die Bäume mit Pilzen befallen werden („Rotfäule" bei Fichte) und im Extremfall sogar bei Sturm umbrechen. Ökologisch gesehen schafft das Lücken im Wald, auf denen Licht den Waldboden erreicht, und es kann sich in der Folgezeit eine Vielzahl lichtliebender Arten entwickeln, die Aktivität der Bodenmikroben wird lokal stimuliert, was sich durchaus positiv auf die Diversität im Ökosystem

Abb. 23: Rehe als Konzentratselektierer können einen (qualitativen) Einfluss auf die Baumartenzusammensetzung in Wäldern haben. Ihr quantitativer Einfluss auf das Ökosystem ist, verglichen etwa mit der Mikrofauna und -flora in den Böden, sehr gering.

auswirken kann. Ökonomisch gesehen kann Schäle allerdings hohe Schäden für den Forstbetrieb bedeuten.

Wir sehen, dass wir bei der Beurteilung bestimmter Phänomene, also etwa der Fraßeinwirkungen durch große Pflanzenfresser, klar zwischen ökologischen und ökonomischen Auswirkungen differenzieren müssen.

Dies führt uns zwangsläufig zu der Frage, wie denn die Wälder Mitteleuropas vor der intensiven Einflussnahme durch den Menschen ausgesehen haben. Dazu gibt es, vereinfachend gesagt, zwei unterschiedliche Hypothesen.

Wir wissen, dass vor der letzten Eiszeit in Mitteleuropa eine deutlich vielfältigere Säugetier- und insbesondere auch Huftierfauna als heute existierte. Ebenso, wie wir durch die Eiszeiten zahlreiche Baumarten verloren haben, so starben auch viele Huftiere aus.

Die „Megaherbivorenhypothese“[207] geht davon aus, dass die Waldgeschichte Mitteleuropas ebenso wie Nordamerikas nach der letzten Eiszeit deutlich intensiver durch Fraßeinwirkungen großer Pflanzenfresser, also der Wildrinder, Elche, Hirsche und Rehe, beeinflusst wurde, als dies in der Vergangenheit angenommen wurde. Damit würde die Schlussfolgerung einhergehen, dass die Landschaft ohne unmittelbaren menschlichen Einfluss nicht unbedingt durch dichte weitgehend homogene Waldgebiete, sondern eher durch ein Mosaik aus Wäldern und kleineren, darin befindlichen Offenlandanteilen gekennzeichnet war.

Dass sich die qualitativen Auswirkungen der Fraßeinwirkungen großer Pflanzenfresser tatsächlich in derartigen mosaikartigen Landschaften dargestellt haben, wird allerdings von anderen Autoren[93] teilweise angezweifelt. Sie gehen insbesondere aufgrund von Pollenanalysen davon aus, dass das Landschaftsbild ursprünglich durch große, dichte Waldgebiete mit eher geringem Einfluss großer Pflanzenfresser bestimmt war.

Möglicherweise liegt die Wahrheit aber in der Mitte: keine weiten Offenlandschaften, doch mosaikartig eingestreute Wiesen und Lichtungen in ansonsten zusammenhängenden Waldgebieten, welche durch die freilebenden Huftiere offen gehalten wurden und erst wieder der Gehölzsukzession anheimfielen, sobald anderenorts, etwa durch einen Sturm oder Insekten, neue Freiflächen entstanden.

Tatsache ist, dass parkartige, halboffene Landschaften durch Einflussnahme der sesshaft gewordenen Menschen, also seit dem Neolithikum und zunehmend in historischer Zeit, nachweisbar waren (vgl. Kapitel 1).

LANGFRISTIG DENKEN

Die ganze Komplexität unserer heimischen Waldökosysteme konnte in diesem Kapitel lediglich andeutungsweise dargestellt werden. Interessierten Lesern sei die zitierte vertiefende bzw. weiterführende Literatur empfohlen.

Wir erkennen allerdings leicht, dass Waldökosysteme bis heute mehrere Besonderheiten gegenüber anderen Ökosystemen aufweisen: die Langlebigkeit ihrer strukturbildenden Elemente, der Bäume, die besondere Abhängigkeit von den Böden und der Einfluss einer großen Vielfalt anderer Organismen, insbesondere von Tieren auf die Lebensabläufe.

Alles zusammen führt dazu, dass menschliche Eingriffe und Nutzungsformen von großer Sorgfalt bestimmt sein müssen, um keine Schäden anzurichten. Denn derartige Schäden sind nicht „mal eben" innerhalb eines oder weniger Jahre korrigierbar, sondern sie wirken bis weit in die Zukunft hinein. So hat das Anpflanzen von Fichten und Kiefern in Reinbeständen in den 1940er und 1950er Jahren, damals aufgrund großflächiger Kahlhiebe (Reparationsleistungen an die Siegermächte des Zweiten Weltkrieges) vermutlich ohne Alternative, Auswirkungen, die wir heute schmerzhaft spüren.

Gleiches gilt für die Rolle der Tiere, einschließlich der großen Huftiere, welche bis heute von der forstlichen Praxis ebenso wie von der Ökosystemforschung kaum wahrgenommen werden. Gerade die Rolle der großen Huftierarten ist nach wie vor noch weitgehend unverstanden.

Für das forstliche Management heißt dies, dass wir (wieder) lernen müssen, langfristig zu denken, nicht über Jahre oder Jahrzehnte, sondern über Jahrhunderte und vielleicht sogar Jahrtausende.

4. WALD UND WILD

„Es ist nicht dringlich zurzeit, den Hirsch zu schonen. Es ist dringlich zurzeit, den Hirsch zu schießen …“ rief uns am Heiligabend 1971 der Umweltjournalist Horst Stern in seinen „Bemerkungen über den Rothirsch“ zur besten Sendezeit zu.

Ein fatales Missverständnis war die Folge: Von nun an glaubten und glauben viele Forstleute bis heute, dass man nur hinreichend viele Rothirsche schießen müsse, um die jeweils aktuellen Probleme des Waldes zu lösen. Bis heute werden Sterns „Bemerkungen über den Rothirsch“ von vielen Forstleuten und Jägern als symbolischer Auftakt einer Entwicklung gesehen, die – je nach persönlichem Standpunkt – entweder als Beginn eines ökologischeren Verständnisses der Jagd in Deutschland oder als Renaissance eines lange überholt geglaubten Nutzen-Schaden-Denkens gesehen wird: „Hirsche fressen den Wald, sind somit schädlich und müssen geschossen werden.“

Sterns feinsinnige Kritik betraf damals allerdings nicht nur die Wildbestände, sondern vor allem auch die forstlichen Versäumnisse, auch wenn vielen bis heute vor allem die oben zitierten Worte im Gedächtnis geblieben sind.

Das Thema Wald und Wild wird in Fachkreisen seit mittlerweile über einem halben Jahrhundert intensiv und kontrovers diskutiert. Die Probleme der Praxis wurden bis heute kaum gelöst. Nicht weil man es nicht kann, sondern weil man es nicht will.

„WALD-WILD-KONFLIKT" – EIN MYTHOS!

Ist die Rede von Wald und Wild, so ist auch der sogenannte „Wald-Wild-Konflikt" nicht weit, eine Phrase, die seit Jahrzehnten durch die (Fach-)Presse geistert, ohne dass jemand schlüssig erklären könnte, was sich eigentlich dahinter verbirgt.

Wald, als Ökosystem betrachtet, besteht vereinfacht gesagt aus Pflanzen, Tieren und der unbelebten Umwelt (vgl. Kapitel 3). „Wild", also freilebende Tiere, ist genauso Bestandteil des Systems wie die Pflanzen. Das eine ist ohne das andere nicht denkbar. Hier einen Gegensatz oder gar einen Konflikt zu sehen, ist dementsprechend nicht nachvollziehbar oder – anders ausgedrückt – schlichtweg Unsinn.

Sehen wir die Begriffe „Wald" und „Wild" allerdings nicht allein aus ökologischer Sicht, sondern als Teil eines Forstbetriebes, also eines Unternehmens mit spezifischen ökonomischen Zielen, kommen wir der Angelegenheit schnell näher. In diesem Fall ist es erforderlich, etwa das Ziel der Holzproduktion ebenso wie die übrigen, teilweise konkurrierenden Ziele, wie beispielsweise Naturschutz, Erholung, Jagd, Tierschutz und andere, zu betrachten.

So kommen wir zu dem Schluss, dass sehr wohl Konflikte existieren. Allerdings nicht zwischen Wald und Wild, sondern zwischen verschiedenen menschlichen Interessen und Interessengruppen, in diesem Falle zwischen Waldbesitzern und Forstleuten („Wald") auf der einen und Jägern sowie Tier- und teilweise auch Naturschützern („Wild") auf der anderen Seite.

Interessant ist dabei, dass beide Gruppen lange Zeit (und in den Augen der meisten Menschen bis heute) nicht als Träger gegensätzlicher Interessen gesehen wurden bzw. werden. Es stellt sich daher die Frage, wo der Konflikt seine Wurzeln hat, welche Entwicklungen zu der aktuell zu beobachtenden Emotionalisierung des Themas geführt haben und wo in Zukunft Lösungswege erkennbar sind.

GESELLSCHAFTLICHE PROZESSE: EIN BLICK ZURÜCK

Wie bei vielen Konflikten, geht es auch beim Thema Wald und Wild zunächst einmal um handfeste ökonomische Interessen. So waren die 1970er und 1980er Jahre eine Zeit des deutlichen Anstieges der Lohnkosten, teilweise durchaus vergleichbar mit der aktuellen Situation. Die Forstwirtschaft als ausgesprochen arbeitsintensive Branche war davon in besonderem Maße betroffen. Forstbetriebe bzw. Forstverwaltungen schrieben regelmäßig rote Zahlen und waren zu umfangreichen Rationalisierungsmaßnahmen gezwungen.

Diese betrafen selbstverständlich auch die Investitionen in Schutz gegen Wildverbiss. Waren bis in die 1980er Jahre die Pflanzung junger Bäume, die Anlage großflächiger Zäune, aber auch der Schutz einzelner Pflanzen gegen Wildverbiss die Methoden der Wahl, so änderte sich das etwa seit den 1990er Jahren rapide. Staatlich geförderte großangelegte Waldumbauprogramme mit dem Ziel artenreicher Mischwälder setzten zunehmend auf Naturverjüngung der Wälder. Schutzmaßnahmen für die Waldverjüngung waren personalintensiv und somit teuer. Die Lösung erschien verblüffend einfach: Es sollte eben mehr gejagt werden[65,69].

Was man nicht sah oder sehen wollte, war die Tatsache, dass einfach nur „mehr Jagd" auch mehr Stress für (alle) Tiere in den Wäldern mit sich bringt und dass „weniger Wild“ nicht automatisch „weniger Schäden“ bedeutet.

Erstaunlicherweise stand (und steht bis heute) dieser Sichtweise auch das Wissen darüber, dass eine immer intensivere Bejagung dem Betrieb ebenfalls hohe Kosten verursacht, nicht entgegen. Über die tieferen Gründe dieser Entwicklung können wir nur spekulieren. Sollte es damit zu tun haben, dass viele Forstleute lieber zur Jagd gehen, als sich über komplizierte Waldbau- und Wildtiermanagementkonzepte den Kopf zu zerbrechen?

Unabhängig davon entsprach der Trend zu mehr Naturverjüngung und weniger Pflanzung und folglich der Trend zu weniger Zäunen im Wald durchaus den Interessen der Wildtiere und letztlich auch der Jägerschaft. Umfangreiche Zäune führen zu Verlusten an Wildlebensraum, schaffen für Tiere Verletzungsrisiken und halten diese nicht nur von den gepflanzten Waldbäumen, sondern auch von der Bodenvegetation auf den Gatterflächen fern.

Die mit dem Anspruch an die Waldverjüngung ohne Zaun verbundenen Umstellungen im jagdlichen Denken, etwa im Hinblick auf geänderte, intelligentere Jagdkonzepte, erfolgten bei Jägern und jagenden Forstleuten allerdings nicht oder nur verzögert. Stattdessen versuchte man lediglich, den Wildbestand flächendeckend zu reduzieren. Damit wiederum wurde eine Spirale in Gang gesetzt, die man – vereinfacht – so umschreiben kann: mehr Jagd im Wald – mehr Stress für die Tiere – mehr Schäden im Wald. Diese Spirale führte (und führt bis heute) wiederum zu Forderungen seitens der Forstwirtschaft nach noch mehr Jagd.

So begann in den 1970er und 1980er Jahren auch eine Entwicklung, die als Konsequenz zu einer anhaltenden deutlichen Entfremdung zwischen Forstleuten und Jägerschaft führte. Für den Großteil der Menschen war dies lange nicht erkennbar. Teilweise bis heute gelten Förster hierzulande noch als diejenigen, die für Wald und Wildtiere

Sorge tragen, während der Jäger derjenige ist, der Tiere tötet. Mittlerweile hat sich dieses Narrativ überlebt, die Verhältnisse haben sich nahezu umgekehrt: Viele Freizeitjäger mit Verantwortung für eigene Jagdreviere sehen sich als Anwälte der Wildtiere, während unter Forstleuten zusehends ein – längst überholt geglaubtes – Nutzen-Schaden-Denken in Bezug auf Wildwiederkäuer, also Rehe und Hirsche zu beobachten ist.

Interessant ist dabei, dass Jäger und Forstleute langfristig nach wie vor viele gemeinsame Ziele verfolgen, die sie jedoch manchmal aus den Augen verloren haben.

Die Erhaltung unserer Wälder, der Habitate für Wildtiere, der natürlichen nachwachsenden Ressourcen und deren nachhaltige Nutzung sind für beide Gruppen eine wichtige gemeinsame Basis. Auch die Verteidigung dieser Ressourcen gegen ihre Zerstörung durch zivilisatorische Prozesse war viele Jahrzehnte Jägern wie Förstern ein wichtiges Anliegen.

Die Zerwürfnisse entstanden letztlich an der Uneinigkeit über den Weg, der zu diesen Zielen führt. Und sie entstanden aus einer Vielzahl von Glaubenssätzen. Der bekannteste ist vielleicht „Wald vor Wild".

Wie der Begriff „Wald-Wild-Konflikt" fand der Slogan „Wald vor Wild" – der genauso sinnfrei ist – sogar Eingang ins Bayerische Jagdgesetz. Klar ist: Solange einzelne Gruppen auf diese Weise die Deutungshoheit zum Thema Waldökosysteme (einschließlich Wildtiere) zu erlangen versuchen, werden wir die Probleme nicht lösen. Doch dazu mehr am Ende des Buches.

Ob und inwieweit diese Entwicklung durch die seit den 1930er Jahren existierende und bis heute fortbestehende sektorale Trennung von Jagd und Naturschutz (mit)bereitet und später durch das zusätzlich eingeführte Bundeswaldgesetz von 1975 noch verstärkt wurde, werden wir in Kapitel 7 diskutieren.

PFLANZENFRESSER FRESSEN PFLANZEN

Wenden wir uns wieder dem Ökosystem „Wald“ zu. Dieses ist unter anderem dadurch gekennzeichnet, dass große Pflanzenfresserarten (wie Reh und Rothirsch, aber auch Elch oder Wisent) einerseits und Pflanzengesellschaften (insbesondere Waldgesellschaften) andererseits sich über Jahrtausende aneinander angepasst haben. Die Pflanzenfresser haben ihre Umwelt dabei immer mehr oder minder deutlich mitgestaltet.

Dabei stellt sich in echten (also vom Menschen unbeeinflussten) Urwäldern vermutlich ein vom Wald dominiertes, mosaikartiges Bild unterschiedlicher Pflanzengesellschaften ein. Wie das genau in Mitteleuropa aussah, können wir heute meist nur vermuten (vgl. Kapitel 3). Vieles deutet auf eine räumliche und zeitliche mosaikartige Abwechslung von dichten Waldstrukturen und lichten Wald- und/oder Offenlandanteilen hin. Auf die mögliche Rolle großer Pflanzenfresser

Abb. 25: Rothirsche wurden seit dem 19. Jahrhundert zunehmend in den Wald verdrängt.

bei der Entstehung und Erhaltung dieser offenen Flächen, einem wichtigen Bestandteil der prähistorischen mitteleuropäischen Landschaft, werden wir in Kapitel 7 noch einmal eingehen.

Unbestritten ist jedenfalls, dass im Sinne einer gemeinsamen Evolution unsere heimischen Pflanzenfresser genauso (z. B. das Reh) oder weniger (z. B. der Rothirsch, vgl. Abbildung 25) an Waldlebensräume angepasst sind, wie umgekehrt auch die Pflanzenarten bzw. Pflanzengesellschaften an die großen Pflanzenfresser.

Somit ist in der Natur ein gewisses Maß an Fraßeinwirkung völlig normal und ein Wald ohne Fraßeinwirkung undenkbar. Wie viel Fraßeinwirkung in den Urwäldern tatsächlich auftrat und welche Rolle die großen Raubtiere wie Bär, Wolf und Luchs in der Vergangenheit in Bezug auf die Häufigkeit großer Huftiere und deren Einfluss auf die Waldverjüngung spielten (und in Zukunft spielen können), ist bis heute weitgehend unklar.

Allerdings stellt sich diese Frage in unseren Wirtschaftswäldern auch nicht. Hier geht es, wenn wir über Wald und Wild diskutieren, zwar auch um Ökologie, letztlich aber um den völlig legitimen Wunsch, mit dem Wald Erträge zu erwirtschaften.

AUS DER FRASSEINWIRKUNG WIRD EIN SCHADEN

Wenn wir in einem Forstbetrieb die Fraßeinwirkung wirtschaftlich bewerten, wird diese möglicherweise zum „Schaden".

Gelegentlich vermuten Forstleute neben dem wirtschaftlichen auch einen ökologischen Schaden. Diesen Ansatz müssen wir grundsätzlich sehr kritisch hinterfragen, denn hierzu benötigten wir einen Vergleich mit einer vom Menschen unbeeinflussten Situation (Urwald) als Referenz. Solche Wälder sind allerdings in Mitteleuropa nicht mehr vorhanden (vgl. Kapitel 7).

Abb. 26: Verbiss an einer Tanne

Der Versuch, einen forstlichen Schaden durch Wildverbiss (vgl. Abbildung 26) oder Schäle (vgl. Abbildung 27) zu bewerten und zu quantifizieren, stößt sehr schnell auf ein bekanntes Problem: Wälder, selbst Wirtschaftswälder, sind außerordentlich langlebig. Die Menschen, die einen Waldbestand begründen, werden ihn normalerweise nicht mehr ernten. Damit verlagert sich auch der Zeitpunkt, zu dem ein Fraßschaden bewertet werden kann, weit in die Zukunft. Frühestens die übernächste oder überübernächste Förstergeneration wird diese Bewertung vornehmen können.

Um dieses Problem zu umgehen (denn lösen können wir es aufgrund unserer begrenzten Lebenserwartung nicht), hat die forstliche Forschung Werkzeuge entwickelt, um bereits heute mögliche Schäden, die in Zukunft auftreten, absehen zu können. Dabei hängt die Frage, ob bestimmte Fraßeinwirkungen einen ökonomischen Schaden im Wirtschaftswald bedeuten, vor allem von der Art und Weise der Waldverjüngung ab.

Abb. 27: Schäle an einer Fichte

Abb. 28: Naturverjüngung eines Buchenbestandes

Grundsätzlich kann eine neue Waldgeneration durch Pflanzung, Saat oder „Naturverjüngung“ (vgl. Abbildung 28) begründet werden (vgl. Kapitel 7).

Bei gepflanzten Beständen ist die Berechnung des Schadens vergleichsweise einfach. Die Erfahrungswerte stammen aus den vergangenen 200 Jahren geregelter, nachhaltiger Forstwirtschaft. Diese setzte gerade in den ersten Waldgenerationen regelmäßig auf Pflanzung. Hier geht man davon aus, dass – abhängig von Baumart und Pflanzenanzahl – ein bestimmter Anteil der Pflanzen (z. B. 20 Prozent) durch Verbiss des Leittriebes ausfallen kann, ohne dass dies einen Schaden bedeutet. Werden mehr Pflanzen verbissen, sollte man nachpflanzen. Dafür entstehen Kosten. Diese Kosten plus ein gewisser Ertragsverlust (denn die nachgepflanzten Bäumchen können einige Jahre weniger wachsen bis zur Ernte) stellen, vereinfacht gesagt, den Schaden dar.

Bei Saat (derzeit eher selten angewandt) und vor allem bei der Naturverjüngung, also der Nutzung des Saatgutes der vorhandenen Bäume, stellt sich diese Frage deutlich komplexer dar.

Hier stehen viele zehntausend, hunderttausend oder gar Millionen kleiner Sämlinge auf einem Hektar Waldfläche. Im nutzbaren Endbestand nach einem oder zwei Jahrhunderten bleiben einige Dutzend Bäume pro Hektar übrig, die letztlich geerntet werden. Auf dem Weg dahin gehen über die Jahrzehnte zehntausende bis hunderttausende Pflanzen durch natürliche Faktoren wie Trockenheit, Nässe, Frost, Konkurrenz untereinander oder mit anderen Pflanzenarten, durch Pilze, Insekten und eben auch durch Fraß von Vögeln und Säugetieren verloren.

Diese „natürliche Sterblichkeit“ (Mortalität) von Waldbäumen ist extrem hoch; oft wird nur ein Zehntausendstel, Hunderttausendstel oder noch weniger der ursprünglich gekeimten Pflänzchen überleben. Werden davon zehn, zwanzig oder auch fünfzig und mehr Prozent von Wildtieren gefressen, so erkennt man leicht, dass dies durchaus noch im Rahmen der natürlichen Sterblichkeit sein kann, dass also kein wirtschaftlicher Schaden entsteht.

Wir erkennen also: Die Schwierigkeit, die wir mit dem Schadensbegriff im Wald haben, hängt mit der Langfristigkeit forstlichen Wirtschaftens zusammen. Demgegenüber ist ein Wildschaden in der Landwirtschaft mit typischerweise einjährigen Pflanzen vergleichsweise einfach zu erkennen, zu bewerten und finanziell oder durch Sachleistung zu erstatten.

Würde man im Wald gleichermaßen vorgehen, wäre ein Wildschaden eine mathematische Funktion des Holzpreises und der Holzerntekosten zum Zeitpunkt der Ernte des infrage stehenden Bestandes. Die entsprechenden Unbekannten in dieser Rechnung machen eine Bewertung zum gegenwärtigen Zeitpunkt nahezu unmöglich.

DER BLICK IN DIE KRISTALLKUGEL: FORSTLICHE GUTACHTEN

Genauso unmöglich ist es, von dem aktuellen Verjüngungszustand auf die Zusammensetzung des Bestandes in der Zukunft, etwa im Endbestand, zu schließen.

Damit ist es auch illusorisch, aus stichprobenartigen, aktuellen Vegetations- oder Verbisserhebungen, wie wir sie im Rahmen forstlicher Gutachten durchführen, belastbare Aussagen für die zukünftige Entwicklung des jeweiligen Bestandes herzuleiten.

Genau diesen Ansatz verfolgen die „Forstlichen Gutachten", die in einigen Bundesländern wie z. B. Bayern sogar verbindlich sind und seitens der Forstbehörden durchgeführt werden. Ziel ist es, durch Aufnahme von Verbiss und/oder Schäle auf den Bestand an Wildwiederkäuern zu schließen oder zumindest einen Eindruck zu vermitteln, ob dieser für das jeweilige Wirtschaftsziel „zu hoch" oder „angemessen" ist. Die Tatsache, dass in den meisten dieser Gutachten die Kategorie „zu niedrig" nicht vorkommt, zeigt bereits die (ökonomisch geprägte, einseitige) Grundeinstellung, die hinter solchen Erhebungen steht.

Wie bereits erwähnt, besteht keine eindeutige oder gar lineare Beziehung zwischen Wildbestand und Fraßeinwirkungen (Verbiss und Schäle). Vielmehr ist die Höhe des Wildbestandes lediglich einer von zahlreichen Faktoren[153] (etwa Ruhe oder Stress oder die Frage, ob eine Winterfütterung erfolgt), die das Ausmaß an Wildschäden im Wald bestimmen. Hinzu kommt, dass hier mit zweierlei Maß gemessen wird. Im Rahmen der Forstlichen Gutachten wird oftmals ein Verbiss im niedrigen zweistelligen Prozentbereich als ausgesprochen kritisch für den Bestand angesehen. Nur wenige Jahre später erfolgen dann jedoch gezielte forstliche Eingriffe, die „Läuterungen" (vgl. Abbildung 29), welche einen deutlich größeren Anteil der jungen

Abb. 29: Läuterung in einem Laubholzbestand: Ein Großteil der Verjüngung wird im Rahmen einer Pflegemaßnahme wieder herausgeschnitten. Wildverbiss in gleichem Ausmaß wäre einige Jahre vorher als dramatischer Schaden eingestuft worden.

Bäume systematisch herausschneiden, um ein gutes Bestandeswachstum zu fördern und die Konkurrenz zu steuern.

Forstliche Gutachten können als orientierende Schätzgröße dienen. Aufgrund der ihnen innewohnenden Prognoseunsicherheit ist jedoch die langfristige und vor allem auch rechtlich belastbare Aussagekraft sehr eingeschränkt. Auch können keine Schlüsse daraus gezogen werden, ob mehr Wild erlegt werden muss oder weniger. Dennoch nehmen Jagdbehörden die Forstlichen Gutachten als Grundlage, um den Abschuss von Reh- oder Rotwild zu erhöhen. Wissensbasierte Entscheidungen sehen anders aus.

In jüngerer Zeit werden gelegentlich mathematische Modelle diskutiert, mit denen auch aus Verbissgutachten Prognosen für die weitere Bestandesentwicklung hergeleitet[81] werden sollen. Dazu muss man allerdings wissen, dass Modelle eben nicht die Realität widerspiegeln, also nicht der „Wahrheit“ entsprechen, sondern lediglich eine theoretische „Wirklichkeit“ erschaffen, die uns Dinge verstehen hilft. Entscheidend ist bei der Erarbeitung eines Modells die Qualität der Eingangsdaten, von denen viele einfach nur geschätzt werden. Dies ist ein Grundproblem jeder Modellierung. Gerade in Bezug auf so langfristige Prozesse wie Waldwachstum, bei denen immer wieder Störungen auftreten können, sind Modelle einerseits wichtig, andererseits immer kritisch zu hinterfragen.

Wir sehen, dass die bis heute üblichen Verbiss- und Schälgutachten weder über die langfristige Entwicklung einer Naturverjüngung noch über den Wildbestand oder die Frage, ob vielleicht „zu viel“ Wild vorhanden sei, eine Aussage treffen können. Ihr Nutzen ist daher auf die erwähnten betriebsinternen oder langfristig forstpolitischen Fragestellungen beschränkt. Ob diese Informationen allerdings die enormen gesellschaftlichen Kosten rechtfertigen, die mit solchen Forstlichen Gutachten verbunden sind, sei einmal dahingestellt.

Weiterhelfen würden an dieser Stelle „Verjüngungsertragstafeln“, die allerdings bis heute fehlen. Sie zu erarbeiten wäre eine Aufgabe von mehreren Generationen von Forstleuten über sehr lange Zeiträume, ähnlich wie bei der Erstellung klassischer forstlicher Ertragstafeln (Tabellen, mittels derer das Wachstum eines Waldbestandes abgeschätzt werden kann). Das wäre eine wichtige Aufgabe etwa für die Versuchsanstalten der Landesforstverwaltungen bzw. -betriebe.

Auch die Herangehensweise von der anderen Seite, der Höhe des Wildbestandes, hilft nicht wirklich, die Probleme zu lösen. In der Praxis können Wildbestände nur orientierend geschätzt werden. Eine genauere Erfassung der Wildbestände ist heute mit wildbiologischen Methoden zwar machbar, doch ausgesprochen aufwendig. Daher bleibt diese meist Sondersituationen, etwa in Großschutzgebieten, vorbehalten.

Schließlich ist der Einfluss einer Wildart auf das Waldökosystem keineswegs immer eine Funktion der Wilddichte.

Wie wir heute wissen, können auch andere Faktoren, wie zum Beispiel Jagddruck, falsch eingesetzte Jagdstrategien und -methoden, Beunruhigung durch Freizeitnutzung und missbräuchliche, vor allem aber unterlassene Winterfütterung massive Einflüsse des Wildes auf die Vegetation nach sich ziehen.

DAS GRUNDPROBLEM: GLAUBENSSÄTZE STATT FAKTEN

In einer Situation, in der solides Wissen als Entscheidungsgrundlage fehlt, neigen wir Menschen erfahrungsgemäß dazu, unsere subjektiven Vorstellungen überzubewerten und andere Ansichten geringzuschätzen. Wenn diese Einstellungen sich über die Zeit immer weiter verfestigen, entstehen „Glaubenssätze". Diese machen eine sachliche, emotionsfreie Diskussion immer schwieriger und schließlich unmöglich.

Genau solch eine Situation finden wir heutzutage bedauerlicherweise beim Thema Wald und Wild. Die Diskussion steckt fest, Argumente werden nicht mehr gehört, der gesunde Menschenverstand wird nicht mehr gebraucht! Die einschlägigen Verbände und Lobbygruppen scheinen nicht mehr willens oder nicht mehr in der Lage zu sein, tatsächliche oder vermeintliche Probleme durch Verhandlungen und Interessensausgleich zu lösen. Jäger, Forstleute und Naturschützer übernehmen einfache, eindimensionale Vorstellungen als Tatsachen. Wenn dann forstliches und jagdliches Handeln an diesen verfestigten Vorstellungen ausgerichtet wird („*wenn mehr Wildschaden auftritt, muss mehr Wild geschossen werden*"), ist das nur selten zielführend. Da aber eine große Mehrheit der Betroffenen derart monokausal denkt, wagt es kaum jemand, derartige Glaubenssätze öffentlich zu hinterfragen.

IN PROBLEMEN ODER IN LÖSUNGEN DENKEN?

Wenn also staatliche und große private Forstbetriebe, denen als Grundeigentümer das Jagdrecht ebenso wie das Jagdausübungsrecht zusteht, sich mehr als fünfzig Jahre lang über tatsächlich oder vermeintlich zu hohe Wildbestände beklagen und genauso lange eine drastische Reduktion derselben fordern, dann sind dafür drei Ursachen denkbar:

1. Es gibt kein Problem bzw. es gibt nur eines in der Vorstellungswelt der Betroffenen.
2. Es gibt tatsächlich ein Problem, aber man will es nicht wirklich lösen.
3. Es gibt ein Problem, doch man bedient sich der falschen Methoden.

Vermutlich haben alle drei Hypothesen zumindest einen wahren Kern. Und vermutlich gibt es auch hier und da Situationen, in denen das Thema „zu viel Wild" lediglich als Rechtfertigung für Forstleute dient, häufig und gerne zur Jagd zu gehen.

Auch für die Versuche forstlicher Lobbygruppen, durch Gesetzesänderungen mehr Einfluss auf das Thema „Jagd" zu erlangen, wäre ein ungelöstes Wald-Wild- oder Wald-Freizeitjagd-Problem sehr viel wertvoller als ein gelöstes.

Doch verstricken wir uns nicht in Einzelfälle und Spekulationen: Das bisher Gesagte zeigt, dass echte Konfliktsituationen zwischen den unterschiedlichen Nutzerinteressen Jagd und Waldwirtschaft eher die Ausnahme als die Regel sein sollten. Somit müssen wir davon ausgehen, dass die dritte Hypothese meist zutrifft. Man macht einfach zu viel falsch. Aus den verschiedensten Gründen sind viele Forstbetriebe nicht in der Lage, mit aktuellen, wissensbasierten Konzepten auf die täglichen Herausforderungen zu reagieren. Die fachlichen Instrumente, guten Waldbau auch ohne ein „jagdliches Wettrüsten" zu betreiben, sind teilweise seit Jahrzehnten vorhanden. Doch überkommene Glaubenssätze und eine monokausale Denkweise hindern Menschen daran, sich des vorhandenen Wissens zu bedienen und es im eigenen Betrieb umzusetzen. *„Das funktioniert bei uns nicht"* oder *„bei uns ist die Situation ganz anders"* ist immer wieder zu hören, wenn es darum geht, solche zeitgemäßen jagdlichen Konzepte im Betrieb einzuführen.

JAGDRECHT UND JAGDAUSÜBUNGSRECHT

Eine der wichtigsten demokratischen Errungenschaften der Bürgerlichen Revolution 1848 in Deutschland war die Bindung des Jagdrechts an das Eigentum an Grund und Boden. Zuvor war das Jagdrecht ein Privileg des Adels, Bauern und Bürger durften nicht oder nur sehr eingeschränkt jagen (vgl. auch Kapitel 1).

Mit der Bindung des Jagdrechts an Grund und Boden durfte jeder auf seinem eigenen Land jagen. Eine Übernutzung der Wildbestände und eine deutliche Dezimierung oder gar lokale Ausrottung vieler Tierarten war die Folge.

Daraufhin kam es zunehmend zu einer Trennung zwischen dem Jagdrecht, welches weiterhin untrennbar mit dem Besitz von Grund und Boden verbunden war, und dem „Jagdausübungsrecht": Der Inhaber des Jagdrechts durfte dieses Recht nur dann ausüben, wenn er eine bestimmte Mindestfläche an Land besaß. Diese sollte so bemessen sein, dass darauf die damals häufigsten Tierarten wenigstens in Ansätzen nachhaltig bewirtschaftet (= gehegt) werden konnten. Gleichzeitig sollten die Eigentümerinteressen nicht allzu sehr eingeschränkt werden.

So benötigt ein Grundeigentümer heute in den meisten Bundesländern mindestens 75 Hektar zusammenhängender Fläche, um die Jagd selbst ausüben zu dürfen (Jagdausübungsrecht). Kleinere Flächen werden zu „Jagdgenossenschaften“ zusammengeschlossen. Diese müssen je nach Bundesland z. B. 150 Hektart Mindestfläche aufweisen und umfassen oft die Flächen einer Gemeinde oder Gemarkung. Hier sind die einzelnen Grundeigentümer mit ihren kleinen Flächen weiterhin Inhaber des Jagdrechts. Das Jagdausübungsrecht steht allerdings der Jagdgenossenschaft zu. Die Grundeigentümer, die „Jagdgenossen“, können dieses Recht entweder selbst ausüben, verpachten oder einen Berufsjäger beschäftigen.

Mittlere und große Forstbetriebe sind von der Flächenausstattung so groß, dass dort Jagdrecht und Jagdausübungsrecht in einer Hand liegen. Damit können sie problemlos ihre forstlichen Ziele verfolgen, ohne dass ein Jagdpächter möglicherweise andere Interessen einbringt.

DEZENTRALISATION UND PARTIZIPATION

Probleme können zunächst immer dort am besten gelöst werden, wo sie unmittelbare Wirkung entfalten – also dezentral. Im Falle von Wald und Wild ist dies der Grundeigentümer, der etwa einen Forstbetrieb führt. Nach bundesdeutscher Jagdgesetzgebung kommt diesem als Inhaber des Jagdrechtes eine wichtige Rolle zu.

Der Grundeigentümer dürfte als unmittelbar Betroffener auch das größte Interesse an einer individuellen Konfliktlösung haben. Gleichzeitig laufen hier die Fäden „Jagd“ und „Waldwirtschaft“ zusammen, d. h. der Grundeigentümer legt sowohl seine waldbaulichen als auch, oftmals davon abhängig, seine jagdlichen Ziele fest. Er ist dabei, solange er sich im Rahmen der geltenden Gesetze bewegt, weitgehend frei in seinem Handeln.

Die gesetzlichen Einschränkungen, insbesondere aus Wald-, Naturschutz- und Jagdgesetzgebung, sollen unter anderem die Wahrung der gesellschaftlichen Ansprüche an den Wald sicherstellen. Das

Jagdrecht in Deutschland gilt als eines der liberalsten in ganz Europa. So haben wir beispielsweise für Reh und Hirsch im europaweiten Vergleich die längsten Jagd- und die kürzesten Schonzeiten. Das Reviersystem bzw. die Ausgestaltung des Jagdrechtes als Teil des Eigentumsrechtes des Grundeigentümers ermöglichen diesem eine weitgehende Handlungsfreiheit.

Waldbauliche Ziele können somit problemlos durch geeignete jagdliche Maßnahmen unterstützt werden, sofern man dies wirklich will und die jagdliche bzw. forstliche Bewirtschaftung professionell erfolgt. Wird das Jagdausübungsrecht verpachtet, liegt es selbstverständlich in der Verantwortung der Eigentümer, bei der Auswahl des Pächters und der Gestaltung der Vertragsbedingungen hinreichende Sorgfalt walten zu lassen. Somit besitzt der Grundeigentümer weitreichende Freiheiten, die Prioritäten und Ziele seines Wirtschaftens zu bestimmen. Er kann etwa Schwerpunkte auf waldbauliche, jagdliche oder Naturschutzziele legen und diese verfolgen, solange übergeordnete Interessen nicht verletzt werden. Wie kommt es aber, dass gerade in den Forstbetrieben häufig darüber geklagt wird, dass genau dies nicht funktioniert? Dass aufgrund vermeintlich „zu hoher" Wildbestände bestimmte forstliche Ziele nicht erreichbar seien? Dezentralisation, so wichtig sie ist, scheint alleine offenbar nicht hinreichend zu sein, um die Probleme zu lösen.

Kommen wir auf die oben erwähnte dritte Hypothese zurück: Wenn die Versuche, Waldbau und Jagd in Einklang zu bringen, nicht erfolgreich sind, liegt dies nur allzu oft an falschen oder unzureichenden, manchmal auch völlig fehlenden waldbaulichen und jagdlichen Konzepten. Erst wenn ein Forstbetrieb seine waldbaulichen Ziele klar definiert und sein Wildtiermanagement, d. h. normalerweise seine jagdlichen Ziele und Methoden, konsequent darauf abstimmt, wird er langfristig erfolgreich sein.

An dieser Stelle kommen wieder die Glaubenssätze ins Spiel: Solange wir davon ausgehen, dass Wildschäden grundsätzlich durch zu hohe Wildbestände verursacht werden, so wird man versuchen, die Wildbestände zu reduzieren. Genau das geschieht derzeit in nahezu allen Forstbetrieben. Und genau das wird von nahezu allen großen staatlichen Forstverwaltungen als eine Art „zentrales Dogma" gepflegt, wie wir unschwer auf den entsprechenden Webseiten der jeweiligen Bundesländer lesen können.

Der Fokus liegt irgendwann nicht mehr darauf, einen guten Waldbau zu betreiben, sondern darauf, möglichst viel Wild zu erlegen, koste es, was es wolle. Dass das eine mit dem anderen nur selten etwas zu tun hat, wird allerdings, ebenso wie zahlreiche wildökologische Erkenntnisse der vergangenen Jahrzehnte, in diesem Denkansatz ausgeblendet.

So wäre es in mittleren und großen Forstbetrieben vergleichsweise einfach, Rahmenbedingungen zu schaffen, die ein gutes Miteinander von Wald und Wild ermöglichen. Wir kennen heute verschiedene Verfahren der Lebensraumbewertung[74,79,84]. Diese schätzen aus Erfahrungswerten oder aus konkreten Vegetationsuntersuchungen die in einer Region für das Wild verfügbare Nahrungsmenge im Winter ein. Diese kann mit dem geschätzten Nahrungsbedarf des Wildbestandes verglichen werden und man erhält einen Hinweis, ob für die vorhandenen Wildwiederkäuer hinreichend Nahrung vorhanden ist oder nicht. In letzterem Falle ist darüber nachzudenken, ob tatsächlich eine Bestandsreduktion und/oder eine umfangreiche Verbesserung des Lebensraumes angezeigt ist.

Zeigt die Lebensraumbewertung allerdings keine Diskrepanz zwischen vorhandenem Wildbestand und Nahrungsangebot, so ist es zunächst wichtig herauszufinden, welche Faktoren die Wildschäden im Wesentlichen bedingen. Das können großer Freizeitdruck und damit verbundene Störungen, aber auch falsche jagdliche Konzepte sein. Zu lange Jagdzeiten, vor allem im Frühjahr und Frühsommer und im Spätwinter, provozieren Wildschäden! Großflächige Bejagung von Rot- und Rehwild in revierübergreifenden „Drück-Stöber-Jagden" ist oft eher schädlich[69]. Auch die Fragen, ob man mehr Äsungsflächen im Wald braucht, die nicht bejagt werden, oder ob genügend Jagdruhezonen vorhanden sind, in die sich das Wild ungestört zurückziehen kann, müssen gestellt werden. Die Frage der Winterfütterung ist, insbesondere im Mittel- und Hochgebirge, ebenfalls von Bedeutung. „Keine Winterfütterung" kann ebenso wie „falsche Fütterung" umfangreiche Schäden provozieren.

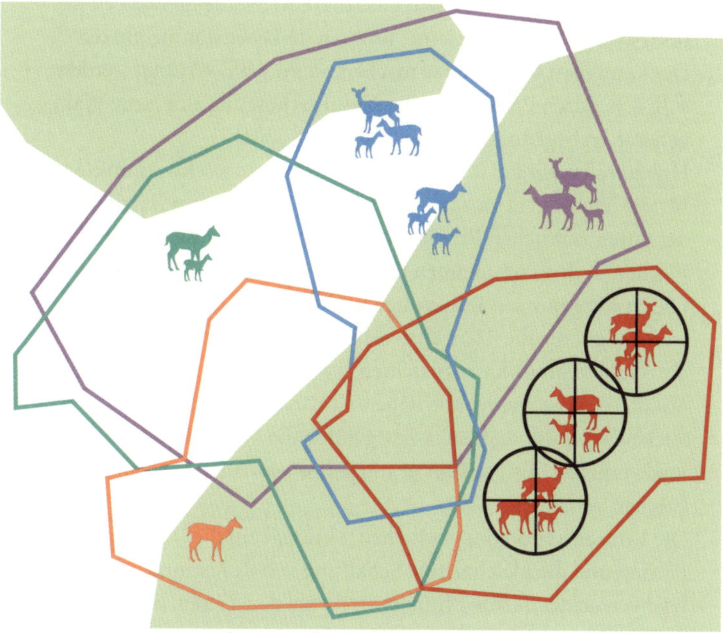

Abb. 30: Schwerpunktbejagung. Die Farben symbolisieren Rotwildrudel und ihre Streifgebiete. Die jagdliche Aktivität soll auf das Wild in den Verjüngungsflächen konzentriert werden (hier symbolisiert durch die in rot dargestellten Tiere).

Die Antworten auf diese und viele weitere Fragen führen zu hochentwickelten, wirksamen Managementkonzepten für die Wildtiere, welche, kombiniert mit Jagdstrategien, die an die forstliche Verjüngungssituation angepasst sind (z. B. „Schwerpunktbejagung", vgl. Kasten und Abbildung 30), mittelfristig in den allermeisten Fällen die Wildschadensprobleme lösen oder zumindest deutlich reduzieren können.

Schwerpunktbejagung hilft forstliche Ziele zu erreichen

Für die beiden wichtigsten Wildwiederkäuerarten, das Rehwild und das Rotwild, wissen wir, dass diese Arten die meiste Zeit des Jahres vergleichsweise kleine, umgrenzte Lebensräume nutzen[122]. Das kann man sich zunutze machen, wenn Wald verjüngt werden soll, d. h. durch Pflanzung oder Naturverjüngung eine neue Waldgeneration begründet werden soll (vgl. Kapitel 7).

Hierzu muss ein Forstbetrieb seine Verjüngungsschwerpunkte für die nächsten etwa zehn Jahre festlegen (was grundsätzlich Teil der guten fachlichen Praxis sein sollte). Dann können genau diese Flächen in den kommenden Jahren relativ intensiv bejagt werden. Gleichzeitig müssen Ruhezonen und Äsungsflächen geschaffen werden, auf die die Tiere ausweichen können, ohne Schaden an der Waldverjüngung anzurichten.

Auf diese Weise werden die Rehe und Hirsche auf den Verjüngungsflächen reduziert und gleichzeitig durch die intensive, kleinflächige Jagd vergrämt, also so sehr gestört, dass sie vielleicht sogar die Flächen verlassen.

Die Konzentration der jagdlichen Aktivität auf die Verjüngungsflächen und die gleichzeitige Schaffung von Ruheräumen ohne Jagd vermeidet darüber hinaus Stress bei den Tieren, der ebenfalls zu Schäden an der Waldvegetation führen kann.

Somit schafft dieses Konzept, konsequent angewandt, die Basis für ein gutes Miteinander von Wald und Wild.

Diejenigen Betriebe, nicht selten mittlere oder große Privatforstbetriebe, die sich dem Thema faktenbasiert und lösungsorientiert nähern, die fachlichen Rat aus der Wissenschaft nicht ignorieren, sondern umzusetzen versuchen, haben ihre Probleme meist gelöst. Ganz so einfach ist es allerdings nicht immer. Was dort funktionieren könnte und in Einzelfällen bereits gut funktioniert, stößt im kleineren und Kleinprivatwald, also etwa in Forstbetrieben mit wenigen bis wenigen Dutzend Hektar Größe, manchmal buchstäblich an Grenzen.

Ein kleiner Forstbetrieb kann selbst alles richtig machen, wenn aber auf benachbarten Flächen entweder andere Ziele verfolgt werden oder kein hoher fachlicher Standard umgesetzt ist, können diese Einflüsse auch die besten forstlichen und jagdlichen Konzepte zunichtemachen. So können wirklich hohe Wildbestände, die etwa aus jagdwirtschaftlichem Interesse (z. B. Betriebsziel Jagdtourismus) in einem Nachbarbetrieb aufgebaut werden, schnell auch zu Fraßeinwirkungen und Schäden in dessen Umfeld führen. Genauso können falsche Jagdkonzepte in benachbarten Forstbetrieben (beispielsweise zu hoher Jagddruck, Bejagung im Frühsommer und Spätwinter, großräumige Drück- und Treibjagden) ebenfalls zu hohen Schäden selbst in denjenigen Betrieben führen, in denen eine gute fachliche Praxis umgesetzt wird.

An dieser Stelle braucht es partizipative Ansätze. Alle betroffenen Nutzergruppen bzw. Interessengruppen entwickeln Lösungen von unten nach oben („bottom-up"). Ein entscheidender Schritt zu einer Lösung von Nutzerkonflikten in Zusammenhang mit Wald und Wild wäre daher eine grundlegende Gleichstellung und Gleichbehandlung der unterschiedlichen Interessen- bzw. Nutzergruppen, insbesondere durch Gesetzgeber und durch öffentlich-rechtliche Institutionen. Solange diese nicht gewährleistet ist, ist eine Konfliktlösung deutlich erschwert, wenngleich nicht unmöglich. Ein zusätzliches Problem stellen dabei systeminterne Interessenkonflikte dar, etwa wenn ein staatlicher Forstbetrieb gleichzeitig jagdbehördliche Funktionen innehat. Sodann sollten grundsätzlich Entscheidungen, die unterschiedliche Interessengruppen unmittelbar betreffen, nicht ohne Einbindung dieser Gruppen getroffen werden. Einbindung bedeutet jedoch nicht etwa die klassische öffentliche Anhörung von Lobbygruppen (insbesondere den großen Naturschutz-, Jagd-, Bauern- oder Waldbesitzerverbänden) ohne verbindliche Konsequenzen, wie wir sie aus öffentlichen Planungsprozessen kennen. Hier verschwinden Einwände, Anregungen und Ideen nur allzu oft in der Schublade, und das Problem bleibt ungelöst.

Der partizipative Ansatz erfordert daher auch Dezentralisation: Wesentliche Entscheidungen gehören auf die operative Ebene, etwa eines Forstbetriebes oder einer Hegegemeinschaft.

Im Rahmen professionell moderierter Veranstaltungen (Workshops) leitet ein mit der Thematik gut vertrauter (!) Moderator die Teilnehmer an, gemeinsame, konsensfähige Lösungen zu entwickeln. Auf diese Weise lassen sich, ausgehend von den Interessen an der Basis, beispielsweise Managementpläne, Schutzkonzepte oder auch Vorschläge für Gesetze oder Verordnungen erarbeiten. Deren Akzeptanz dürfte um ein Vielfaches höher sein, als wenn diese ausschließlich innerhalb einer Behörde oder gar innerhalb einer oder weniger Interessengruppen entwickelt wurden.

Voraussetzung für einen solchen Ansatz ist allerdings der ehrliche Wille, wirklich zu einer Lösung zu gelangen. Wenn dieser fehlt, ist eine tragfähige Lösung nahezu unmöglich.

Wie oben erwähnt, ist oft der Konflikt selbst und nicht dessen Lösung ein wesentlicher Teil des Selbstverständnisses von Verbänden und Interessengruppen (vgl. dazu auch Kapitel 7). Dieser Aspekt sollte von denen, die wirklich an positiven Resultaten interessiert sind, nicht aus den Augen verloren werden.

5. „USE IT OR LOSE IT“: NUTZUNG DES WALDES

Im ersten Kapitel haben wir uns mit den Wäldern und ihrer Bedeutung für die Menschen in historischer Zeit beschäftigt. Wir haben gesehen, wie sehr unser heutiges Landschaftsbild in Mitteleuropa, aber auch in vielen anderen Regionen der Erde, durch Rodung, durch Nutzung, aber auch durch Übernutzung und damit Zerstörung von Wäldern geprägt war und bis heute geprägt ist.

Gleichzeitig, und diese Tatsache wird oftmals übersehen, leben wir in Deutschland mit rund 32 Prozent Waldfläche im Mittel über alle Bundesländer in einem vergleichsweise waldreichen Land.

Frankreich und Polen weisen mit rund 31 bzw. 31,5 Prozent geringfügig weniger Waldanteil auf, liegen aber noch in derselben Größenordnung. In Dänemark, Belgien oder den Niederlanden liegen die Waldanteile deutlich niedriger. Von den unmittelbar angrenzenden Staaten besitzt lediglich Österreich mit über 47 Prozent einen deutlich höheren Waldanteil. Dabei reicht die Spanne innerhalb Deutschlands von rund 11 Prozent in Schleswig-Holstein bis über 42 Prozent in Rheinland-Pfalz.

Diesen Waldreichtum haben wir der forstlichen Nutzung und insbesondere der geregelten Forstwirtschaft seit dem frühen 19. Jahrhundert zu verdanken.

Mit etwas über sechs Milliarden Euro Umsatz im Jahr 2016 ist die eigentliche Forstwirtschaft zwar in eher geringem Umfang am gesamten Sozialprodukt beteiligt. Wenn wir allerdings Holzhandel und holzverarbeitende Industrien mit einbeziehen (oft zusammenfassend als „Cluster Forst und Holz" bezeichnet), liegen wir bereits bei einem Umsatz von über 180 Milliarden Euro.

Das ist etwa dieselbe Größenordnung wie der Jahresumsatz der chemisch-pharmazeutischen Industrie. Letztere lag bei rund 200 Milliarden Euro und damit auf Platz drei der umsatzstärksten Branchen Deutschlands nach Automobilindustrie und Maschinenbau.

Aus der Vielzahl der zahlreichen Nutzungsformen der Vergangenheit steht seit dem 19. Jahrhundert bis heute unverändert die Derbholznutzung, also die Nutzung von Stammholz, im Zentrum des Interesses.

Von den sogenannten „Nebennutzungen" (vgl. unten) sind manche erhalten geblieben, viele haben sich in ihrer Bedeutung für die Menschen verändert, manche sind verloren gegangen oder wurden aktiv zurückgedrängt. Gelegentlich erleben traditionelle (Neben-) Nutzungen der Wälder aber heute wieder eine Renaissance, wie wir noch sehen werden.

Schließlich haben sich neue, der gesellschaftlichen Entwicklung geschuldete Nutzungen ergeben, mit denen wir uns in diesem Kapitel ebenfalls beschäftigen werden. Diese umfassen ein weites Feld von der Nutzung des Waldes für Erholungs-, aber auch für medizinische Zwecke über Naturschutz und Erhaltung der Artenvielfalt bis, ganz aktuell, zur Nutzung als Kohlenstoffspeicher.

WALD UND FORST – EIN GEGENSATZ?

Die Begriffe „Wald“ und „Forst“ wurden und werden keineswegs immer synonym verwendet. War in der Vergangenheit die Unterscheidung oft zufällig und auch nach lokalem Idiom unterschiedlich, so war es doch oft die künstliche Begründung durch Pflanzung („Aufforstung“), die einen Wald zum „Forst“ werden ließ.

In zunehmendem Maße wird seit einigen Jahrzehnten mit dem Begriff „Forst“ allerdings nicht nur der bewirtschaftete Wald beschrieben, sondern der Begriff wird darüber hinaus in oft geringschätziger Weise für bestimmte Formen der (konsumierenden) Nutzung des Waldes verwendet, während mit „Wald“ hingegen eher die „‘edle‘ multifunktionale Lebensgemeinschaft“[230] umschrieben wird.

Daraus ist mittlerweile ein umfassender Trend geworden, der bereits so weit führt, dass bei der Benennung wissenschaftlicher Einrichtungen „Forst“ durch „Wald“ ersetzt wird, ohne dass sich in diesem Zusammenhang die fachlichen Inhalte wirklich grundlegend ändern. Dies kann man positiv als sprachliche Umsetzung eines allgemeinen Zeitgeistes sehen, man kann es als Anbiederung an diesen kritisieren oder auch einfach achselzuckend hinnehmen.

Viel wichtiger ist allerdings die Frage, ob diese Unterscheidung wirklich sinnvoll ist, ob es tatsächlich „gute“ Wälder und „böse“ Forste gibt. Und wenn ja, wo denn dann der Wald aufhört und der Forst anfängt (vgl. Abbildung 32).

Machen wir diese Unterscheidung an der Frage der Nutzung fest, so wissen wir bereits (vgl. Kapitel 1), dass es keinen Wald in Mitteleuropa gibt, der in der Vergangenheit nicht bereits irgendeiner Nutzung unterlag. Je nachdem, wie weit wir den Begriff der Nutzung fassen, wird dadurch auch die alte Einteilung der „Waldfunktionen“ in die Nutz-, Schutz- und Erholungsfunktion zunehmend obsolet (vgl. unten).

Abb. 32: Forst oder Wald? Ehemals intensiv bewirtschaftet, heute sich selbst überlassen: Buchen in einem Nationalpark

Letztlich ist, um das einmal vorwegzunehmen, auch Naturschutz eine (extensive) Form der Landnutzung, denn auch der Schutzgedanke entspringt letztlich zutiefst menschlichen Vorstellungen, was „Natur" ist, und daraus abgeleiteten Zielen. Die Natur selbst kennt derartige Vorstellungen nicht.

Theoretisch wäre noch die Unterscheidung in eine konsumierende Nutzung (die bestimmte Güter entnimmt) und eine nichtkonsumierende Nutzung (etwa Naturschutz, Erholung oder Kohlendioxidspeicherung) denkbar. Doch auch dieser Gedanke greift zu kurz. Gerade die Erholungsnutzung führt möglicherweise zu deutlicheren Veränderungen in einem Wald, als dies etwa eine extensive, pflegliche Holzernte bewirken kann. Man denke hierbei etwa an durch regelmäßige Störung bestimmter Tierarten bedingte Verhaltensänderungen, welche wiederum zu Fraßschäden führen können (vgl. Kapitel 4). Auch die derzeit allenthalben zu beobachtenden Waldbrände sind oft „Nebenwirkungen" der Erholungsnutzung.

Ein Waldbesucher, der nicht nur die gute Luft genießt, sondern nebenbei noch einige Pilze sammelt, wäre unabhängig davon ein „konsumierender" Nutzer, ähnlich wie auch der Jäger.

Und würden wir dann die Imkerei im Wald als konsumierende oder nichtkonsumierende Nutzung einstufen? Immerhin wird in Gestalt des Honigs ja ein physisches Produkt aus dem Wald exportiert, auch wenn die Bestäubungsleistung der Bienen ökologisch gesehen um ein Vielfaches bedeutender für das Ökosystem ist.

Wem gehört der Wald?

Waldgrundstücke haben Eigentümer. Das kann eine natürliche oder eine juristische Person bzw. eine Körperschaft (z. B. Gemeinde) sein. Knapp die Hälfte des Waldes in Deutschland gehört Privatpersonen oder privaten Unternehmen. Die andere Hälfte teilt sich in Kommunalwald (knapp 20 Prozent der Gesamtfläche), Landeswald (knapp 30 Prozent der Gesamtfläche) und Bundeswald (rund vier Prozent der Gesamtfläche).

Das bedeutet, dass ein Waldspaziergang statistisch gesehen mit einer hohen Wahrscheinlichkeit auf dem privaten Eigentum fremder Menschen stattfindet.

Die entsprechenden Regelungen zum Waldbetretungsrecht sind im Bundeswaldgesetz und in den Waldgesetzen der Bundesländer geregelt. Von Bundesland zu Bundesland unterscheidet sich das, was erlaubt und verboten ist, in geringem Umfang. In Ausnahmesituationen, etwa in Schutzgebieten, bei akuter Waldbrandgefahr, bei Notzeit für Tiere durch hohe Schneelagen, bei Sturm und in anderen Extremsituationen kann das Waldbetretungsrecht mehr oder weniger deutlich eingeschränkt sein. Im europäischen Gesamtbild liegt Deutschland mit seinen recht liberalen Betretensregelungen etwa im Mittelfeld.

Somit können wir uns vermutlich leicht darauf einigen, dass eine Unterscheidung in konsumierende und nichtkonsumierende Nutzung uns bei der Beurteilung bestimmter Nutzungsformen des Waldes nicht wirklich weiterbringt.

Somit sollten wir der Logik folgen und „Wald" als Oberbegriff (vgl. Kapitel 7) sehen. „Forst" wäre dann die Bezeichnung für den einer bestimmten menschlichen Nutzung unterliegenden Wald, nach dem Prinzip: *„Jeder Forst ist auch ein Wald, aber nicht jeder Wald ist ein Forst."*

Welche Nutzungsformen (z. B. Holznutzung) hier relevant sind, wie intensiv die menschliche Einflussnahme sein muss, welche zeitliche Dimension wir dabei wählen und welche Rolle „forstliche" Aktivitäten außerhalb von Wäldern in diesem Kontext spielen (Agroforstwirtschaft, vgl. unten) kann in Zukunft durchaus Gegenstand eines fachlichen, vielleicht sogar eines gesellschaftlichen Diskurses sein.

WIE NACHHALTIG IST DER ROHSTOFF HOLZ?

Holz ist, im Gegensatz zu den fossilen Rohstoffen (z. B. Kohle, Erdöl oder Erdgas) oder den Mineralien, ein „nachwachsender" oder „erneuerbarer" Rohstoff. Seine Verfügbarkeit ist zwar begrenzt, aber geerntetes Holz wächst nach und schafft so eine dauerhafte, eben nachhaltige Nutzungsbasis.

Die zweite wichtige Eigenschaft von Holz ist seine „bivalente" Nutzbarkeit in zwei Richtungen: Einerseits kann Holz als Energielieferant dienen, zum anderen kann es als Werkstoff verwendet werden und damit zahlreiche andere – weniger nachhaltige – Stoffe ersetzen.

„Jute statt Plastik" war ein wohlgemeinter Slogan der Umweltbewegung in den 1970er Jahren, der dazu motivieren sollte, Kunststoff-Einkaufstüten einzusparen. Holz kann demgegenüber deutlich mehr.

Die Vielfalt der Verwendungsmöglichkeiten vom Kugelschreiber über Funktionskleidung bis zum Hochhaus oder zu Brückenkonstruktionen ist immens. Bei der Produktion, also dem Wachstum der Bäume, wird CO_2 gebunden.

Die Entsorgung des Werkstoffes Holz ist ein weiterer Vorteil: In vielen Fällen kann es vergleichsweise unproblematisch verbrannt und somit energetisch genutzt werden. Notfalls ist Holz auch kompostierbar. Das dabei freiwerdende Kohlendioxid entspricht – anders als bei der Verbrennung von erdölbasierten Kunststoffen – der beim Wachstum des Baumes aus der Atmosphäre entnommenen und gebundenen Menge (vgl. Kapitel 3). In Bezug auf das klimaschädliche CO_2 also ein Nullsummenspiel.

Holz kann andererseits auch primär energetisch genutzt werden und ist dabei hinsichtlich der CO_2-Bilanz mit der Sonnen- oder Windenergie durchaus vergleichbar.

Zwar kosten auch die Neubegründung von Wäldern, deren Pflege und schließlich die Holzernte Ressourcen, etwa in Form von Maschinen oder Kraftstoffen. Das ist allerdings bei Sonnenenergie und Windkraft nicht anders. Im Gegenteil: In Windkraftanlagen, Solarmodulen und vor allem den zur Stromspeicherung erforderlichen Batterien sind deutlich mehr nicht-erneuerbare Rohstoffe gebunden, welche teilweise (z. B. seltene Erden oder Kobalt) enorme Probleme hinsichtlich ihrer ökonomischen, ökologischen und sozio-kulturellen Nachhaltigkeit aufweisen.

Hinzu kommt der teilweise ebenfalls enorm hohe Einsatz an Energie, welcher zur Fertigung und Entsorgung der Bauteile, z. B. aus Aluminium[1], benötigt wird.

Um diese Problematik abzubilden, bedient man sich der „Ökobilanzen". Eine Ökobilanz stellt, basierend auf Rechenmodellen, entweder alle oder bestimmte Umweltbelastungen für den gesamten Lebenszyklus eines Produktes oder eines Prozesses dar. Sie beginnt bei der Gewinnung der Rohstoffe und endet bei der Entsorgung bzw. beim Recycling. Gute Ökobilanzen sollten grundsätzlich alle Umweltbelastungen erfassen. Dies ist allerdings ausgesprochen komplex und mit großen Unsicherheiten behaftet.

Meist werden Ökobilanzen daher nur für bestimmte Teilbelastungen erstellt. Häufig erfolgt dies derzeit etwa für die Kohlendioxidabgabe an die Atmosphäre. Man könnte z. B. auch für den Landschaftsverbrauch eine solche Bilanz erstellen. Die Nettobelastung der Umwelt durch ein Produkt oder einen Prozess bezeichnet man oft auch als „ökologischen Fußabdruck" des Nutzers.

Für den Rohstoff „Holz" kann dieser nun berechnet und je nach Produkt mit anderen, konkurrierenden Produkten verglichen werden, wie wir später noch sehen werden.

Vorab sei schon einmal festgestellt, dass Holzprodukte gegenüber Nicht-Holz-Produkten, also beispielsweise Kunststoffen, Stahl oder Beton, meist deutliche Vorteile in der Ökobilanz aufweisen. Massivholzprodukte sind dabei Holzwerkstoffen (z. B. Sperrholz oder Spanplatte) überlegen. Stoffliche Nutzung ist der energetischen Nutzung überlegen und die „Kaskadennutzung", d. h. z. B. die Verarbeitung von Altholz zu Holzwerkstoffen, bietet gegenüber der einmaligen stofflichen Nutzung nochmals eine günstigere Ökobilanz[47,116].

Mit anderen Worten: Es ist meist nachhaltiger, einen Zahnstocher, eine Leiter, einen Axtstiel oder ein Haus aus Holz herzustellen als aus anderen Materialien wie etwa Kunststoffen, Aluminium, Beton oder Ziegelsteinen.

Wichtig ist in diesem Zusammenhang aber auch, wo das Holz geerntet und wo es verwendet wird. Dabei, das ist im Grunde selbstverständlich, ist es bei ansonsten gleichen Produktionsmerkmalen ökologisch immer günstiger, lokal oder regional geerntetes Holz einzusetzen als solches, welches über viele tausend Kilometer transportiert wurde.

BAUMWACHSTUM PRODUZIERT HOLZ

Gerüchten zufolge wissen viele Kinder aus urbanen Großräumen heute kaum noch, wie Lebensmittel produziert werden. Dass Brot z. B. aus Getreide entsteht, ist offenbar bei manchen Menschen nicht mehr als selbstverständlich vorauszusetzen.

Beim Holz scheint dieses Problem weniger zu bestehen, wohl die meisten Menschen selbst des 21. Jahrhunderts wissen, dass es die Bäume des Waldes sind, welche uns den Rohstoff Holz liefern.

Holz ist die harte Substanz, aus der Stämme („Sprossachse"), Astwerk und Wurzeln der Bäume bestehen.

Bäume, oder ganz allgemein Gehölze, dazu zählen auch Sträucher, haben die besondere Eigenschaft, dass sie ihre Stabilität durch besondere biochemische Prozesse während ihres Wachstums erlangen: Zellulosefasern, die im Grunde aus langkettigen Zuckermolekülen bestehen, werden durch Einlagerung von Lignin, einer phenolischen Substanz, in die Zellwände „vergütet". Diesen Vorgang nennen wir auch „Verholzung". Die besondere Stabilität des Holzes führt dazu, dass Bäume, anders als die meisten anderen Pflanzen, aus eigener Kraft sehr beeindruckende Wuchshöhen erreichen können und dadurch ganz spezifische, mehrschichtige Ökosysteme ausbilden können (vgl. Kapitel 3).

Durch die besondere Kombination der Holzfasern mit Lignin entsteht aber auch aus technischer Sicht eine Materialkombination, die gleichzeitig eine hohe Zugfestigkeit und Druckfestigkeit aufweist. Dieses Prinzip ist in der Technik (deutlich weniger elegant) etwa beim Stahlbeton verwirklicht: Der Beton schafft die Druckfestigkeit, die Stahleinlagen garantieren die Zugfestigkeit. Beim Holz übernehmen die Fasern die Rolle der Stahlmatten, das Lignin entspräche dem Beton.

DER WALD ALS „HOLZFABRIK“

Das für die meisten Forstbetriebe wichtigste Produkt ist das „Rohholz“. Darunter verstehen wir sämtliches genutztes Holz des Waldes. Gelegentlich findet sich auch der Begriff „Rundholz“. Das meint üblicherweise die ganzen Stämme oder abgelängte Stammstücke geernteter, d. h. gefällter Bäume. Das Holz aus der Baumkrone von Laubbäumen, der Baumstumpf oder Holz aus dem Wurzelbereich zählen nicht dazu.

Unter „Derbholz“ hingegen verstehen wir alles Holz über einem bestimmten Durchmesser (meist 7 cm), also das Rundholz und z. B. Kronenteile mit entsprechend großem Durchmesser.

Große Teile von Handwerk und Industrie verarbeiten das Rohholz weiter (stoffliche Nutzung) oder nutzen dieses „thermisch“ oder „energetisch“, d. h. zur Energiegewinnung. Im Jahre 2018 wurden in Deutschland insgesamt rund 81 Millionen Kubikmeter Rohholz geerntet, davon knapp 60 Millionen Kubikmeter Nadel- und etwas über 21 Millionen Kubikmeter Laubholz[147].

Der hohe Nadelholzanteil zeigt bereits, dass derzeit in Deutschland die Bedeutung der Nadelwälder für die Holzernte mengenmäßig überwiegt. Zum einen umfassen die (erntereifen) Nadelholzbestände eine größere Fläche (ca. 5,9 Millionen Hektar; zum Vergleich ca. 4,8 Millionen Hektar Laubholz im Jahre 2017), zum anderen wachsen Nadelbäume schneller, können also früher geerntet werden und kommen somit schneller auf den Markt. Außerdem waren die Jahre 2017 und 2018 durch einen vergleichsweise hohen Anteil von Schadholz (vor allem aus Sturmereignissen) geprägt, der meist das Nadelholz betrifft.

Das Verhältnis zwischen Laub- und Nadelholz wird sich in den kommenden Jahrzehnten aber stetig zugunsten des Laubholzes verschieben, denn die Verjüngung bzw. Neubegründung von Waldbeständen soll aus ökologischen Gründen und aus Gründen der Risikovermeidung (vgl. Kapitel 7) zunehmend mit Laubbaumarten oder als Mischung aus Laub- und Nadelbäumen erfolgen.

Der größte Teil des geernteten Nadelholzes (über 73 Prozent) wurde (vgl. Tabelle Abbildung 33) im Jahre 2018 stofflich genutzt, also zu bestimmten Produkten weiterverarbeitet, lediglich knapp 14 Prozent wurden energetisch genutzt. Darin spiegelt sich unter anderem die große Bedeutung des Nadelholzes für die Sägewerke und das Baugewerbe wider: Vom Carport bis zum Dachstuhl wird im Wesentlichen Nadelholz verwendet.

	Laubholz	Nadelholz
Verwendung insgesamt (Mio. m^3 in 2018), davon	21,3	59,7
Stoffliche Nutzung (%)	27,8	73,8
Energetische Nutzung (%)	64,1	13,6
Export (%)	7,1	6,8
Sonstiges, z. B. Lagerbestände (%)	1,0	6,1

Abb. 33: Anteil der stofflichen und energetischen Nutzung des heimischen Rohholzes (2018).

Beim Laubholz wurden rund 64 Prozent energetisch genutzt, während nur knapp 28 Prozent des Aufkommens in diesem Jahr der stofflichen Nutzung zugeführt wurde. Dies hat seine Ursache einerseits im deutlich höheren Brennwert (pro Raumeinheit) der meisten Laubholzarten und sicher auch in dem deutlich höheren Kronenanteil bei Laubbäumen. Holz aus der Baumkrone ist aufgrund seiner Wuchsform und der oft geringen Durchmesser für viele technische Prozesse wenig geeignet. Daher werden die Kronen gefällter Laubbäume oft als Brennholz an kleinere Unternehmen oder an Selbstwerber, also Menschen, die ihr eigenes Brennholz gerne selbst im Wald aufarbeiten, veräußert.

Das „Holzmachen“ im Wald erfreut sich, nebenbei bemerkt, derzeit zunehmender Beliebtheit. Für viele Menschen bedeutet dies, aktive körperliche Betätigung in der Natur mit der Nutzung einer vergleichsweise preisgünstigen und gleichzeitig ressourcenschonenden Energiequelle zu verbinden.

Interessant ist, dass der energetisch genutzte Anteil des Laubholzes, z. B. je nach Marktlage, für fossile Brennstoffe (insbesondere Öl) deutlich schwanken kann. So lag zwischen 1995 und 2000 (einer Phase relativ niedriger Ölpreise) der Anteil des stofflich genutzten Laubholzes am höchsten und erreichte zeitweise beinahe 60 Prozent[147].

Die aktuell in den Wäldern Deutschlands wachsende gesamte Holzmenge („Holzvorrat“) beträgt durchschnittlich knapp 360 Kubikmeter pro Hektar (10 000 Quadratmeter) Wald (vgl. Abbildung 34).

Der überwiegende Teil entfällt, wie erwähnt, auf das Nadelholz. Die wichtigsten Nadelbaumarten sind dabei Fichte und Kiefer. Dane-

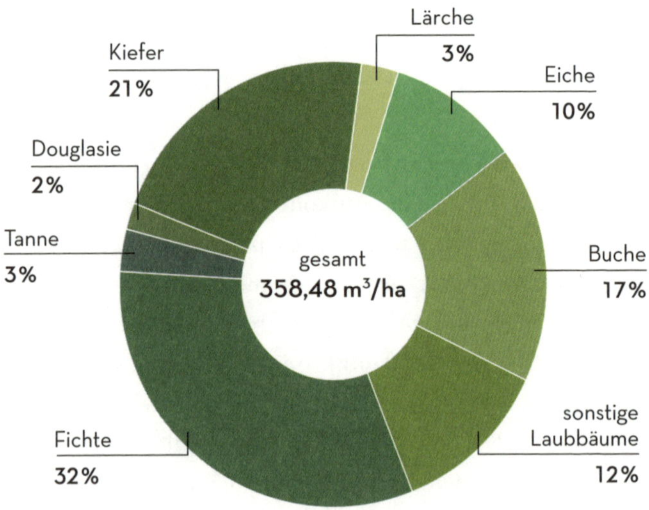

Abb. 34: Der Bestand an Holz (Holzvorrat) in Deutschland

ben sind unter anderem Douglasie und Lärche bedeutend. Unter den Laubbaumarten sind Buche und Eiche die wichtigsten Arten, hinzu kommen Pappel, Erle, Robinie, aber auch Ahorn, Kirsche, Elsbeere und verschiedene andere „Edellaubholzarten" (vgl. Abbildung 35). Von „Edellaubholz" spricht man in der Forstwirtschaft bei Baumarten, welche einerseits eher seltene Mischbaumarten sind und andererseits sehr hochwertige Sortimente, etwa zur Furnierherstellung, liefern.

Derzeit werden pro Jahr rund 135 Millionen Festmeter (Raummaß: ein Kubikmeter fester Holzmasse) Holz verbraucht, d. h. jeder Bürger Deutschlands „verbraucht" pro Jahr im Durchschnitt etwas mehr als 1,6 Kubikmeter Rohholz. In den 1970er Jahren lag dieser Wert (für die damalige Bundesrepublik Deutschland) noch bei rund einem Kubikmeter. Der Holzverbrauch ist also in den vergangenen vier Jahrzehnten, trotz Dominanz der Kunststoffe, um über 60 Prozent gestiegen.

Dabei ist der Anteil, der energetisch genutzt wird, deutlich steiler angestiegen als der stofflich genutzte Anteil. Derzeit liegen energetische und stoffliche Nutzung mit jeweils über 60 Millionen Kubikmeter pro Jahr in etwa gleichauf.

Im Folgenden gehen wir einmal der Frage nach, für welche Produkte das Holz vor allem genutzt wird.

DIE VIELFALT DER HOLZPRODUKTE

Hinsichtlich der stofflichen Nutzung finden wir drei dominierende Formen der Verarbeitung. Zum einen ist es mit dem größten Verarbeitungsvolumen nach wie vor die Sägeindustrie, welche mit derzeit rund 35 Millionen Kubikmeter Rohholz jährlich für mehr als die Hälfte der stofflichen Verwendung steht. Direkt zu Holzwerkstoffen werden zum zweiten rund 15 Millionen Kubikmeter verarbeitet.

Drittgrößter Verarbeiter von Rohholz ist die Papier- und Zellstoffindustrie, welche knapp zehn Millionen Kubikmeter jährlich verarbeitet. Hierbei beobachten wir eine über die letzten Jahrzehnte geringfügig steigende Tendenz, d. h. der Trend zur Digitalisierung hat ganz offensichtlich nicht zu einer Senkung des Papierverbrauches geführt. Sicher hat auch die damit verbundene Zunahme des Versandhandels die Nachfrage nach Verpackungsmaterial gesteigert.

Zur Papierherstellung muss das Holz in seine Fasern aufgelöst werden. Dies kann auf chemischem Wege oder mechanisch erfolgen. Im ersteren Fall sprechen wir von „holzfreien" Papieren, die somit keineswegs „holzfrei" sind. Mechanisch aus dem Holzverbund gelöste Fasern verwendet man dementsprechend zur Herstellung „holzhaltiger" Papiere. Daneben gewinnt die Nutzung von „Sekundärfasern" aus Altpapier immer dann eine wachsende Bedeutung, wenn Frischholz knapp oder teuer wird. Bei der Papierherstellung werden die Fasern sortiert (gesiebt), mit Füllstoffen und anderen Hilfsstoffen versetzt und dann über beheizte rotierende Zylinder geführt, welche die Papiermasse pressen und trocknen.

Unter Holzwerkstoffen verstehen wir solche Produkte, bei denen Holz zunächst in kleinere Fragmente zerlegt wird, welche dann auf verschiedene Weise wieder zusammengeklebt werden. Bekanntester Holzwerkstoff sind sicher die Spanplatten, bei denen, wie es der Name bereits sagt, unterschiedlich große Holzspäne mittels Bindemittel zu Platten mit definierten Eigenschaften zusammengefügt werden.

Holzfaserplatten hingegen erfordern einen weiteren grundsätzlichen Bearbeitungsprozess: Hierbei wird das Holz nicht einfach zu Spänen zerkleinert, sondern es wird durch mechanische bzw. chemische Prozesse zunächst in seine Fasern zerlegt. Diese werden anschließend durch Verfilzung oder durch Bindemittel wieder zu Platten zusammengefügt.

„Vollholzwerkstoffe" zerkleinern das Holz weniger intensiv. Sie basieren auf stabförmigen Holzelementen oder auf Furnieren, welche dann entweder in Schichten übereinander verleimt (am besten bekannt als „Sperrholz") oder anderweitig miteinander verklebt werden (wohl am bekanntesten sind Platten oder auch ganze Dachkonstruktionselemente aus „Leimholz"). Schließlich kennen wir noch die „Verbundwerkstoffe", bei denen Holz mit anderen Materialien, z. B. Kunststoffen, Papierprodukten, Kalk oder Zement, kombiniert wird.

Die Sägeindustrie schließlich liefert Vollholzprodukte, welche vielfältig weiterverarbeitet werden können. Wichtigster Weiterverarbeiter sind die Bau- und die Möbelindustrie einschließlich der betreffenden Handwerksbetriebe (vgl. Abbildung 35).

Für das Zimmereihandwerk gehören Nadelbaumarten wie Fichte, Tanne oder Douglasie zu den beliebtesten Arten. Sie sind vergleichsweise kostengünstig, das Holz weist ein günstiges Verhältnis zwischen Eigengewicht und Tragfestigkeit auf und es ist gut zu verarbeiten. Wer einmal versucht hat, einen Nagel in ein Tragelement aus Leimholz zu schlagen oder einen Eichenbalken von Hand zu sägen, weiß, wovon hier die Rede ist.

In diesem Zusammenhang gibt es begründete Befürchtungen, dass die Zunahme der Laubbaumarten im Rahmen eines Umbaus bestehender Fichten- und Kiefernwälder auf standortgerechte Mischwälder langfristig gerade auf dem Markt für Konstruktionsholz zu Knappheiten führt (vgl. Abbildung 36)[92,164].

Sowohl die bestehenden Waldumbauprogramme der Bundesländer, aber auch Bestrebungen, umfassendere Naturschutzauflagen für Waldbesitzer zu schaffen, lassen sowohl eine Verknappung des Rohstoffes Holz insgesamt als auch einen Mangel an Nadelholz in den nächsten Jahrzehnten befürchten. Diese Frage werden wir in Kapitel 7 noch einmal aufgreifen.

Abb. 35: Konstruktionsholz auf dem Bau – derzeit meist noch Nadelholz – gehört zu den wichtigsten Verwendungen von Holz.

Abb. 36: Waldumbau: Fichtenwälder werden in der nächsten Waldgeneration zu Buchenwäldern. Ökologisch wünschenswert, manchmal aber ein Problem für Sägeindustrie und Bauhandwerk.

ENERGETISCHE NUTZUNG: KLIMARETTER ODER RAUBBAU?

Als 2007 der damalige Bundesumweltminister Sigmar Gabriel beabsichtigte, strenge Feinstaubauflagen für private Kaminöfen einzuführen, die einem Verbot zahlreicher derartiger Öfen gleichgekommen wären, schlug ihm herbe Kritik (heute würden wir das „Shitstorm" nennen) von verschiedensten Seiten entgegen[5]. Man hatte den Eindruck, dass der Minister gerade im Begriff war, wesentliche Menschenrechte abzuschaffen. Und so ganz falsch ist dieser Vergleich nicht: Energetische Holznutzung, das Verfeuern von Holz zur Wärmegewinnung, begleitet uns, seit Menschen das Feuer beherrschen.

Die Vorstellung, an einem kalten Winterabend vor einem wärmenden Kamin zu verbringen, berührt die meisten Menschen bis heute emotional zutiefst, jenseits aller Fragen hinsichtlich Ökobilanz und Feinstaubdiskussion. Und die Politik hat seinerzeit erfahren müssen, dass ein Eingriff in zwei Millionen Jahre emotionaler Menschheitsgeschichte mal eben mittels Verordnung durchaus auf Widerstände trifft.

Lange hielt diese Erkenntnis nicht an, und so wird derzeit wieder über kaum ein anderes Thema in Bezug auf die Nutzung der Wälder so intensiv diskutiert wie über die energetische Nutzung von Holz. Deren CO_2-Bilanz ist nahezu neutral und – je nachdem, welches der zahlreichen Rechenmodelle man zugrunde legt – deutlich günstiger als diejenige der meisten anderen Energieträger.

Insbesondere zum Heizen von Gebäuden spielt Holz also eine immer bedeutendere Rolle. Der militärische Konflikt in der Ukraine bzw. die Sanktionen der EU gegenüber Russland machen sehr deutlich, dass nicht allein die Klimabilanz, sondern auch die Verfügbarkeit eines Energieträgers im Lande dessen Nachhaltigkeit ausmacht.

Andererseits, auch das ist unbestritten, verbessert sich die Ökobilanz von Holz noch einmal deutlich, wenn der energetischen Nutzung eine stoffliche Nutzung vorgeschaltet ist oder Restholz aus Handwerk und Industrie bzw. Abfallholz verbrannt wird.

Nun fällt bei der Holzernte ein Teil des Holzes als Waldrestholz im „Schlagabraum“ (wirtschaftlich nicht nutzbare Reste von Bäumen, die nach dem Holzeinschlag im Wald zurückgelassen werden) an. Darunter verstehen wir Holz, welches sich im Wald bei der Stammholzernte nicht wirtschaftlich weiterverarbeiten lässt. Insbesondere Holz aus Baumkronen und Ästen gehört dazu.

Gerade der Umgang mit diesem Holz wird heute vieldiskutiert. Einerseits gibt es mittlerweile technische Ernteverfahren, welche die Entnahme ganzer Bäume und die Nutzung auch des Holzes unterhalb der Derbholzgrenze wirtschaftlich macht. Auch die Menschen, die als Selbstwerber draußen im Wald ihr Brennholz holen, nutzen oft genau diese sonst nur schwer verwertbaren Teile das Baumes.

Dem gegenüber steht das Argument, dass auf diese Weise den Wäldern Nährstoffe entzogen werden, die für die Erhaltung der Bodenqualität erforderlich sind.

Damit treffen drei Perspektiven bzw. Interessenlagen aufeinander: Aus Sicht des Waldbesitzers sollte die Bewirtschaftung rentabel sein, d. h. auch möglichst hohe Erträge bzw. Deckungsbeiträge liefern. Gleichzeitig muss der Waldbesitzer darauf achten, dass zu hohe Biomasseexporte aus dem Wald vermieden werden, damit der Boden in seiner Leistungsfähigkeit erhalten wird. Schließlich hat auch die lokale Bevölkerung das ausgeprägte Interesse, zur Selbstversorgung Holz aus dem heimischen Wald zu erhalten.

Forstliche Nachhaltigkeit bedeutet, in Zukunft hier eine Interessenabwägung, die allen Aspekten gerecht wird, zu erreichen. Einseitige Lösungen, wie auf die Entnahme des Waldrestholzes komplett zu verzichten, sind nicht nachhaltig und weder aus Sicht der Nutzer noch aus ökologischer bzw. Forstschutzsicht (Waldbrandgefahr, Brutmaterial für Insekten) sinnvoll. Gleiches gilt für die technisch heute für bestimmte Holzsortimente mögliche „Vollbaumernte", bei der praktisch keine Reste des oberirdischen Baumes im Wald verbleiben. Letzteres ist vielleicht aus ökonomischer Sicht sinnvoll, aber ökologisch (Nährstoffexport) und sozio-kulturell (keine Möglichkeit der lokalen Selbstversorgung) nicht nachhaltig. Somit müssen hier Kompromisse gefunden werden, etwa derart, dass ein bestimmter prozentualer Anteil im Wald verbleibt.

Für das Jahr 2020 wissen wir, dass in Deutschland knapp 60 Millionen Kubikmeter Rohholz energetisch genutzt wurden. Etwas weniger als die Hälfte entfällt davon auf die Nutzung als Brennholz durch private Haushalte. Etwa 15 Prozent wurden in kleineren Biomassekraftwerken (maximal ein Megawatt Leistung) und etwas mehr als ein Drittel in größeren Kraftwerken (über ein Megawatt Leistung) genutzt.

Die privaten Haushalte nutzen dabei zu rund 75 Prozent „Scheitholz", den Rest bilden z. B. Pellets oder Holzhackschnitzel. Das Scheitholz wiederum entstammt meist geringerwertigen Rundholzsortimenten oder dem Waldrestholz. Insgesamt betrug die aus Holz (einschließlich Abfallholz) im Jahre 2021 gewonnene Energie mit rund 166 Milliarden Kilowattstunden rund 6 Prozent des gesamten Energieverbrauches in Deutschland. Der Anteil an den erneuerbaren Energien betrug etwa 35 Prozent. Anders ausgedrückt wurden auf diese Weise CO_2-Emissionen von etwa 46 Millionen Tonnen, also wiederum sechs Prozent der gesamten CO_2-Emissionen Deutschlands, (ca. 762 Millionen Tonnen) vermieden[24].

Kritiker der energetischen Nutzung argumentieren aus zwei unterschiedlichen Richtungen. Zum einen wird der bei der Verbrennung von Holz entstehende Feinstaub angeführt. Eine Untersuchung in Süddeutschland hat gezeigt, dass in der Tat an bestimmten Tagen in Wohngebieten durch Holzfeuerungsanlagen erhöhte Feinstaubwerte (ohne Überschreitung der relevanten Grenzwerte) nachgewiesen werden konnten. Diese Studie wird regelmäßig auch vom Bundesumweltamt zitiert[13].

Der Vergleich zu anderen relevanten Feinstaubquellen (etwa Individualverkehr und Silvesterfeuerwerk), sowohl in quantitativer Hinsicht als auch hinsichtlich der jährlichen Zeitdauer der Belastung, geht aus dieser Untersuchung allerdings nicht hervor. Eine flüssigere Lenkung des innerstädtischen Verkehrs und ein Verbot von Silvesterfeuerwerk wären vermutlich wirksamere Maßnahmen gegen das Problem. Sie würden allerdings eine deutlich größere Zahl an potentiellen Wählern betreffen, so dass man sich fragen muss, ob die Kritik an den privaten Holzöfen nicht eher auf populistischen Erwägungen beruht.

Das zweite Argument gegen die energetische Nutzung von Holz zielt weniger auf die privaten Kleinfeuerungsanlagen, sondern eher auf die Nutzung von Waldholz in großem Maßstab, etwa in Kraftwerken mit mehreren Megawatt Leistung. So finden wir auf der Webseite des Naturschutzbundes Deutschland die Befürchtung, *„dass auch in Deutschland die energetische Nutzung von Holzbiomasse in großem Maßstab weiter gefördert wird und somit große Flächenrodungen auslöst“.*

Diese Argumentation übersieht allerdings, bewusst oder unbewusst, dass „große Flächenrodungen“ hierzulande schon rein rechtlich ausgeschlossen sind. Hier wird ein Problem, welches international, insbesondere in den Tropen, durchaus besteht, auf Mitteleuropa projiziert. Eine maßvolle, nachhaltige Nutzung, wie sie in Deutschland entwickelt und in den vergangenen Jahrzehnten auf hohem Niveau weiterentwickelt wurde, mit dem Raubbau an tropischen Wäldern gleichzusetzen, entbehrt jeder faktischen Grundlage.

Allerdings müssen wir uns schon die Frage stellen, wie sich das Holzaufkommen, nicht nur aus den Wäldern, sondern auch aus Rest- und Abfallholz der Industrie, aus „Kurzumtriebsplantagen“ (Anpflanzung schnell wachsender Bäume mit dem Ziel, innerhalb kurzer Umtriebszeiten Holz-Hackschnitzel als nachwachsenden Rohstoff zu produzieren, vgl. Kapitel 7), auf Agrarflächen oder aus Landschaftspflegemaßnahmen in den kommenden Jahrzehnten entwickeln wird.

Es bleibt das Risiko, dass durch intensive Fördermaßnahmen Fehlallokationen (fehlerhafte Verteilungen) von Ressourcen provoziert werden: Würden auf diese Weise zukünftig zu hohe Kraftwerkskapazitäten aufgebaut, führte dies voraussichtlich nicht zu einer Übernutzung der heimischen Wälder. Vielmehr würden die Überkapazitäten mit höheren Importen ausgeglichen. Die Aufwendungen für den Transport vergrößern den ökologischen Fußabdruck solcher Importprodukte deutlich; außerdem ist keineswegs in allen Herkunftsländern der nachhaltige Umgang mit den lokalen Wäldern garantiert. Dies ist allerdings kein Problem der energetischen Nutzung heimischen Holzes als solches, sondern wäre durch eine angemessene Subventionspolitik zu klären.

Es bleibt festzuhalten, dass sowohl stoffliche als auch energetische Nutzungen heimischen Holzes nachhaltig erfolgen können und wichtige Instrumente zur Reduktion des mitteleuropäischen CO_2-Ausstoßes in die Atmosphäre darstellen. Wir werden in Kapitel 8 noch genauer darauf eingehen, inwieweit das auch für die Nicht-Nutzung von Wäldern gilt. Es ist wichtig, alle Optionen intelligent zu nutzen und sie nicht gegeneinander auszuspielen. Ganz aktuell zeigt sich ein weiterer sehr wichtiger Aspekt jenseits der Klimadebatte: Als lokal nachwachsender Rohstoff wirkt Holz aus heimischen Wäldern in wirtschaftlichen Krisensituationen wie dem Konflikt in der Ukraine der Abhängigkeit vom Weltmarkt entgegen.

Schließlich ein gerne als nebensächlich abgetaner Aspekt: Einzelfeuerungsanlagen, z. B. Kaminöfen, idealerweise ohne Abhängigkeit vom Stromnetz, stellen eine hervorragende Backup-Lösung für den Fall akuter lokaler Störereignisse dar. Das plötzliche Fehlen von russischem Gas kann hier ebenso ein Problem sein wie ein lokaler Blackout im Stromnetz, welches moderne Heizungen flächendeckend lahmlegt. Ein kleiner, doch nicht ganz unwichtiger Beitrag des Waldes zur Nachhaltigkeit und wieder ein Hinweis darauf, dass wir lernen müssen, komplexe Fragen auch in ihrer Komplexität zu beantworten: Selbst wenn das Heizen mit Holz lokal zu bestimmten Zeiten einmal höhere Feinstaubwerte produziert, so ist dies sicher ein nachrangiges Thema, wenn wir das Gesamtbild einschließlich Klimawirkungen und Versorgungssicherheit der Menschen betrachten.

„FORSTLICHE NEBENNUTZUNGEN" UND AGROFORSTSYSTEME

Wälder liefern, das klang bereits an mehreren Stellen an, noch deutlich mehr Produkte für uns Menschen als „nur" Rundholz. Manche werden traditionell unter dem nicht ganz klar definierten Begriff der forstlichen Nebennutzungen zusammengefasst.

Historisch gesehen (vgl. Kapitel 1) spielte über viele Jahrhunderte tatsächlich die (Stamm-)Holznutzung für die meisten Menschen eher eine untergeordnete Rolle, während Waldweide, Streunutzung, das Sammeln von Leseholz für den Ofen oder vielleicht die Imkerei oder die Köhlerei die wesentlichen Grundlagen der lokalen Versorgung der Menschen (heute gelegentlich als „livelihoods" bezeichnet) darstellten und diese heute als Nebennutzungen bezeichneten Aktivitäten im Vordergrund standen.

Die Situation änderte sich erst mit dem Beginn der geregelten Forstwirtschaft. Diese war aus Gründen der Nachhaltigkeit darauf bedacht, diejenigen Nutzungsformen, welche die Fruchtbarkeit des Waldbodens einschränkten (Streunutzung) oder durch Fraßeinwirkung den Aufwuchs des Waldes verzögerten oder gar verhinderten (Waldweide), möglichst schnell zu reduzieren. Die Entwicklungen in der Agrarchemie (Kunstdünger) unterstützten diese Entwicklung. Es konnte auf den Äckern mehr produziert werden, so dass auch die Nutztiere aus den Feldern ernährt werden konnten. Das Abfallprodukt „Stroh“ aus dem Getreideanbau ersetzte die Laubstreu. Mit der zunehmenden Nutzung der Steinkohle verlor auch die Köhlerei einen Teil ihrer Bedeutung.

Heute ist vor allem die Brennholzgewinnung durch Selbstwerber (vgl. oben) in den Wäldern bedeutsam und erlebt gerade in den Tagen der Ressourcenknappheit einen regelrechten Boom. Je nach Waldgesetz der einzelnen Bundesländer fällt das Sammeln trockenen, abgestorbenen und herabgefallenen Holzes für den Eigenbedarf und oft auch das Aufarbeiten von Schlagabraum unterhalb der Derbholzgrenze ebenfalls zu den forstlichen Nebennutzungen.

Auch die Imkerei gehört zu den traditionellen forstlichen Nebennutzungen, welche bis heute aktuell sind. Der typische, dunkel gefärbte „Waldhonig“ wird von den Bienen zum größten Teil nicht aus dem Blütennektar gewonnen, sondern die Bienen verarbeiten „Honigtau“. Dabei handelt es sich um eine Ausscheidung verschiedener Insekten (Blattläuse, Zikaden oder Blattflöhe) in Form einer zuckerhaltigen Masse. Die Bezeichnung „Waldhonig“ ist vom Deutschen Imkerbund geschützt und legt fest, dass der betreffende Honig auch wirklich im Wald geerntet sein muss und mehrheitlich aus Honigtau stammt[22]. Vor dem Hintergrund der Diskussion um das „Insektensterben“ und dem Trend zu lokalen, naturnah produzierten Lebensmitteln erfährt auch die Imkerei in Deutschland wieder ein wachsendes Interesse in der Bevölkerung.

Auch wenn Waldweide in ihrer ursprünglichen Form heute nicht mehr existiert und in vielen Ländern sogar untersagt ist, so gibt es, insbesondere aus Naturschutzerwägungen, wieder Bestrebungen in diese Richtung. So werden seit einigen Jahren unter dem Oberbegriff

„lichte Wälder“ in Baden-Württemberg verschiedene Projekte ins Leben gerufen, welche u.a. auch wieder über Nutzungsansätze wie Waldweide nachdenken, um solche lichten Wälder langfristig, insbesondere zum Zwecke der Sicherung der Biodiversität, zu erhalten[130].

In diesem Zusammenhang soll auch die „Agroforstwirtschaft“ angesprochen werden, selbst wenn es sich dabei nicht um eine typische forstliche Nebennutzung handelt.

Agroforstwirtschaft stellt eine Verbindung landwirtschaftlicher Nutzung mit der Nutzung von Gehölzen dar. Diese erlangt seit mehreren Jahren vor allem aus der Motivation einer ressourcenschonenderen Landwirtschaft heraus auch in Mitteleuropa wieder zunehmende Bedeutung. Agroforstwirtschaft ist allerdings keineswegs an Wälder gebunden. Der Begriff umfasst somit etwa auch den Anbau von kleineren Gehölzen bzw. einzelnen Bäumen in der Agrarlandschaft.

Ein Klassiker der Agroforstwirtschaft sind die Streuobstwiesen (vgl. Abbildung 37). Wenngleich sie keine Wälder sind (hier fehlt beispielsweise das typische Wald-Innenklima, vgl. Kapitel 3), werden hier langlebige, hochwachsende Gehölze (Obstbäume) mit Grünlandwirtschaft kombiniert. Durch die hohen Stämme kann die Wiese darunter vergleichsweise einfach bearbeitet werden.

Obstbäume werden in Mitteleuropa seit vielen Jahrtausenden kultiviert, viele Sorten reichen in ihrem Ursprung bis in die Römerzeit zurück. Die Vielzahl an Obstsorten, alleine in Deutschland sind es über 6 000, stellt heute einen wichtigen Beitrag zur Biodiversität dar. Außerdem schaffen Streuobstwiesen Lebensräume für viele andere, seltene und gefährdete Arten.

Leider verlieren Streuobstwiesen als Lieferanten hochwertigen, lokal angebauten Obstes immer weiter an Bedeutung. Während die Aufwendungen für die Pflege von Jahr zu Jahr regelmäßig steigen, lässt sich das Obst, etwa zur Saft- oder Mostherstellung, kaum noch kostendeckend absetzen. Auch wenn verschiedene lokale Initiativen für eine höhere Wertschätzung lokaler Produkte, insbesondere in Süddeutschland, diesem Trend erfolgreich entgegen arbeiten, so ist insgesamt die Konkurrenz durch Importe und intensiv bewirtschaftete, staatlich subventionierte Obstplantagen sehr groß.

So werden Streuobstwiesen derzeit im Wesentlichen für Naturschutzzwecke oder als Ausgleichsmaßnahmen für größere Eingriffe in Natur und Landschaft angelegt und gepflegt, entsprechende Transferzahlungen ermöglichen eine auch ökonomisch rentable Nutzung.

Ein zweites wichtiges Agroforstsystem stellen die „Kurzumtriebsplantagen" (vgl. Abbildung 38) dar. Sie dienen dem Anbau schnell wachsender Gehölze zur Energieholzerzeugung. Rechtlich gesehen sind sie ebenfalls kein Wald, auch wenn die entsprechenden Flächen ökologisch gesehen durchaus Wald im Sinne der Definition darstellen (vgl. Kapitel 3). Die Einordnung als Landwirtschaftsfläche hat vielmehr

Abb. 37: Streuobstwiesen gehören zu den „Agroforstsystemen". Es handelt sich nicht um Wälder, jedoch um ökologisch sehr wertvolle Landschaftsbestandteile.

Abb. 38: Kurzumtriebsplantagen als Agroforstsystem haben Licht- und Schattenseiten. Es sind künstliche Gehölz-Monokulturen, die allerdings noch künstlichere, ökologisch noch nachteiligere landwirtschaftliche Kulturen ersetzen können und eine gewisse Vielfalt in die Landschaft bringen.

den Grund, dass die meisten Waldgesetze der Länder ein Rodungs- bzw. Umwandlungsverbot für Waldflächen enthalten. Es ist also in der Regel verboten, ehemalige Agrarflächen, auf welchen sich z. B. durch Brachliegen und natürliche Gehölzsukzession Wald gebildet hat, zu roden und wieder landwirtschaftlich zu nutzen.

Im Zuge der Bewirtschaftung einer Kurzumtriebsplantage bildet sich ebenfalls ein junger Wald, der nach einigen Jahren allerdings komplett geerntet und zu Holzhackschnitzeln und ggf. weiter zu Holzpellets verarbeitet wird.

Inwieweit solche Kurzumtriebsplantagen langfristig und signifikant zur einer CO_2-neutralen Energieerzeugung beitragen können, ist derzeit eine offene Frage.

Vorteilhaft ist für die CO_2-Bilanz sicherlich die kurze Umtriebszeit, d.h. der Zeitraum von der Pflanzung bis zur Ernte, in Zusammenhang mit dem schnellen Wachstum. In der Regel beträgt dieser drei bis zehn Jahre. Dementsprechend zeitnah erfolgt auch die Kohlendioxidbindung, während die Verjüngung eines naturnah bewirtschafteten Waldes zur Erzeugung der gleichen Biomasse pro Hektar deutlich länger braucht.

Kurzumtriebsplantagen sind von daher am ehesten mit „Niederwäldern“ vergleichbar, die in verschiedenen Gegenden Deutschlands eine traditionelle Bewirtschaftungsform mit Schwerpunkt auf Brennholzerzeugung darstellen (vgl. Kapitel 7). Auch der Aufwand für die Neubegründung nach erstmaliger Pflanzung wird, ähnlich der Situation in den Niederwäldern, geringer, da Kurzumtriebsplantagen ab der zweiten Umtriebsphase durch „Stockausschlag“ verjüngt werden: Die vorhandenen Wurzelstöcke treiben nach Zurückschneiden der oberirdischen Holzmasse wieder aus, und das bis zu fünfmal. Eine Neupflanzung ist daher über viele Jahre nicht erforderlich.

Der Preis für diese Vorteile ist allerdings hoch: Zum einen sind nur wenige, schnellwachsende Gehölzarten mit Fähigkeit zum Stockausschlag überhaupt geeignet, insbesondere Pappeln, Weiden, Robinien und exotische Arten wie der Eschenblättrige Ahorn. Doch damit nicht genug: Um einen homogenen Gehölzbestand für die mechanisierte Ernte und möglichst schnelles Wachstum zu erreichen, werden meist nur sehr wenige „Klone“ eingesetzt.

Unter einem Klon verstehen wir eine einzige Pflanze, ein Individuum, welches durch vegetative Vermehrung vieltausendfach, ja millionenfach vermehrt werden kann. Einer Plantage aus nur wenigen Klonen fehlt daher die hohe genetische Vielfalt, die richtige Wälder von Natur aus besitzen.

Wenn wir allerdings davon ausgehen, dass Kurzumtriebsplantagen typischerweise einjährige landwirtschaftliche Kulturen ersetzen sollen, welche ökologisch noch deutlich problematischer sind, wird daraus bereits wieder ein Vorteil. So können zum Beispiel Wildtiere Kurzumtriebsplantagen in einer monotonen, ausgeräumten Agrarlandschaft (vgl. Abbildung 39) als Deckung nutzen. Die fehlende intensive Bodenbearbeitung über viele Jahre und das in den Wurzelstöcken der Kurzumtriebsplantage gebundene CO_2 können ebenfalls als ökologische Pluspunkte verbucht werden.

Rein wirtschaftliche Gegenargumente gibt es allerdings auch: So finden wir Kurzumtriebsplantagen wie beschrieben meist auf den weniger leistungsfähigen Flächen eines landwirtschaftlichen Betriebes. Diese Flächen liegen allerdings oftmals verstreut in der Landschaft, was die Holzernte deutlich teurer macht. Schließlich hört man regelmäßig von Landwirten das Argument, dass der über die Jahre aufsummierte Energiegehalt etwa eines Hektars Weizen durchaus demjenigen einer Kurzumtriebsplantage vergleichbar sei. Somit

Abb. 39: Monotone, ausgeräumte Agrarlandschaft: Hier könnten Hecken oder auch Kurzumtriebsplantagen für deutlich höhere Biodiversität sorgen.

könne man, so das Argument, besser den Weizen im Kraftwerk verbrennen, als den aus Sicht des Agrarbetriebes logistisch umständlichen Weg über Gehölze zu gehen. Wirklich nachhaltig ist das allerdings nicht, und inwieweit die Akzeptanz in der Bevölkerung für eine direkte energetische Nutzung von Lebensmitteln besteht („Tank oder Teller"), ist eine offene Frage.

JAGD UND FISCHEREI

Über Jahrhunderte war die Jagd für den Adel eine der wichtigsten Nutzungsformen der Wälder. Auch die Fischereirechte lagen lange Zeit beim jeweiligen Grundherrn. Jagdliche Interessen waren es, die erstmals dazu führten, dass im Mittelalter ganze Waldgebiete dem Volk entzogen wurden (Bannwälder). Jagd war für die Eliten des Mittelalters und der beginnenden Neuzeit nicht alleine Freizeitbeschäftigung, sondern stellte das entscheidende Forum zur Pflege und zum Ausbau politischer Beziehungen dar.

Später wurde das Jagdrecht zusehends zum Privileg auch des niederen Adels, während Bauern unter den Wildschäden im Feld litten und zu den herbstlichen Jagden Frondienste leisten mussten. Daher war die Forderung nach der Freigabe des Jagd- und auch Fischereirechtes schon früh die treibende Kraft revolutionärer Bewegungen. Bereits zur Zeit der Bauernkriege gehörte die Forderung nach Rückgabe des Jagd- und Fischereirechtes neben der Aufhebung der Leibeigenschaft oder der freien Wahl des örtlichen Pfarrers zu den zentralen Forderungen der aufständischen Bauern und fand sich dementsprechend auch in den „Zwölf Artikeln" der oberschwäbischen Bauern aus dem Jahre 1525 wieder (vgl. Abbildung 40)[16].

Es waren die Französische Revolution von 1789 und die bürgerliche Revolution 1848 in Deutschland, welche Jagd erneut zum Politikum werden ließen. Diese gesellschaftlichen Umbrüche führten auch dazu, dass in einigen Ländern Mitteleuropas die Jagd und die Fischerei für alle Bürger freigegeben wurden oder das Jagdrecht wurde in den meisten europäischen Ländern an das Eigentum von Grund und Boden gebunden.

Ein interessantes Detail am Rande: Der schwedische König Gustav III. gab – offenbar angesichts der Vorgänge in Frankreich – im Jahre 1789 den Bauern das Jagdrecht auf ihrem Grund und Boden freiwillig zurück. Ein politisch ausgesprochen kluger Schachzug; möglicherweise ist Schweden auch deshalb bis heute eine blühende Monarchie?

Die Jagdgesetzgebung in Deutschland beruht bis heute auf diesem Prinzip: Wildtiere sind zwar grundsätzlich herrenlos (das spiegelt noch altes römisches Recht), doch das Recht, diesen nachzustellen und sie sich anzueignen (sie zu jagen), ist mit dem Grundeigentum untrennbar verbunden. Vergleichbares gilt für das Fischereirecht. Das Jagdrecht besteht auch völlig unabhängig davon, ob es sich um Wald oder um landwirtschaftliche Flächen handelt.

Die Besonderheit ist allerdings, dass der Grundeigentümer dieses Recht nicht immer selbst ausüben darf. So ist die Jagd im Siedlungsbereich („befriedete Bezirke") bis auf wenige Ausnahmen verboten.

Im Wald und auf Agrarflächen ist eine bestimmte Mindestfläche erforderlich, damit der Eigentümer auf seinen Grundstücken jagen darf (vgl. Kapitel 4).

Der Grund für diese Trennung von Jagdrecht und Jagdausübungsrecht war die Tatsache, dass durch die Freigabe der Jagd auf den (damals sehr kleinen) bäuerlichen Flächen im Zuge der bürgerlichen Revolution ein enormer jagdlicher Druck auf das Wild entstand. Rotwild und Schwarzwild wurden in weiten Teilen Deutschlands ausgerottet (beim Rotwild ist dieser Zustand heute noch erkennbar), selbst das häufige Rehwild war vielerorts verschwunden. Die Trennung

Dye Gründtlichen Vnd rech-
ten haupt Artickl/aller Baur-
schafft vnd Hyndersessen der
Gaistlichen vnd Weltli-
chen oberkaytẽ/von
wölchen sy sich
beschwert ver-
mainen.

Abb. 40: Deckblatt der Zwölf Artikel der oberschwäbischen Bauern, die an prominenter Stelle die Rückgabe des Jagd- und Fischereirechtes forderten.

von Jagdrecht und Jagdausübungsrecht nahm den Druck von den Wildtieren und stellte eine der ersten wirksamen Artenschutzmaßnahmen dar.

Jagd und Fischerei stellen keine forstlichen Nebennutzungen dar, auch wenn dies aus forstlicher Sicht gerne so dargestellt wird. Sie sind neben der Landwirtschaft und der Forstwirtschaft eigenständige Formen der Nutzung von Naturressourcen, der „Urproduktion". Wichtigstes Ziel ist die Bereitstellung von Wildbret und Fisch als nachhaltig produziertes, hochwertiges Lebensmittel (vgl. Abbildung 41). Darin wird heute auch mehrheitlich die ethische Rechtfertigung gesehen, Tiere zu töten.

Aus forstlicher Sicht wird gerne darauf verwiesen, dass für einen Forstbetrieb die Jagd vor allem der Reduktion von Wildtieren, die im

Abb. 41: Jagdliche und fischereiliche Nutzung hat heute vor allem das Ziel, Wildbret und Fische als ein hochwertiges und nachhaltig produziertes Lebensmittel bereitzustellen. Hier: Geräucherte Saiblinge aus eigener Fischereiwirtschaft (und „Waldbier") wurden bzw. werden von den Österreichischen Bundesforsten als Markenprodukt vertrieben.

Wald Schaden verursachen, diene. Diese Sichtweise muss aus ethischer Sicht ausgesprochen kritisch hinterfragt werden. Es müsste nämlich der Nachweis geliefert werden, dass erst das Töten einer bestimmten Anzahl von Tieren bestimmte forstliche Ziele ermöglicht. Genau das ist aber nicht der Fall. Nicht die Frage, wie viel gejagt wird, sondern vor allem, wie die Jagd zeitlich und räumlich organisiert wird und welche weiteren Maßnahmen (Ruhezonen, Äsungsflächen) ergriffen werden, ist für die Frage der Wildschäden entscheidend[69,122,123].

Es ist allerdings unbestritten, dass die fachgerechte Bejagung eines Reh- oder Rotwildbestandes auch dazu beitragen kann, dass dieser langfristig unter einem bestimmten Niveau gehalten wird und damit zum Beispiel eine Waldverjüngung auf einer bestimmten Fläche definitiv erleichtert wird. Solche Wirkungen kann man selbstverständlich nutzen und in Forstbetrieben kann und soll Jagd auch im Rahmen der Waldwirtschaft unterstützend eingesetzt werden. Wichtig ist in diesem Zusammenhang, dass es sich hierbei immer um die Nutzung von Nebenwirkungen der Jagd handelt. Primäres Ziel bleibt die nachhaltige Nutzung des Wildbestandes. Anderenfalls würde es sich nicht um Jagd, sondern um Schädlingsbekämpfung handeln.

Die Nachhaltigkeit in allen drei Aspekten (vgl. Kapitel 6) der Jagd wird in Deutschland durch gesetzliche Regelungen grundsätzlich gewährleistet[68,69].

Die ökologische ebenso wie die ökonomische Nachhaltigkeit wird insbesondere dadurch erreicht, dass es Aufgabe des Grundeigentümers ist, für die Erhaltung der Tierarten zu sorgen, welche dem Jagdrecht unterliegen. Der Gesetzgeber hat hierzu den Begriff der Hege eingeführt. Dieser ist ausgesprochen bedeutsam, umfasst er doch sämtliche Maßnahmen des Artenschutzes für diejenigen Tiere, welche dem Jagdrecht unterliegen.

Das schließt auch die scheinbar paradoxe Tatsache ein, dass die meisten der „jagdbaren Tiere" heute gar nicht mehr gejagt werden (dürfen). „Jagdbar“ bedeutet in diesem Zusammenhang, dass die betreffenden Arten dem Jagdgesetz und somit auch der Hegeverpflichtung des Grundeigentümers unterliegen. So gelten beispielsweise die heimischen Adler, der Fischotter oder Bär und Luchs als jagdbar. Sie dürfen allerdings seit Jahrzehnten nicht mehr bejagt werden, genießen jedoch den sehr umfangreichen Schutz des Jagdrechtes. Für die Artenschutzmaßnahmen der jagdbaren Tiere entstehen somit auch dem Steuerzahler praktisch keine Kosten. Bei Tieren, die dem Naturschutzrecht unterliegen, ist das komplett anders: Hier finanziert die Allgemeinheit die Schutzmaßnahmen.

Seit in Deutschland eine flächendeckende Jagdgesetzgebung existiert, ist keine Tierart, die dem Jagdrecht unterliegt, ausgestorben. Gleichzeitig sind allerdings zahlreiche Arten verschwunden, welche nach Naturschutzrecht geschützt sind.

Der scheinbare Widerspruch löst sich auf, wenn wir wissen, dass die Hegepflicht sich auch auf den Schutz und Erhalt der Lebensräume der betreffenden Arten bezieht. Man könnte es auch so formulieren: Die Privatisierung des Artenschutzes funktioniert hervorragend, während der staatliche Artenschutz deutlich weniger erfolgreich agiert. Auf mögliche Gründe kommen wir später noch einmal zu sprechen.

Schließlich umfasst Jagd auch die soziokulturelle Nachhaltigkeit: Das betrifft nicht nur die jahrhunderte- und teilweise jahrtausendealte Jagdkultur (beispielsweise ist die Falknerei als immaterielles Kulturerbe anerkannt), sondern vor allem auch die Frage des Tierschutzes und Tierwohls. Ziel der Jagd einschließlich der Hege muss es sein, einem Tier ein möglichst artgerechtes Leben zu ermöglichen, bevor es dann möglichst angst- und schmerzfrei erlegt wird. Damit unterscheidet sich Jagd ganz klar von der Tierhaltung in der industriellen Landwirtschaft mit europaweiten Transporten von Schlachtvieh und zum Teil desaströsen Haltungsbedingungen.

Die Möglichkeiten des Grundeigentümers, die Jagd auszuüben, sind vielfältig. Er kann das Jagdrecht als Person selbst nutzen, er kann es durch angestellte Jäger (Berufsjäger) ausüben lassen oder er kann es als Ganzes verpachten, d.h. die jagdlichen Aktivitäten werden komplett in fremde Hände gegeben. Das bedeutet, dass eine klare vertragliche Regelung die Rechte und Pflichten des Jagdpächters, aber auch des Grundeigentümers als Verpächter regelt.

Die Vorteile dieser Lösung sind stetige Einnahmen aus dem Pachtzins. Für jagdlich nicht interessierte Grundeigentümer ist ein weiterer Vorteil, dass eine Verpachtung auch die Verantwortung für das Wild (Hege) an den Pächter delegiert.

Der Nachteil einer Verpachtung für den Grundeigentümer ist, dass es, je nachdem, welche Form der Landnutzung er betreibt, zu Konflikten zwischen den Zielen des Jagdpächters und des Landnutzers kommen kann. Dies ist vor allem bei landwirtschaftlicher und bei forstlicher Nutzung der Fall.

In diesen Fällen besteht die Möglichkeit, weitergehende vertragliche Vereinbarungen im Pachtvertrag zu treffen, zum Beispiel zur Übernahme der Kosten für Wildschäden. Vom Gesetz her ist der Grundeigentümer (bzw. die Jagdgenossenschaft) für den Ersatz der Schäden verantwortlich. Heute ist es allerdings oft so, dass der Jagdpächter für bestimmte Wildarten den Ausgleich der Schäden übernimmt.

Schließlich gibt es die – bislang nur wenig genutzte – Möglichkeit, den Jagdbetrieb zwar auf eigene Rechnung durchzuführen, aber an ein Dienstleistungsunternehmen extern zu vergeben (Outsourcing). Aufgrund fehlender Standards und Zertifikate scheint diese Option regelmäßig zu Problemen zu führen, wenn die durchführenden Dienstleister unzureichend ausgebildet und mit der Aufgabe überfordert sind.

Zurzeit erfährt die Jagd intensive Veränderungen. In nahezu allen

Bundesländern sind Bestrebungen zu erkennen, bestehende Jagdgesetze zu ändern. Dabei zeichnet sich, interessanterweise weitgehend unabhängig von der im jeweiligen Bundesland vorherrschenden politischen Ausrichtung, eine klare Tendenz zu einer Aufgabe bzw. Reduktion jagdlicher Nachhaltigkeitskriterien ab.

Insbesondere Arten, welche „Schäden" verursachen, etwa die wiederkäuenden Huftiere wie Reh und Hirsch, aber auch die Wildschweine sind die Leidtragenden dieser Entwicklung. Sie spiegelt ein seit Langem überwunden geglaubtes Nutzen-Schaden-Denken wider und ist vor allem von Verbänden der Land- und Forstwirtschaft, interessanterweise aber auch des Naturschutzes, getrieben. Letzteres mag verwundern, doch scheint hier die Tatsache, dass Jagd und Jäger traditionell für den Naturschutz ein wichtiges Feindbild darstellen, die Sachargumente zu überlagern: Man „schlägt" die Wildtiere, will aber die Jäger treffen.

WINDKRAFTANLAGEN IM WALD

Ähnlich intensiv diskutiert wie das Thema Jagd ist derzeit die Frage nach Windkraftanlagen in bzw. über Wäldern (vgl. Abbildung 42).

Viele Jahre lang galt die Errichtung von Windkraftanlagen über Waldgebieten als ein umwelt- und artenschutzpolitisches Tabu. Zu groß erschien das Risiko, durch Eingriffe in Wälder die dortige Artenvielfalt massiv zu schädigen. Ein nicht geringer Teil der waldlebenden Arten nutzt den Luftraum oberhalb der Baumkronen mehr oder minder intensiv. Das Spektrum reicht von zahlreichen flugfähigen Insektenarten über Fledermäuse bis hin zu Schwarzstörchen und zahlreichen Greifvögeln.

Die Bauphase und die Wartungsarbeiten erfordern ein ausgedehntes Wegenetz in den Wäldern und führen zu regelmäßigen Störungen der betreffenden Arten. Ob sich selbst große, lernfähige Arten wie das Rotwild daran langfristig gewöhnen, ist noch eine offene Frage.

Von der Vorstellung, Windkraftanlagen nur außerhalb von Wäldern zu errichten, verabschiedete man sich schon bald vor dem Hintergrund eines vor allem in den 2010er Jahren stagnierenden Ausbaus der Windenergienutzung in Deutschland. Zu viele staatliche Subventionen waren offenbar über Jahre in diesen Sektor geflossen, zu großer politischer Erwartungsdruck lastete seit der spontanen Entscheidung Deutschlands zum Ausstieg aus der Kernenergie im Jahre 2011 auf der Branche.

Die Errichtung einer Windkraftanlage im Wald, so viel zunächst zur ökonomischen Seite, kann dem Waldbesitzer, entweder als Betreiber der Anlage selbst oder zumindest als Verpächter des Grundstücks, auf dem die Anlage errichtet wird, außerordentlich hohe Erträge bescheren. Allein die jährliche Pacht für den Standort eines Windrades erreicht je nach Vertragsmodell leicht eine hohe fünf- bis sechsstellige Summe in Euro.

Mit diesen Hektarerträgen kann die reine Waldwirtschaft nicht konkurrieren. So ist es aus Sicht der Grundeigentümer durchaus verständlich, wenn sie diese zusätzlichen Wertschöpfungspotentiale aus dem Wald nutzen und sich für den weiteren Ausbau von Windkraftanlagen auch im Wald aussprechen. Allerdings zahlen derzeit die Menschen und die Natur den Preis dafür.

Für viele Menschen stellen Windkraftanlagen mit ihren schon drastischen Auswirkungen auf das Landschaftsbild vor allem ein landschaftsästhetisches Problem dar. So wie Menschen in den Metropolen Südostasiens aufwachsen, ohne jemals die Sterne am Himmel gesehen zu haben, so werden unsere nachfolgenden Generationen aufwachsen, ohne jemals die Ästhetik einer Wald- oder Kulturlandschaft ohne Windkraftanlagen gesehen zu haben.

Ein weiteres Problem von Windkraftanlagen, besonders solcher

Abb. 42: Windkraftanlagen im Wald beinhalten große wirtschaftliche Chancen für die Waldeigentümer, doch zerstören sie auch das Landschaftsbild und stellen eine Gefahr für zahlreiche waldbewohnende Tierarten dar.

Anlagen im Wald, ist die Frage der Gefährdung von Wirbeltierarten, insbesondere Fledermäusen und Vögeln[156]. Bei Vögeln ist es das Kollisionsrisiko, bei Fledermäusen vor allem das Risiko von Barotraumen, also Gewebeschädigungen, die durch heftige Luftdruckänderungen in unmittelbarer Umgebung der Rotoren ausgelöst werden.

Gefährdungen von Zugvögeln und Fledermäusen kann man durch zeitweises Abschalten der Windkraftanlagen zu verhindern versuchen. Diese Abschaltalgorithmen wirken, statistisch gesehen, sicherlich nicht schlecht. Ökonomisch gesehen werden die Kosten des Produktionsstillstandes derzeit zumindest größtenteils von den Stromkunden getragen. Wie lange diese Vorgehensweise bei rapide steigenden Strompreisen noch durchzuhalten ist, wird sich zeigen.

Brutvogelbestände, etwa Schwarzstorch, Rotmilan, Seeadler, Schreiadler oder Uhu, sollen durch Mindestabstände der Windräder zu bekannten Brut- und Nahrungsplätzen geschützt werden. Dieser Aspekt ist bei Anlagen über Wäldern von besonderer Bedeutung, die empfohlenen Mindestabstände werden in der Planungspraxis aber oftmals nicht eingehalten.

Nicht allein das Kollisionsrisiko ist ein Problem der Windkraftanlagen in Wäldern, sondern auch die Störung von Tieren[141,156]. Wildkatzen meiden beispielsweise langfristig Lichtungen, auf denen Windkraftanlagen stehen. Rothirsche scheinen zwar nach einigen Jahren eine gewisse Gewöhnung an die Anlagen zu zeigen, unterliegen allerdings durch die erforderliche Verkehrsinfrastruktur und regelmäßige Wartungsarbeiten langfristig weiteren Störungen. Störungen dieser Wildart im Wald können wiederum Stress und vermehrte Einflüsse auf die Waldvegetation, also Fraßschäden, mit sich bringen[69].

Eine echte Nachhaltigkeitsbewertung von Windkraftanlagen generell fällt schwer. Zu unklar sind die Bewertungsmaßstäbe. Wie viel ist eine eingesparte Tonne CO_2 wert, verglichen mit einem getöteten

Schwarzstorch, einer vom Rotwild verbissenen Forstkultur oder einem zerstörten Landschaftsbild?

Wir brauchen, um als menschliche Gesellschaft existieren zu können, keine ästhetischen Landschaftsbilder, wir brauchen keine Waldromantik, wir brauchen auch keine Schwarzstörche oder Wildkatzen – aber wollen wir wirklich ohne dies alles leben?

WÄLDER ALS ERHOLUNGS- UND FREIZEITRAUM

Die Erholungsfunktion von Wäldern wurde bereits früh erkannt (vgl. Kapitel 6). Die meisten von uns nutzen den Wald gelegentlich oder regelmäßig zur Erholung, zu Sport oder anderen Formen der Freizeitgestaltung.

Über die unterschiedlichen grundlegenden Motive, die dazu führen, dass wir Wälder gerne als Freizeitraum nutzen, haben wir im Kapitel 2 berichtet. Die meisten dieser Motive sind uns nicht wirklich bewusst, wir finden es einfach angenehm, im Wald zu sein. Übertroffen wird das allenfalls noch vom Aufenthalt am Wasser.

Insbesondere stadtnahe Wälder haben eine große Bedeutung für die Erholung der Bürger und deren Freizeitgestaltung. Sie werden von den Menschen als naturnahe Umwelt wahrgenommen, die zur Verbesserung der Lebensqualität, aber auch zur Zufriedenheit mit dem Wohnumfeld beiträgt. Die Erholungswirkung bezieht sich nach der Auswertung von Befragungen sowohl auf die Möglichkeit der geistigen Entspannung als auch auf die abwechslungsreichen, mit allen Sinnen wahrgenommenen Eindrücke und die Möglichkeit zu körperlicher Aktivität[94,190].

Wir unterscheiden eine physische und eine psychische Erholungswirkung[38,60,95,151,187]. Erstere wird mit dem für Wälder typischen Binnenklima (Ausgleich von Witterungsextremen, Kühle im Sommer,

„frische“ sauerstoffreiche Luft) in Verbindung gebracht, letztere beruht offenbar auf der Vorstellung einer Natürlichkeit von Wäldern (vgl. auch Kapitel 2 und 7), der Vielzahl unterschiedlicher Sinneseindrücke und dem als angenehm empfundenen Unterschied zum „normalen“ Wohn- und Arbeitsumfeld. Regelmäßig wird auch die im Wald mögliche körperliche Bewegung erwähnt.

Die positiven Wirkungen des Waldes stehen kostenlos und rund um die Uhr zur Verfügung. Insbesondere in Zeiten der Covid-19-Pandemie bzw. der damit verbundenen Einschränkungen in den Aktivitäten der Menschen wurde davon in großem Umfang Gebrauch gemacht. Die Erholung im Wald war einer der wenigen verbliebenen Freiräume für die Menschen jenseits des eigenen Wohnumfeldes.

Wie an verschiedenen Stellen erwähnt, besteht in Deutschland ein sehr liberales Waldbetretungsrecht. Wälder können von erholungssuchenden Menschen Tag und Nacht, im Winter wie im Sommer betreten werden. Dabei dürfen normalerweise sogar die Wege verlassen werden, je nach Bundesland und Eigentumsform auch Pilze oder Leseholz gesammelt oder Sport getrieben werden. Das Befahren mit Fahrrädern oder Langlaufski ist meist auf den Wegen bzw. speziell gespurten Loipen zulässig. Hunde dürfen in den Wald mitgenommen werden und müssen meist nicht einmal angeleint sein.

Für das Reiten gibt es spezielle Regelungen, oft ist es auf besonders ausgewiesenen Reitwegen zulässig. Umfangreichere Veranstaltungen, etwa Sportveranstaltungen, bedürfen in der Regel der Genehmigung des Waldbesitzers. Für die genannten Aktivitäten entstehen den Bürgern wie gesagt keine direkten Kosten, die Waldbesitzer erhalten hierfür auch keine gesonderten Vergütungen. Auch allgemeine Umlagen, wie dies etwa bei der Rundfunkgebühr der Fall ist, gibt es nicht. Wald ist in Deutschland ebenso wie in vielen anderen Ländern Mitteleuropas ein quasi öffentlicher Raum, die Kosten für die Freizeitnutzung der Wälder, die keineswegs gering sind, tragen die Waldbesitzer. Das gilt nicht nur im öffentlichen Wald, sondern auch im Privatwald. Direkte Kosten für den Waldbesitzer ergeben sich beispielsweise aus der Wegeunterhaltung, der Verkehrssicherung oder der Beseitigung von Abfällen und Vandalismusschäden.

Indirekte Kosten entstehen in intensiv zur Erholung genutzten Wäldern etwa durch das erhöhte Risiko für Waldbrände, durch Einschränkungen und besondere Sicherungsmaßnahmen bei der Jagd oder der Holzernte oder durch erhöhte Wildschäden aufgrund einer permanenten Störung der Wildtiere.

Gewisse Wertschöpfungspotentiale aus der Freizeitnutzung der Wälder ergeben sich für Waldbesitzer in geringem Umfang durch die Anlage etwa von Klettergärten, Baumkronenpfaden, Tiergehegen, Informations- und Verkaufspavillons, Parkplätzen oder anderen Einrichtungen, welche für eine kommerzielle Nutzung geeignet sind. In diesem Zusammenhang sind es nicht selten die Großschutzgebiete, insbesondere Nationalparke, welche diese Form der „In-Wert-Setzung“ der Natur vorantreiben.

Durch die umfangreichen Freiheiten, welche Menschen im Wald genießen, entstehen naturgemäß zahlreiche Konflikte. Diese betreffen Konflikte der Waldbesucher untereinander, aber auch Konflikte mit dem Waldeigentümer, den Jagdpächtern, den Schutzgebietsverwaltungen, den im Wald arbeitenden Menschen usw.

Ausdrücklich erwähnt seien in diesem Zusammenhang zwei wirklich gravierende Probleme, die uns seit einigen Jahren in zunehmendem Maße beschäftigen. Zum einen ist dies, wie wir aktuell sehen, die Waldbrandgefahr in langen Trockenperioden. Die meisten Waldbrände entstehen in Mitteleuropa durch grobe Fahrlässigkeit von Waldbesuchern oder durch Vorsatz (Brandstiftung aus unterschiedlichsten Motiven). Das besondere Problem dabei ist das extrem hohe Risiko, welchem der Wald in solchen Trockenjahren ausgesetzt ist. Wie wir in den vergangenen Jahren regelmäßig erlebten, entstehen

Abb. 43: Intensive Freizeitnutzung der Natur kann zu gestressten Tieren und hohen Fraßschäden an Forstpflanzen führen.

durch geringe Ursachen enorme wirtschaftliche Schäden in vielfacher Millionenhöhe und kaum bezifferbare Beeinträchtigungen der Ökosysteme, ihrer Tiere und Pflanzen.

Vermutlich ebenso große, wenngleich nicht so spektakuläre Schäden entstehen durch die unbedachte und unkontrollierte Freizeitnutzung der Wälder (vgl. Abbildung 43), insbesondere in den Wintermonaten, wenn Wildtiere durch permanente Störung (einschließlich, das sei hier nicht verschwiegen, auch jagdlicher Störungen) daran gehindert werden, ihre in dieser Zeit wichtige physiologische Winterruhe einzuhalten.

Fachleute sprechen in diesem Zusammenhang vom „kleinen Winterschlaf" der Hirsche und Rehe. Der Begriff besagt, dass Tiere den Winter möglichst störungsarm überdauern sollten, so dass ihr Stoffwechsel reduziert wird und die Nahrungsaufnahme auf ein Minimum absinken kann. Permanente Störungen durch Waldbesucher verhindern dies, die Tiere geraten unter Stress und müssen ihre Energieverluste durch Verbiss (Abäsen der Knospen) und Schäle (Abziehen der Baumrinde) decken. Dies wiederum führt zu Problemen bei der dringend erforderlichen Naturverjüngung der Waldbestände (vgl. auch Kapitel 4).

Wir können festhalten, dass die Erholungs- bzw. Freizeitnutzung der Wälder für die Bürger zu den wichtigsten Nutzungen des Waldes gehört. Gleichzeitig birgt sie allerdings auch große Probleme und Konfliktpotentiale. Künftige Waldgesetze sollten hier ansetzen und im Idealfall durch klare Regelungen diese Probleme entschärfen.

Wenn wir uns das wertvolle Gut der Erholungsfunktion des Waldes auch in Zukunft leisten wollen, bedarf es klarerer und besser überwachter Regelungen, etwa Betretungseinschränkungen bei bestimmten Wetterlagen im Sommer und Winter. Diese müssen gut und verständlich kommuniziert werden, damit sie für die Menschen auch eingängig und nachvollziehbar sind. Aus vielen Untersuchungen und Gesprächen mit Waldbesuchern wissen wir, dass bei der überwiegenden Mehrheit der Waldbesucher das Verständnis für bestimmte Beschränkungen durchaus vorhanden ist, sofern die Gründe gut erklärt werden und auch andere Nutzergruppen (z. B. Forstwirtschaft oder Jagd) sich ebenfalls an bestimmte Regeln halten.

FRIEDWÄLDER

Wenn wir Menschen fragen, wo sie ihre letzte Ruhestätte finden möchten, wo sie begraben sein wollen, wird sehr häufig der Wald als bevorzugter Ort genannt. Das hat sicher viel damit zu tun, dass Wälder bis heute den Menschen als mystische Orte erscheinen (vgl. Kapitel 3) und oft sind es auch Orte, an denen sich Menschen zu ihren Lebzeiten mit Freude aufgehalten haben, zu denen es sie hingezogen hat. Auch die mit dem Wald verbundene Vorstellung von Ruhe, Abgeschiedenheit und Natur spielt dabei sicher eine wichtige Rolle. In der Vergangenheit nutzten Menschen, die dem Wald verbunden waren, gerne diese Möglichkeit einer letzten Ruhestätte (vgl. Abbildung 44).

Um diesen Wunsch auch vielen anderen Menschen erfüllen zu können, wurden seit Beginn des 20. Jahrhunderts zahlreiche „Waldfriedhöfe" angelegt. Allerdings handelt es sich dabei, wie die Bezeichnung sagt, um Friedhöfe mit wald- oder parkartigem Charakter, nicht um Wälder im eigentlichen Sinne.

Zunehmend besteht auch die Möglichkeit der Bestattung in (von Gemeinden oder privaten Waldbesitzern betriebenen) Fried- oder Bestattungswäldern. Das sind echte Wälder mit entsprechenden Merkmalen eines Waldes (vgl. Kapitel 3), welche zur Urnenbestattung genutzt werden.

In Deutschland sind Bestattungen grundsätzlich extrem bürokratisch reglementiert. Das gilt im Grunde auch für Friedwälder. In

Abb. 44: Individueller Friedwald einer Försterfamilie auf Rügen im 19. Jahrhundert. Heute verdanken wir diesem Umstand einen ökologisch außerordentlich wertvollen, naturnahen Waldbestand im Nationalpark Jasmund.

diesen sind ausschließlich Urnenbeisetzungen in kompostierbaren Gefäßen zulässig. Grabsteine oder eine spezielle Ausgestaltung des Grabes sind nicht möglich, lediglich eine Plakette mit wenigen persönlichen Daten, etwa an einem nahegelegenen Baum, ist zugelassen. Oftmals wird auch ein spezifischer Baum als Grabstätte erworben.

Ein typisches Problem tritt dann auf, wenn aufgrund von Verkehrssicherungsmaßnahmen genau dieser Baum bald nach der Bestattung gefällt wird. Der mit der Bestattung in einem Friedwald unter einem Baum gewünschte „Ewigkeitsaspekt", das erwartete lange Baumleben, entfällt dann plötzlich und oftmals ohne Ankündigung gegenüber den Angehörigen. Dieser Fall ist zwar in den „kleingedruckten" allgemeinen Geschäftsbedingungen irgendwo erwähnt, wird aber nur selten den Angehörigen erläutert.

In Zeiten umfangreicher Trockenheitsschäden der Wälder und einer in Deutschland außerordentlich umfangreichen, man könnte auch sagen überzogenen Pflicht zur Verkehrssicherung ist zu befürchten, dass diese Fälle bald zunehmen und zu Konflikten mit den Betreibern des Bestattungswaldes führen.

UMWELTBILDUNG

Waldbesuche sind Gelegenheiten, Wissen über die Natur und deren Bewahrung zu vermitteln. Aus diesem Grunde sind Wälder ein ideales Umfeld, um theoretisch erworbenes Umweltwissen vor Ort anzuwenden oder durch praktische Erfahrungen dieses Wissen zu erwerben bzw. zu ergänzen.

Als Institution kennen wir heute beispielsweise den Waldkindergarten[58,168]. Das sind – entgegen mancher Ansicht – nicht unbedingt Kindergärten, welche im Wald lokalisiert sind. Vielmehr handelt es sich um ein pädagogisches Prinzip, welches davon ausgeht, die Betreuung der Kinder, typischerweise im Alter zwischen drei und sechs Jahren, möglichst wenig in geschlossenen Räumen, sondern im Wesentlichen draußen in der Natur stattfinden zu lassen. Die damit verbundene Vielzahl an Eindrücken, die unmittelbare Erfahrung auch von Wetter und Jahreszeiten, von Pflanzen und Tieren, stellt einen vor allem seit den 1980er und 1990er Jahren zunehmenden Trend dar.

Man geht einerseits davon aus, dass der Aufenthalt im Freien langfristig positive Auswirkungen auf die Gesundheit der Kinder und deren motorische Fähigkeiten und soziale Kompetenzen hat. Gleichzeitig werden Wissen und Kompetenzen im Sinne eines verantwortungsvollen Umganges mit der Umwelt und den natürlichen Ressourcen vermittelt.

Letzteres ist auch der zentrale Aspekt der Umweltbildung. Diese beschränkt sich keineswegs nur auf Kinder, sondern versucht, Menschen jeden Alters mit spezifischen Konzepten anzusprechen und diesen entsprechende Kompetenzen, aber auch eine grundsätzliche Achtsamkeit gegenüber der Natur zu vermitteln.

Umweltbildung wird heute von den unterschiedlichsten Institutionen angeboten, von Kindergarten und Schule über Einrichtungen der Erwachsenenbildung, Schutzgebietsverwaltungen, staatliche und private Forstbetriebe, Universitäten, private Consultants bis hin zu forstlichen, jagdlichen oder Naturschutzverbänden. In der Vergangenheit war Umweltbildung weitestgehend im Non-Profit-Bereich angesiedelt. In zunehmendem Maße werden daraus aber gewerbliche oder freiberufliche Geschäftsmodelle. Inwieweit Forstbetriebe mit entsprechend qualifiziertem Personal sich diesen Markt erschließen können, wird die Zukunft zeigen.

WASSER, LUFT, KLIMA UND NATUR ALS SCHUTZFUNKTIONEN

Wälder liefern der Gesellschaft neben den unmittelbaren, individuellen und „greifbaren“ Leistungen von der Holznutzung bis zur Bestattung auch weitere, abstrakte Leistungen. Diese können nicht individuell in Anspruch genommen werden und ihre konkrete Bewertung für das Individuum ist nur schwer möglich.

Ein wichtiger Aspekt ist der Schutz des Grundwassers. Die besondere Bedeutung der Wälder besteht hierbei weniger in der „Neuproduktion“ von Grundwasser durch Versickerung der Niederschläge. Das können beispielsweise Grünlandsysteme oder bestimmte Brachen oft genauso gut. Allerdings kommt es – anders als in der Landwirtschaft – selbst in intensiv bewirtschafteten Wäldern kaum oder gar nicht zu Pestizidanwendungen. Somit ist es weniger die Gesamtmenge des Grundwassers, sondern die Qualität sowohl des Grundwassers als auch der durch Wälder fließenden Bäche und Flüsse, welche durch den Wald positiv beeinflusst werden.

Darüber hinaus helfen Wälder, Hochwasserereignisse abzumildern, indem sie durch geringere Oberflächenabflüsse und hohe Verdunstungsraten den Gesamtabfluss verlangsamen und reduzieren.

Eine bedeutende Rolle können Wälder im Küstenschutz spielen (vgl. Abbildung 45). Hier dienen sie vor allem der Stabilisierung von Küstenlinien und natürlich auch der Reduktion der Windgeschwindigkeiten. Auch für den Schutz der Böden sind Wälder wichtig, aber Hecken und Feldgehölze spielen hierbei ebenso eine bedeutende Rolle. Durch die Reduktion der Windgeschwindigkeit verhindern sie Winderosion, was sich insbesondere auf den benachbarten Agrarflächen positiv bemerkbar macht. Daneben verhindern Wälder durch ihr Wurzelwerk und die Humusauflage im Hoch- und Mittelgebirge Wassererosion der Böden und Hangrutschungen.

Abb. 45: Kiefernwald, zum Zwecke des Küstenschutzes auf extrem armem Sandboden angelegt (Schaabe auf Rügen)

Im Hochgebirge ist es darüber hinaus der Lawinenschutz, der durch eine Bewaldung deutlich verbessert oder mancherorts erst ermöglicht wird. Welche Wälder dabei allerdings konkret welche Aufgaben haben und inwieweit derartige Wälder möglicherweise auch planerische Fehlentscheidungen unterstützen, indem Flächen besiedelt werden, die eigentlich von Besiedlung freizuhalten wären, ist nicht überall abschließend geklärt.

Für den Immissionsschutz kann Wald lokal oder regional eine große Bedeutung haben. Dabei kommt die Filterwirkung der Bäume zum Tragen, welche sowohl gasförmige als auch Staubpartikel aus den bodennahen Luftschichten filtern können. Wälder dämpfen auch die Lärmausbreitung und die Lichtverschmutzung, so dass diese Funktionen vor allem im Umfeld großer Städte, Industrieanlagen oder militärischer Liegenschaften von Bedeutung sind.

Eine wichtige Rolle spielen Wälder für den Denkmalschutz, also die Bewahrung kulturhistorischer Bodenfunde. Viele von uns haben in diesem Zusammenhang vielleicht die Ruinen von Angkor Wat in Kambodscha vor Augen, die von Baumriesen überwuchert, aber dadurch auch langfristig bewahrt wurden.

Ähnliches spielte sich in kleinerem Maßstab auch in heimischen Wäldern ab. Wo Bodendenkmäler, insbesondere Ruinen prähistorischer oder historischer Siedlungen und wertvolle Grabstätten durch stetiges Pflügen, Säen und Ernten in der Agrarlandschaft schon lange verschwunden sind, werden diese durch Wälder bis heute bewahrt. Die Tatsache, dass die grundlegende Waldverteilung vieler Regionen Deutschlands bereits seit der Römerzeit mehr oder weniger unverändert ist (vgl. Kapitel 1), ist in diesem Zusammenhang ein großer Vorteil.

Die Bedeutung von Wäldern für den Naturschutz, insbesondere die Erhaltung der Biodiversität klang an verschiedenen Stellen bereits an. Die Tatsache, dass Wälder vergleichsweise naturnahe Ökosysteme darstellen, die – verglichen mit der Landwirtschaft – deutlich extensiver bewirtschaftet werden (keine oder kaum Düngung, kein oder kaum Pestizideinsatz, lange Umtriebszeiten, keine Bodenbearbeitung, viel Begleitvegetation), prädestiniert diese auch für eine Nutzung in Bezug auf Naturschutzziele. Ein nicht geringer Teil der Flächen mit Naturschutzzielen in Deutschland beinhaltet demensprechend auch Wälder.

Das zunehmend diskutierte Problem ist heute der Konflikt zwischen Naturschutzzielen und den forstlichen Wirtschaftszielen. In Kapitel 7 werden wir noch einmal auf das Verhältnis zwischen Waldnutzung und den unterschiedlichen Naturschutzzielen eingehen.

Schließlich ist auch der Klimaschutz eine Ökosystemleistung der Wälder, die einer großen Zahl von Menschen zugute kommt. Der lokale oder regionale Klimaschutz ist dabei der traditionelle Ansatz: Die hohe Verdunstungsleistung, die durch Verdunstung erzielte Kühlwirkung und – wiederum im Zusammenhang mit der Freizeitnutzung – das Waldinnenklima spielen insbesondere in Stadtwäldern oder in urbanen Großräumen eine bedeutende und zunehmende Rolle.

Dass Wälder in Zukunft auch im Rahmen des globalen Klimaschutzes eine wichtige Funktion innehaben können und müssen, klang an verschiedenen Stellen bereits an. In Kapitel 8 wird diese Frage noch einmal aufgegriffen.

ÖKOSYSTEMLEISTUNGEN DES WALDES – WIE WEITER?

Das Bundeswaldgesetz[3] macht es sich in § 1 zur Aufgabe, *„den Wald wegen seines wirtschaftlichen Nutzens (Nutzfunktion) und wegen seiner Bedeutung für die Umwelt, insbesondere für die dauernde Leistungsfähigkeit des Naturhaushaltes, das Klima, den Wasserhaushalt, die Reinhaltung der Luft, die Bodenfruchtbarkeit, das Landschaftsbild,* *die Agrar- und Infrastruktur und die Erholung der Bevölkerung (Schutz- und Erholungsfunktion) zu erhalten, erforderlichenfalls zu mehren und seine ordnungsgemäße Bewirtschaftung nachhaltig zu sichern [...] die Forstwirtschaft zu fördern und [...] einen Ausgleich zwischen dem Interesse der Allgemeinheit und den Belangen der Waldbesitzer herbeizuführen.*"

Führen wir uns vor Augen, was wir in diesem und den vorangegangenen Kapiteln erfahren haben, so erscheint dieser fast ein halbes Jahrhundert alte Paragraph antiquiert und modern zugleich.

Wenn wir die jahrzehntelange Diskussion um Waldfunktionen, forstliche Kielwassertheorie (vgl. dazu das folgende Kapitel), Gemeinnützigkeit oder Ökosystemleistungen betrachten, und wenn wir uns gleichzeitig ansehen, auf welch vielfältige Weise der Wald schon immer und bis heute von uns Menschen ganz selbstverständlich genutzt wird, so müssen wir uns fragen, ob wir in den forstpolitischen Diskussionen der vergangenen Jahrzehnte wirklich neue Denkansätze im Umgang mit unseren Wäldern entwickeln konnten, oder ob wir uns nicht nur im Kreis gedreht haben. Ob wir von Waldfunktionen sprechen oder von Ökosystemleistungen, macht letztlich nur einen marginalen Unterschied. Allerdings: Weder gibt es „ein" Interesse der Allgemeinheit, noch gibt es „die" Belange der Waldbesitzer.

Was wir in Zukunft klarer herausarbeiten müssen, ist die Frage, wie die vielfältigen und zunehmenden Leistungen der Wälder weiterhin garantiert werden können, wie es gelingen wird, die vielen unterschiedlichen Nutzer des Waldes – und dazu zählen wie oben bereits angedeutet auch diejenigen Nutzer, die sich selbst „Schützer" nennen – hinsichtlich ihrer jeweils legitimen, doch zutiefst unterschiedlichen Interessen miteinander in Einklang zu bringen. Dieser Frage werden wir uns in Kapitel 7 noch einmal widmen, nachdem wir uns in den folgenden Abschnitten mit Fragen zu den ganz aktuellen Chancen und Problemen unserer Wälder beschäftigt haben.

6. DIE SACHE MIT DER NACHHALTIGKEIT

Wälder galten, wie oben dargestellt, in der Frühzeit menschlicher Siedlungsgeschichte meist als quasi unerschöpfliche Ressource. Die menschliche Bevölkerungsdichte war gering, Siedlungen nahmen im Vergleich zu den Wäldern nur wenig Fläche ein, und wenn das Holz um eine Siedlung langsam weniger wurde, so folgte die Siedlung dem zurückweichenden Wald. Daher hat sich, von speziellen Situationen abgesehen, der Nachhaltigkeitsgedanke in Bezug auf die Waldwirtschaft erst vergleichsweise spät, im ausgehenden 18. Jahrhundert, manifestiert.

Die rapide Entwicklung von Wissenschaft, Technik und Industrie im 18. Jahrhundert erforderte zunehmend die Bereitstellung des zentralen Rohstoffs „Holz". Zumindest lokal entstanden Versorgungsengpässe, die teilweise krisenhaftes Ausmaß annahmen. Die Lösung des Problems lieferte eine geregelte forstliche Bewirtschaftung auf naturwissenschaftlicher Basis. Der Begriff der Nachhaltigkeit wurde daher, wie im ersten Kapitel bereits gezeigt, schon bald mit der Entwicklung der geregelten Forstwirtschaft verknüpft.

Nachhaltiges Denken und Wirtschaften als solches ist demgegenüber bereits deutlich älter und vermutlich sogar ein ganz entscheidender Teil der menschlichen Evolution, zumindest in den gemäßigten Breiten.

Um das Überleben in einem Jahreszeitenklima mit kalten, nahrungsarmen Wintern zu gewährleisten, mussten zumindest mit dem Beginn der Sesshaftigkeit lebenswichtige Ressourcen (zunächst sicher Nahrungsmittel) über den nächsten Tag oder den nächsten Jagderfolg hinaus bewirtschaftet, d. h. über längere Zeiträume aufbewahrt und entsprechend eingeteilt werden. Diejenigen Menschen, denen dies besser gelang, überlebten den Winter, ein größerer Anteil ihrer Kinder überlebte bis ins reproduktive Alter, so dass Menschen mit der ausgeprägteren Fähigkeit, nachhaltig zu denken und auch zu handeln, sich langfristig in der Population durchsetzten.

Nachhaltiges Handeln bedeutet also nichts anderes, als Ressourcen jedweder Art so zu bewirtschaften, dass man selbst, aber auch kommende Generationen diese dauerhaft nutzen können.

In Bezug auf materielle Ressourcen bedeutet dies – und dieser Gedanke wird uns später noch mehrfach begegnen – zunächst einmal ganz einfach Konsumverzicht: Güter, die ich in Zukunft voraussichtlich noch benötigen werde, darf ich nicht heute bereits konsumieren. Dies gilt für die sprichwörtliche schwäbische Hausfrau ebenso wie für ein staatliches Renten- oder Gesundheitssystem.

Die Fähigkeit dazu, dies bewusst zu tun, dürfte eine spezifisch menschliche sein: Wenn ein Eichhörnchen oder ein Eichelhäher Vorräte anlegt, so ist dies genetisch vorgegebenes, also instinktives Verhalten. Wir Menschen sind aufgrund unseres Verstandes und unserer kulturellen Prägung in der Lage, ganz bewusst zukünftige Entwicklungen vorwegzunehmen und unser Handeln darauf einzustellen. Wir sind dazu individuell, je nach Veranlagung und persönlicher Sozialisation, besser oder weniger gut in der Lage. Wenn wir

Abb. 47: Nachhaltiges Verhalten ist eine spezifisch menschliche Eigenschaft, die auf unserem Bewusstsein basiert. Tiere, die wie das Eichhörnchen Vorräte anlegen, tun dies unbewusst allein aufgrund angeborener, instinktiver Verhaltensweisen.

allerdings versuchen, unserem Hund beizubringen, sein Futter für die nächsten zwei Wochen einzuteilen, werden wir damit scheitern.

Die Besonderheit des Nachhaltigkeitsgedankens im Hinblick auf die Waldwirtschaft gegenüber den meisten anderen Branchen liegt in der Langfristigkeit der Existenz von Wäldern. Hier gilt es nicht nur, die Zeitspanne bis zum nächsten Sommer gedanklich vorwegzunehmen, sondern einen Zeitraum von vielen Jahrzehnten bis Jahrhunderten. Bei einer durchschnittlichen Lebenserwartung eines Menschen des Mittelalters von vielleicht dreißig Jahren bedeutete dies, dass selbst in Bezug auf die vergleichsweise schnellwüchsigen Nadelbäume mindestens zwei bis drei Lebensalter im Voraus kalkuliert und geplant werden mussten.

Dass diese Denkweise auch heute noch lange nicht selbstverständlich ist, sondern eine große Herausforderung darstellt, zeigt unser eigener Umgang mit den Ressourcen Wasser oder Atmosphäre ebenso wie mit Renten- oder Krankenversicherungssystemen.

FRÜHES NACHHALTIGES HANDELN

Dennoch finden wir in der Vergangenheit immer wieder Hinweise, welche nachhaltiges Handeln, ohne konzeptionell ausformuliert zu sein, auch im Zusammenhang mit der Bewirtschaftung von Wäldern bereits seit Jahrtausenden belegen. Ein interessantes Beispiel ist dabei die Salinenwirtschaft, ein sehr altes und sehr viel Holz verbrauchendes Gewerbe (vgl. Kapitel 1).

Ein weiteres Beispiel für frühe forstliche Nachhaltigkeitsansätze stellt die Kiefernsaat im Nürnberger Reichswald dar. Der Montanunternehmer und Nürnberger Ratsherr Peter Stromer (1315–1388) forstete den durch Übernutzung aufgelichteten Nürnberger Reichswald durch gezieltes Ausbringen großer Mengen an Nadelholzsaatgut (im

Wesentlichen wohl Kiefern) bereits im 14. Jahrhundert wieder auf. Hier wird bereits die enge Verbindung zwischen Forstwirtschaft und Montanindustrie deutlich.

Blicken wir über das Thema dieses Buches, den Wald, hinaus, so werden wir hinsichtlich der Frage nachhaltigen Handelns und Denkens unter anderem bei den Philosophen René Descartes (1596–1650) und Baruch de Spinoza (1632–1677) oder auch bei dem Zoologen Ernst Haeckel (1834–1919) fündig[54]. Haeckel entwickelte nicht nur die Darwin'sche Evolutionstheorie (Charles Darwin, 1809–1882) weiter, sondern lieferte auch erstmals eine schlüssige Definition des Begriffes der Ökologie.

Es stellt sich daher die Frage, warum aus heutiger Sicht dem Werk des sächsischen Oberberghauptmannes von Carlowitz[214] so große Bedeutung beigemessen wird. Den Gedanken nachhaltigen Handelns, aber auch dessen Umsetzung, gab es offenbar doch bereits deutlich früher.

Die Bedeutung von Carlowitz' liegt aus heutiger Sicht wohl in der sich zeitlich „nahtlos" daran anschließenden Entwicklung der Forstwirtschaft zu einer wissenschaftlichen Disziplin und der Etablierung zahlreicher forstlicher Ausbildungsstätten durch die „Forstlichen Klassiker" (vgl. Kapitel 1).

Von Carlowitz steht am Anfang einer Entwicklung, die sich bis weit in das 19. Jahrhundert hinein erstreckte und die letztlich den weltweit hervorragenden Ruf mitteleuropäischer, schwerpunktmäßig deutscher Forstwirtschaft einschließlich forstlicher akademischer Ausbildung begründete. So waren beispielsweise für die Aufnahme eines forstwissenschaftlichen Studiums an der Yale School of Forestry in den USA bis in die erste Hälfte des 20. Jahrhunderts gute Deutschkenntnisse Voraussetzung.

Diese Entwicklung war mit zahlreichen Veränderungen auch der damaligen landesherrlichen Forstbetriebe verbunden. Führungskräfte in den landesherrlichen Forstverwaltungen (die mit unseren heutigen Staatsbetrieben vergleichbar sind) waren nicht mehr ausschließlich Personen mit „kameralistischer" Ausbildung (heute würden wir das am ehesten „Verwaltungsjuristen" und/oder „Verwaltungswirte" nennen), sondern auch Personen mit einem forstfachlichen akademischen Hintergrund. Die Waldbewirtschaftung erfolgte zunehmend nach klaren fachlichen Regeln auf biologischer und mathematischer Grundlage.

Die wissenschaftlichen Erfolge in den Naturwissenschaften, insbesondere in der Chemie, unterstützten diese Entwicklung: So konnte mit der Erfindung des Kunstdüngers durch Justus von Liebig (1803–1873) an der Universität Gießen die Produktivität der Landwirtschaft deutlich gesteigert werden. Damit war die Grundlage geschaffen, zahlreiche landwirtschaftliche Nebennutzungen des Waldes langsam, aber stetig zurückzudrängen und so den Weg für eine Erholung und Neubegründung der Wälder zu ebnen.

Insbesondere Streunutzung und Waldweide durch Rinder, Schafe und Ziegen als wichtige Hindernisse für die Begründung oder Verjüngung der Wälder konnten schrittweise, in einigen Gegenden schneller, in anderen weniger schnell, abgelöst werden.

Vereinfacht ausgedrückt bedeutete forstliche Nachhaltigkeit zu jener Zeit, dass in einem Forstbetrieb auf Sicht einer „Umtriebszeit" (also des Zeitraumes, nach dem eine bestimmte Baumart typischerweise geerntet wird, z. B. bei Fichte von ca. 100 Jahren) nicht mehr Holz genutzt werden sollte, als in diesem Zeitraum wieder nachwächst.

Dies lässt sich sehr schön mittels des „Normalwaldmodells"[9,191] veranschaulichen. Dabei handelt es sich um ein ursprünglich von Johann Christian Hundeshagen entworfenes Konzept zur Sicherung der nachhaltigen Holzproduktion.

Das Normalwaldmodell

Nehmen wir einmal an, dass nur eine einzige Baumart mit etwa gleichen Wuchsbedingungen (Standort) und gleicher forstlicher Behandlung angebaut wird. Für diese legen wir eine bestimmte Umtriebszeit (z. B. 100 Jahre) fest.
Die gesamte Waldfläche eines Forstbetriebes in Hektar geteilt durch die Umtriebszeit in Jahren ergibt dann die jährlich nutzbare, also zu erntende Fläche. Dabei werden immer die ältesten Bäume genutzt. Umfasst unser Forstbetrieb also 1000 Hektar, so dürfen dann theoretisch genau zehn Hektar geerntet werden, und es müssen zehn Hektar wieder aufgeforstet werden, damit der Waldbestand nicht abnimmt und in jedem zukünftigen Jahr die gleiche Menge Holz genutzt werden kann.
Das Normalwaldmodell wurde zwar für den ungleichaltrigen („Altersklassen"-)Wald entworfen, seine Grundidee ist allerdings unabhängig von der Art der Bewirtschaftung der Bestände. Sie ist also unabhängig davon, ob jedes Jahr durch Kahlschlag eine einzige Fläche genutzt und wieder aufgeforstet wird, oder ob die Nutzung auf vielen kleinen Flächen punktuell in einem Waldbestand erfolgt, wie im „Plenterwald", der lange Zeit für die süddeutschen Länder typisch war und vielfach heute noch ist.
Wir erkennen auch hier, dass sich forstliche Nachhaltigkeit zunächst im Wesentlichen auf die Holzproduktion bezog, d. h. wir haben es mit einem ökonomischen Nachhaltigkeitsansatz zu tun.

Grundsätzlich könnte man den (ökonomischen) Nachhaltigkeitsgedanken auch auf die finanziellen Erträge aus dem Wald bzw. dem Forstbetrieb beziehen. Dann sollten etwa einem Waldbesitzer, der aus den Produkten des Waldes seinen Lebensunterhalt bestreitet, jährlich – inflationsbereinigt – auch in etwa gleich hohe Erträge zufließen. Damit lösen wir uns gedanklich ein wenig vom Holzzuwachs, denn ein gleichbleibender Ertrag könnte auch aus anderen Produkten als der Holzernte, etwa aus der Jagd oder aus touristischen Angeboten, stammen.

Diese Sichtweise ist aus der betrieblichen Perspektive durchaus nachvollziehbar. Aus volkswirtschaftlicher Perspektive gäbe es dabei allerdings möglicherweise einige Probleme: Denn ganz aktuell erfahren wir, wie schnell und wie drastisch sich die Verfügbarkeit von Rohstoffen mit den (außen-)politischen Rahmenbedingungen ändern kann.

Somit sollte auch bei ausschließlicher Betrachtung der ökonomischen Nachhaltigkeit nicht allein die betriebliche Perspektive im Vordergrund stehen, sondern der Blick auf die Situation der gesamten Volkswirtschaft keinesfalls vernachlässigt werden.

NACHHALTIGKEIT UND GEMEINWOHL

Dieser Gedanke leitet über zur Frage, welche Rolle Wälder (über die individuellen wirtschaftlichen Erträge für ihre Eigentümer hinaus) in gesellschaftlicher Hinsicht spielen. Wie oben bereits erwähnt, gibt es in Deutschland wenige Branchen, welche so weitreichende Einschränkungen der (grundgesetzlich garantierten) Eigentümerrechte erfahren wie die Bewirtschafter der Wälder. Diese Einschränkungen leiten sich in rechtlicher Hinsicht im Wesentlichen aus der „Sozialklausel“ (Artikel 14, Absatz 4) des Grundgesetzes her: *„Eigentum verpflichtet. Sein Gebrauch soll zugleich dem Wohle der Allgemeinheit dienen.“*

Dies mag zu einem gewissen Teil in der besonderen emotionalen Rolle der Wälder für uns Menschen (vgl. Kapitel 2) begründet sein. Darüber hinaus spielt allerdings auch ein hoher, sehr konkreter gesellschaftlicher Nutzen (vgl. Kapitel 5) eine Rolle, der vom Wald und der Waldbewirtschaftung ausgeht und die Rechtfertigung für die Einschränkung der Eigentümerrechte liefert.

Rechtlich gesehen ist diese Denkweise durchaus korrekt. Aus Sicht des Waldeigentümers mag sich das anders anfühlen: Wenn schon der Wald und seine Bewirtschaftung so viele positive Wirkungen für die

Gesellschaft mit sich bringen, dann erscheint es nicht wirklich „gerecht", dass genau deshalb die Handlungsfreiheit des Eigentümers noch zusätzlich beschnitten wird.

Mit der Frage nach den Leistungen der Wälder einerseits und der Bewirtschaftung der Wälder, der Forstwirtschaft, andererseits für das Gemeinwohl begeben wir uns auf ein Feld, welches zunächst durch seine begriffliche Vielgestaltigkeit, ja teilweise Verwirrung auffällt[219].

Begriffe wie „Wohlfahrtswirkungen" oder „Infrastrukturleistungen" werden ebenso wie der Begriff der „Waldfunktionen"[33] verwendet. Es ist die Rede von „multifunktionaler Waldwirtschaft", von „Wirkungen" des Waldes und von „Leistungen" der Forstwirtschaft. Schließlich sind aktuell (und weit über das Ökosystem Wald hinausreichend) die „Ökosystem(dienst)leistungen" in aller Munde.

Wir wollen uns in diesem Kapitel einmal eingehender mit diesen unterschiedlichen „Rollen", die der Wald in unserer Gesellschaft spielt, auseinandersetzen. Wir müssen uns fragen, ob und worin sich die genannten Begriffe substantiell unterscheiden. Und wir müssen klären, was das Ganze mit Nachhaltigkeit zu tun hat.

WALDFUNKTIONEN ODER WALDPRODUKTE?

Die Frage nach den unterschiedlichen Waldfunktionen ist nicht neu, entsprechende Diskussionen darüber finden sich bereits zu Beginn des 19. Jahrhunderts[158]. Studentinnen und Studenten der Forstwissenschaften lernten über Jahrzehnte, dass wir drei grundlegende „Waldfunktionen"[33] kennen: die Nutz-, die Schutz- und die Erholungsfunktion.

Interessant ist dabei, dass auch in der DDR trotz einer eher unmittelbar produkt- und produktionsorientierten Ausrichtung der Volkswirtschaft diese Waldfunktionen durchaus anerkannt waren und diskutiert wurden[15,176].

Unter der Nutzfunktion verstehen wir dabei im Wesentlichen die Produktion des Rohstoffes „Holz" als Grundlage für die Weiterverarbeitung.

Diese wird gerne in eine „stoffliche" und eine „energetische" Nutzung unterschieden: Bei der stofflichen Nutzung finden wir das Holz – zumindest vorübergehend – als Teil bestimmter Produkte wie Möbel, Werkzeuge, Gebäude, Sportgeräte, Fahrzeuge und vielem mehr.

Energetische Nutzung bedeutet, vereinfacht gesagt, das Verbrennen des Holzes zur Energiegewinnung. Beide Nutzungswege sind, wie oben bereits angedeutet, in der Regel klimaneutral!

Die Schutzfunktion des Waldes beinhaltet eine Vielzahl an Facetten, sie reicht in traditioneller Definition vom Artenschutz über die Sicherung der Trinkwasserversorgung (wobei der Wald nicht immer besser abschneidet als bestimmte Agrarflächen), den Schutz vor Lawinen und Erosion im Gebirge und den Schutz vor Immissionen (z. B.

Abb. 48: Schutz vor Immissionen wie Lärm, Staub und Licht sollen in besonderem Maße die Wälder der Truppenübungsplätze gewährleisten.

Lärm, Staub oder Licht) bis hin zu ganz aktuellen Ansätzen des Schutzes vor klimatischen Veränderungen durch Kohlendioxidspeicherung bzw. CO_2-neutrale Produktion (vgl. auch Kapitel 5).

Bei den genannten Funktionen handelt es sich oft um „positive externe Effekte", welche, anders als etwa beim Holzverkauf, dem Waldbesitzer nicht individuell vergütet werden können. Unabhängig davon entstehen solche Wirkungen allerdings im Rahmen der (nachhaltigen) Holzproduktion und stellen auch einen Nutzen der Wälder dar, dessen gesellschaftlicher Wert nicht selten denjenigen der Holzproduktion übersteigt.

Die Erholungsfunktion des Waldes ist den Schutzfunktionen vom Wesen her sehr ähnlich. Zumindest dort, wo ein freies Betretungsrecht des Waldes existiert, d. h. wo der Waldbewirtschafter keinen individuellen „Eintrittspreis" vom Waldbesucher verlangen kann, stellt die Erholungsfunktion ebenfalls einen positiven externen Effekt der Waldbewirtschaftung dar.

Der Nutzen wird sozialisiert, d. h. die Bürger einer Region nutzen den Wald für sich „kostenlos", während die Kosten dafür privatisiert werden: Waldbewirtschafter müssen die negativen Folgen der Freizeitnutzung (Waldbrände, Abfallablagerungen, Fraßschäden durch Störung und Beunruhigung der Wildtiere, Verkehrssicherungspflicht u. v. m.) weitgehend allein tragen.

Um die Einteilung in Nutz-, Schutz- und Erholungsfunktion des Waldes entspann sich in der Vergangenheit eine intensive Diskussion in Fachkreisen. So wurde etwa vorgeschlagen, einerseits von Wirkungen des Waldes (ohne menschliches Zutun) und andererseits von Leistungen der Forstwirtschaft (durch spezifisch menschliches Handeln) zu sprechen[17]. Auch diese Einteilung wurde kritisch hinterfragt und stattdessen wurde empfohlen, den Begriff der „Produkte" zu verwenden[119].

Die letztgenannte Vorstellung dürfte am ehesten die Vielschichtigkeit des Nutzens widerspiegeln, welcher dem Waldbesitzer, der

Abb. 49: Als Teil der Erholungsfunktion des Waldes existiert in Deutschland ein sehr liberales Waldbetretungsrecht. Dieses gilt unabhängig davon, ob es sich um einen privaten oder öffentlichen Waldeigentümer handelt.

Gesellschaft oder beiden aus den Wäldern und deren Bewirtschaftung entsteht.

Dabei könnte man allenfalls noch hinsichtlich solcher „Produkte" unterscheiden, welche einen unmittelbaren Nutzen für den Waldbesitzer bzw. -eigentümer einerseits und einen mittelbaren gesellschaftlichen Nutzen andererseits mit sich bringen.

Auf Basis dieser „Produkte" könnte man in Zukunft auch diskutieren, wie der gesellschaftliche Nutzen einem Waldbesitzer vergütet werden kann.

In den letzten Jahren hat sich allerdings noch eine andere Begrifflichkeit herausgebildet: die „Leistungen": „Ökosystemleistungen" oder „Ökosystemdienstleistungen" sind zu einem geradezu inflationär gebrauchten Begriff aufgestiegen, der auch vor dem Wald und der Waldwirtschaft nicht Halt gemacht hat. Doch dazu später mehr.

DIE FORSTLICHE „KIELWASSERTHEORIE“

Im Zusammenhang mit den Diskussionen über die Waldfunktionen müssen wir uns zuvor noch einmal mit der forstlichen „Kielwassertheorie“ beschäftigen. Diese besagt, vereinfacht ausgedrückt, dass letztlich eine ordnungsgemäße Forstwirtschaft mit dem Ziel der Holzproduktion alle anderen Waldfunktionen praktisch „im Kielwasser“ mit hinter sich herzieht, d. h. abdeckt[166].

Schutz- und Erholungsfunktion, um einmal bei diesen Begriffen zu bleiben, wären damit „Nebenprodukte“ der ordnungsgemäßen, ökonomisch nachhaltigen Forstwirtschaft, welche quasi von selbst entstehen, solange die Waldbewirtschaftung ordnungsgemäß erfolgt.

Dieser Ansicht wird bis heute von zahlreichen Fachleuten vehement widersprochen, wobei die Diskussion nicht nur auf fachlicher, sondern auch auf politischer bzw. ideologischer Ebene geführt wurde und wird[35].

Vordergründig und rein fachlich gesehen war es wohl die Zunahme der gesellschaftlichen Anforderungen an den Wald, etwa seitens des Amts- und Verbandsnaturschutzes oder als Folge einer seinerzeit rapide wachsenden Freizeitindustrie, welche die Kielwassertheorie alsbald infrage stellten. Es wurde zusehends klar, dass eine einfache, auf Holzerzeugung ausgerichtete, durchaus ordnungsgemäße Forstwirtschaft diesen massiven gesellschaftlichen Anforderungen nicht mehr gewachsen war.

Möglicherweise passte aber auch die Vorstellung, dass, ganz im Sinne eines Adam Smith, das Streben nach Eigennutz (hier: die Holzproduktion) automatisch auch zahlreiche ökologische und soziale Wirkungen mit sich bringen sollte, einfach nicht mehr in das sozialliberale Weltbild der Bundesrepublik Deutschland der 1970er Jahre.

Interessant ist in diesem Zusammenhang allerdings, dass die in dieser Zeit erlassenen Waldgesetze, welche in wesentlichen Bestandteilen bis heute noch Gültigkeit haben, weitgehend auf der Vorstellung fußten, dass eine ordnungsgemäße Forstwirtschaft (mit dem primärem Ziel der Holzproduktion) durchaus in der Lage ist, die komplexen gesellschaftlichen Ansprüche zu erfüllen.

MULTIFUNKTIONALE WALDWIRTSCHAFT

Im Landeswaldgesetz Baden-Württembergs von 1976 heißt es etwa im § 12: „*Der Waldbesitzer ist verpflichtet, den Wald im Rahmen seiner Zweckbestimmung nach anerkannten forstlichen Grundsätzen nachhaltig, pfleglich, planmäßig und sachkundig zu bewirtschaften sowie die Belange der Umweltvorsorge zu berücksichtigen.*"

Diese theoretischen Ziele der Waldwirtschaft haben sich bis heute kaum verändert, wenngleich die forstliche Praxis diese Ziele heute auf ganz anderen Wegen zu erreichen versucht. So war seinerzeit eine waldbauliche Vorgehensweise mit Kahlschlägen und anschließender Aufforstung, oftmals mit Fichtenreinbeständen, in den Landes- und Kommunalforstverwaltungen und vielen privaten Forstbetrieben noch gang und gäbe.

Erst die 1980er Jahre brachten ein Umdenken. Einerseits traten in zunehmendem Maße Waldschäden (vgl. Kapitel 8) auf, von denen vor allem die produktiven und pflegeleichten Reinbestände, insbesondere der Fichte, betroffen waren. Andererseits mussten die „roten Zahlen" (es war die Zeit rapide steigender Löhne) der Forstbetriebe des Landes und der Kommunen den Bürgern und Steuerzahlern erklärt werden[35]. Die „Sozialfunktionen" des Waldes waren dazu hervorragend geeignet und wurden daher von der Forstpolitik zusehends in den Vordergrund gestellt.

Zwangsläufig führte diese Sichtweise zu einer Verringerung der ökonomischen Bedeutung (im Sinne sowohl der Holzerzeugung als auch einer Erzielung finanzieller Überschüsse) öffentlicher Wälder. „Wald“ wurde in der Kommunikation zusehends als ein „öffentliches Gut“ dargestellt, was vor allem die privaten Waldbesitzer bis heute benachteiligt. Üppige staatliche Transferzahlungen wie beispielsweise für die Landwirtschaft gab und gibt es bis heute nicht bzw. nur in einem deutlich geringeren Ausmaß. Das führt erwartungsgemäß zu wachsender Unzufriedenheit bei allen Beteiligten. Die Diskussion um die Frage der staatlichen Subventionierung der Forstwirtschaft erhitzt nach wie vor die Gemüter in vielerlei Hinsicht.

Der Begriff der „Multifunktionalen Waldwirtschaft“ versucht, die gesamte Diskussion um Wald und Gesellschaft der vergangenen Jahrzehnte zu subsumieren. Schematische Darstellungen zu diesem Thema werden dann leicht zu überfrachteten Schaubildern, welche in der Vielzahl und/oder der Redundanz ihrer Aspekte beinahe ins Absurde abgleiten. Dementsprechend wird dieser Begriff mittlerweile ebenfalls kritisch gesehen.

Ein weiteres Problem stellt die polarisierende öffentliche Diskussion dar, die mit der Reduktion komplexer Sachverhalte auf die einfachen Formeln „integrative, multifunktionale Waldwirtschaft = gut“ und „Segregation (räumliche Trennung unterschiedlicher forstlicher Wirtschaftsziele) = schlecht“ entsteht[199,200]. Dennoch sind die Multifunktionalität der Forstwirtschaft und das damit verbundene außerordentlich komplexe Beziehungs- und Wirkungsgefüge in Fachkreisen nach wie vor als Gedankenmodell anerkannt. Dies ist sicherlich auch deshalb der Fall, weil es extrem schwerfällt, die Vielzahl der einzelnen Wirkzusammenhänge zu separieren und unabhängig voneinander zu bewerten. Der Versuch führt nicht selten zu monokausalen Denkansätzen, welche dem Verständnis von Waldökosystemen und deren unterschiedlichen Nutzerinteressen eher abträglich sind. Die Diskussion um Wald und Wild (vgl. Kapitel 4) liefert ein anschauliches Beispiel hierfür.

Ob und inwiefern sich diese Vielfalt an Wirtschaftszielen auf ein und derselben Fläche und im Rahmen eines operationalen Wirtschaftskonzeptes eines konkreten Forstbetriebes tatsächlich umsetzen lässt, oder ob es sich bei dem Konzept der Multifunktionalität nicht doch eher um eine forstpolitische Absichtserklärung handelt, werden wir später noch einmal beleuchten.

ÖKOSYSTEM(DIENST)LEISTUNGEN

Wenn wir uns über die Multifunktionalität der Waldwirtschaft Gedanken machen, dann drängt sich auch die Frage nach den „Ökosystemleistungen" des Waldes ganz selbstverständlich auf.

Im Wesentlichen in den 1970er und 1980er Jahren entwickelt[31,221], erlebte der Begriff der Ökosystemleistungen in der jüngeren Vergangenheit einen deutlichen Aufschwung und gehört heute neben demjenigen der Nachhaltigkeit zu den in der Politik am meisten verwendeten, aber auch am meisten missbrauchten Begriffen.

Neben dem Begriff der „Ökosystemleistungen" wird – meist synonym – auch derjenige der „Ökosystemdienstleistungen" verwendet. Im Englischen ist üblicherweise von *„ecosystem services"* die Rede, was in der direkten Übersetzung gerne als „Dienste" oder „Dienstleistungen" interpretiert wird. Wir verstehen darunter Prozesse und Komponenten von Ökosystemen, die ihrerseits zu Gütern und Leistungen führen, welche Menschen aus Ökosystemen beziehen können[32,57].

Der Begriff „Ökosystemdienstleistungen" passt nicht wirklich, besitzt doch im allgemeinen Sprachgebrauch eine „Dienstleistung" einen klaren Auftrag und einen Auftraggeber, beides fehlt in Zusammenhang mit Ökosystemen. Eine „Leistung" ist demgegenüber der allgemeinere und passendere Begriff. Aus diesem Grunde sollte besser von Ökosystemleistungen gesprochen werden.

Eine Komponente oder ein Prozess innerhalb eines Ökosystems, hier also innerhalb eines Waldökosystems, wird zu einer Ökosystemleistung, sobald sie für einen Menschen, eine Gruppe von Menschen oder „die Gesellschaft" einen konkreten Nutzen bedeutet.

Ein nicht ganz unerheblicher Kritikpunkt an diesem Konzept ist das Risiko, wieder in eine längst überwunden geglaubte Denkweise der Nützlichkeit und Schädlichkeit, nicht nur von Organismen, sondern auch von Ökosystemen und darin ablaufenden Prozessen, abzugleiten[69,71].

Unter dem Konzept der Ökosystemleistungen lässt sich eine Vielzahl weiterer Ansätze der Nutzung natürlicher Ressourcen für das menschliche Wohlergehen, im Wesentlichen aus dem 19. und 20. Jahrhundert stammend, einordnen[50].

Bezogen auf das Thema Wald ist es vergleichsweise einfach, das Konzept der Waldfunktionen bzw. der multifunktionalen Waldwirtschaft auch in die Begrifflichkeit der Ökosystemleistungen zu übersetzen.

So sind beispielsweise die Bereitstellung von Energie- und Konstruktionsholz, die Erhaltung biologischer Vielfalt, der Schutz vor Erosion im Gebirge, die CO_2-Speicherung des Waldes, die Bereitstellung von Räumen zur Erholung, die Lieferung von Wildbret und vieles andere mehr typische Ökosystemleistungen von Waldökosystemen.

Wir müssen uns an dieser Stelle allerdings fragen, ob uns das Konzept der Ökosystemleistungen in den aktuellen Fragen des Umgangs mit unseren Wäldern wirklich entscheidend voranbringt. Unabhängig davon, ob wir die „Leistungen" der Wälder als Waldfunktionen, Leistungen für das Gemeinwohl oder als Ökosystemleistungen bezeichnen, bleibt das Grundproblem der Bewertung dieser Leistungen, insbesondere der Bewertung derjenigen Leistungen, für die keine oder keine funktionierenden Märkte bestehen.

Das Bewusstsein über die große ökologische und gesellschaftliche Bedeutung unserer Wälder wird aber allein nicht in der Lage sein, die bestehenden und in Zukunft vermutlich zunehmenden Verteilungskonflikte um das vermeintlich „öffentliche Gut“ Wald befriedigend zu lösen. Hierzu werden wir weitere, spezifische Instrumente benötigen.

CO_2-Zertifikate

Ein immer wieder diskutiertes Beispiel ist die Ausgabe von „CO_2-Zertifikaten“ z. B. für die Neubegründung oder auch für die nachhaltige Bewirtschaftung von Wald.

Derartige Zertifikate werden von Unternehmen benötigt, welche Kohlendioxid in signifikantem Ausmaß an die Atmosphäre abgeben und damit zur Anreicherung dieses klimawirksamen Abfallproduktes in der Atmosphäre beitragen. Wir können uns das System vereinfacht folgendermaßen vorstellen: Für eine bestimmte Menge CO_2-Ausstoß ist eine bestimmte Anzahl derartiger Zertifikate erforderlich. Produziert ein Unternehmen weniger Kohlendioxid, etwa weil es seine Anlagen modernisiert hat, kann es einen Teil seiner Zertifikate auf einem speziellen Zertifikate-Markt verkaufen. Ein anderes Unternehmen muss vielleicht Zertifikate dazukaufen. Solche Zertifikate können regelmäßig von staatlichen Stellen ausgegeben werden. Ein interessantes Instrument zur Bewertung von Ökosystemleistungen wäre es, wenn Unternehmen, die Kohlenstoff aus der Atmosphäre entnehmen und für eine bestimmte Zeit „binden“, darüber Zertifikate erhalten und diese handeln können.

Hier kämen Waldbesitzer bzw. –bewirtschafter ins Spiel. Sie könnten dadurch auf einem funktionierenden Markt für CO_2-Zertifikate die Ökosystemleistung „Kohlenstoffspeicherung“ durch den Erhalt und den anschließenden Verkauf derartiger Zertifikate vergütet bekommen.

Bislang ist dieses System in Deutschland erst in einem experimentellen Stadium, international ist man damit bereits weiter[177].

Am Beispiel der CO_2-Zertifikate (vgl. Kasten) zeigen sich sehr deutlich die Schwierigkeiten, welche mit der Monetarisierung von Ökosystemleistungen verbunden sind. So müsste verbindlich festgelegt werden, welche Nutzungsform (einschließlich „Nicht-Nutzung") welche Kohlenstoffbindung zu welchem Zeitpunkt im Leben eines Waldes mit sich bringt, für welchen Zeitraum diese Zertifikate Gültigkeit haben, wie das weitere Schicksal des geernteten Holzes in diese Berechnungen eingeht, ob die erst in der Zukunft anfallenden Leistungen abgezinst (d. h. auf ihren heutigen Wert reduziert) werden müssen und vieles mehr. Letztlich hat das Konzept der Ökosystemleistungen mit ganz ähnlichen Problemen zu kämpfen wie die oben erwähnten anderen Denkmodelle zu den gesellschaftlich relevanten Leistungen von Wäldern. Dies betrifft etwa die individuelle Zurechnung und Vergütungsfähigkeit für einzelne Forstbetriebe.

Ein großer Vorteil dieses Ansatzes ist die Tatsache, dass dieser nicht mehr spezifisch auf Wald und Forstwirtschaft fokussiert ist, sondern auch für Leistungen ganz anderer Ökosysteme (etwa Grünland, Weltmeere, Ackerflächen, Brachland usw.) anwendbar ist und somit eine Vergleichbarkeit herstellt.

DER BERICHT DER BRUNDTLAND-KOMMISSION

Die Weltkommission für Umwelt und Entwicklung (World Commission on Environment and Development) war ein Sachverständigengremium der Vereinten Nationen (UN) in den 1980er Jahren. Ihre Aufgabe war es, einen Bericht zu einer langfristigen umwelt- und sozialverträglichen globalen Entwicklung zu erarbeiten. Vorsitzende der Kommission war die ehemalige norwegische Ministerpräsidentin Gro Harlem Brundtland, weshalb die Kommission bis heute besser unter dem Namen „Brundtland-Kommission" bekannt ist.

Im Jahre 1987 veröffentlichte die Kommission den Bericht „Our common future“[227] und lieferte darin ein bis heute gültiges und weitgehend akzeptiertes Konzept der Nachhaltigkeit, welches über die klassische, forstliche Definition deutlich hinausgeht.

Der zentrale Satz in diesem Bericht lautet: „*Sustainable development meets the needs of the present without compromising the ability of future generations to meet their own needs.*“

Als nachhaltig wird demzufolge eine Entwicklung angesehen, welche sowohl auf die Bedürfnisse und deren Befriedigung der heutigen Generation als auch der zukünftigen Generationen blickt.

Eine Beschränkung auf bestimmte Sektoren oder bestimmte Arten von Bedürfnissen findet hier nicht statt. Das macht diesen Ansatz so umfassend und vielfältig anwendbar und es werden erstmals alle Dimensionen der Nachhaltigkeit erfasst. Später weiter ausformulierte Nachhaltigkeitsmodelle beruhen im Wesentlichen auf diesem Dreiklang der ökonomischen, der ökologischen und der sozio-kulturellen Dimension der Nachhaltigkeit.

Damit wird auch deutlich, dass einzelne Aktivitäten, wenn man sie nur isoliert betrachtet, sicherlich niemals „nachhaltig“ sein können. Weder die Neupflanzung oder Wiederaufforstung eines Hektars Wald noch die Versuche der Reduktion des CO_2-Ausstoßes eines Staates oder die Etablierung eines Nationalparks können, für sich genommen, diesen Anspruch erheben. Erst im Kontext anderer Handlungsalternativen betrachtet, stellt sich die eine oder andere Lösung als „nachhaltiger“ heraus.

Die simultane Betrachtung aller drei Dimensionen bedeutet allerdings auch, dass eine bestimmte Handlungsweise oder ein zugrundeliegendes Konzept die Idealvorstellung der Nachhaltigkeit immer nur annäherungsweise erreichen kann, eben weil menschliches Handeln immer einen Kompromiss aus widersprüchlichen Zielen und Ansprüchen darstellt.

Wenn wir den Blick zurück auf den Wald und dessen Bewirtschaftung lenken, so erkennen wir auch hier leicht, dass die unterschiedlichen Ansprüche an die Wälder durch unterschiedliche Individuen und gesellschaftliche Gruppen und deren Ziele immer auch Kompromisse erfordern.

Nachhaltiges Handeln im Sinne eines umfassenden Ansatzes, wie er im Brundtland-Bericht aufgezeigt wird, bedeutet daher, jegliches Handeln, aber auch jegliches Unterlassen daraufhin zu prüfen, ob alle drei Dimensionen, die ökonomische, die ökologische und die soziokulturelle, hinreichend berücksichtigt sind und wie vorhandene Zielkonflikte gelöst werden können.

Dennoch, auch das ist intuitiv klar, bewegen wir uns bis hier noch in einem ausgesprochen abstrakten Bereich. Dies soll das folgende Beispiel verdeutlichen:

Wenn wir vor der Situation stehen, zu entscheiden, wie mit einer Fläche, die durch Trockenheit oder Sturm entwaldet wurde, weiter verfahren werden soll, dann steht uns eine Vielzahl von Handlungsoptionen offen.

Wollen wir dem Waldgesetz folgen, dann muss muss eine standortgerechte Wiederbewaldung das Ziel sein. Viel mehr ist allerdings nicht vorgeschrieben, und das ist gut so. Doch wie kommen wir zu einer Entscheidung?

So ist zu entscheiden, ob dies durch Pflanzung oder durch Naturverjüngung, d. h. das Nutzen der aus der Nachbarschaft etwa durch Wind oder Tiere eingetragenen Baumsamen, erfolgen soll.

Welche Baumart soll in Zukunft eingesetzt werden? Wieder die Fichte, die hier vielleicht gerade vertrocknet ist oder entwurzelt wurde, die aber zumindest theoretisch gute Erträge verspricht? Oder die Buche, die hier gewachsen ist, bevor man vor 200 Jahren begann, Fichtenbestände zu pflanzen, auch wenn sie vielleicht geringere Erträge bringt?

Stattdessen besser die Douglasie, die vielleicht Trockenheit und Sturm besser übersteht, die aber von Naturschützern abgelehnt wird, weil sie seit der letzten Eiszeit in Europa nicht mehr vorkommt?

Oder eine Art (z. B. Libanonzeder) aus dem Mittelmeerraum, weil es ja durch den Klimawandel wärmer werden soll?

Oder machen wir gar nichts und lassen der Natur ihren Lauf? Auch dann wird ein Wald entstehen, zunächst für einige Jahrzehnte aus lichtliebenden Bäumen wie der Birke.

Eine weitere Frage ist, wie intensiv dieser Prozess der Wiederbewaldung unterstützt werden soll? Auf Offenflächen wächst je nach Bodenverhältnissen sehr schnell dichtes Gras und Himbeere bzw. Brombeere, welche das Wachstum der kleinen Bäume hemmen. Dürfen wir hier mit Herbiziden eingreifen? Und wo wir es dürfen, sollen wir das auch tun?

Alle paar Jahre vermehren sich bestimmte Mäusearten, welche ebenfalls durch Fraß die kleinen Bäume schädigen oder sogar eine ganze Forstkultur vernichten können. Dürfen bzw. sollen wir die Mäuse mit Gift bekämpfen?

Wie soll die Fläche gegen Verbiss durch Rehe und Hirsche geschützt werden? Mit einem Zaun, der die Bäumchen schützt, aber diese Fläche als Lebensraum für viele größere Wildtiere ausschließt? Und in dem zahlreiche Tiere sich verfangen können und qualvoll zu Tode kommen? Oder durch Schutz einzelner kleiner Bäume („Einzelschutz"), der teurer ist? Oder durch intensive Bejagung dieser Fläche ohne weitere Schutzmaßnahmen? Die ist meist noch teurer und es müssen an anderer Stelle Äsungsflächen und Ruhezonen geschaffen werden. Ruhezonen führen zu einem artgerechteren Leben der Wildtiere, erfordern aber, dass Waldbesucher nicht überall die Wege verlassen dürfen. Inwieweit ist es zulässig, hierzu das Betretensrecht des Waldes einzuschränken?

Das sind nur einige wenige Fragen, mit denen ein Waldbesitzer heute konfrontiert ist. Wir sehen, wie sehr ökologische (naturnaher Wald auch unter veränderten Klimabedingungen, Verzicht auf Pestizide, Artenschutz), ökonomische (Kosten und spätere Erträge, Schutz des Grundwassers) und sozio-kulturelle (Tierschutz bzw. Tierwohl und Erholungsnutzung) Dimensionen der Nachhaltigkeit schon von solchen einfachen, grundlegenden Entscheidungen betroffen sind und zueinander im Widerspruch stehen können.

Und wir erkennen auch: es gibt kein „nachhaltig" oder „nicht nachhaltig". Jede Entscheidung bedeutet immer ein Abwägen von Zielen untereinander und ebenso ein Abwägen der Wege, auf denen dieses Ziel erreicht werden soll.

IST ZERTIFIZIERUNG DIE LÖSUNG?

Um leichter zu einer Entscheidung im Sinne eines möglichst nachhaltigen Handelns zu gelangen (denn *das* nachhaltige Handeln gibt es nicht, siehe oben), bedarf es weiterer Hilfsmittel.

Solche wurden und werden von der Forschung, aber auch von Unternehmen und Verbänden in Form von Prinzipien, Kriterien und Indikatoren für nachhaltiges Handeln für viele Branchen entwickelt. Auch dazu, das liegt in der Natur der Sache, gibt es kein einheitliches System und keine einheitliche Vorgehensweise.

Für Forstwirtschaft oder Jagd existieren mittlerweile zahlreiche Ansätze, welche allerdings nicht statisch gesehen werden dürfen, sondern sich in einem stetigen Prozess der Weiterentwicklung befinden.[43,46,68,146,155,167,174,195]

In der Forstwirtschaft stehen derzeit zwei Anbieter von Zertifizierungssystemen im Vordergrund und, wenn auch nicht unmittelbar kommerziell tätig, so doch in unmittelbarem wirtschaftlichen Wettbewerb zueinander[46,146].

Die Frage, ob es für die hochentwickelte Forstwirtschaft und Waldgesetzgebung in Mitteleuropa einer Zertifizierung der Nachhaltigkeit von Forstbetrieben bedarf, wurde in den 1990er Jahren intensiv und sehr kontrovers diskutiert.

Mittlerweile hat die Entwicklung gezeigt, dass sich entsprechende Zertifikate zwar etabliert haben, allerdings nur einen geringen Einfluss auf die Wettbewerbssituation der zertifizierten Unternehmen haben. Holz aus einem zertifizierten Betrieb erzielt auf dem Markt kaum höhere Preise als aus nicht zertifizierten Unternehmen. Problematisch erscheint zudem, dass international gesehen teilweise deutlich unterschiedliche Maßstäbe hinsichtlich der Kriterien und Indikatoren angelegt werden. Auch der Wettbewerb zwischen Zertifizierungsorganisationen hat nicht nur Vorteile. Die Tatsache, dass die zertifizierten Forstbetriebe das Zertifizierungsunternehmen letztlich bezahlen, ist dem Vertrauen des Endverbrauchers in derartige Zertifikate nicht unbedingt zuträglich.

Schließlich decken auch die beiden in Deutschland marktführenden Zertifikate lediglich Teilbereiche nachhaltigen Handelns ab. So wird beispielsweise die Nachhaltigkeit des Wildtiermanagements von keinem der beiden Zertifizierungssysteme konsequent aufgegriffen. Bestimmte Wildtiere wie Rehe und Hirsche kommen in den entsprechenden Dokumenten lediglich als Schädlinge vor. Dies führt zu großen „blinden Flecken“ in Bezug auf die ökologische (Artenschutz für alle Arten) und die sozio-kulturelle (z. B. Tierwohl) Nachhaltigkeit.

WOHIN GEHT DIE ENTWICKLUNG?

Wir erkennen, dass Nachhaltigkeit der Waldwirtschaft sich seit den Anfängen im 18. und 19. Jahrhundert zu einem umfassenden Konzept entwickelt hat, welches neben der Sicherung der Holzversorgung die umfassenden Leistungen von Wäldern ebenso im Auge hat wie die ethischen Anforderungen, welche eine Gesellschaft heute stellt.

Das gesamte Spektrum der Leistungen von Wäldern wird sich nie innerhalb ein und desselben Unternehmens in gleichem Maße darstellen lassen. Eine gewisse Spezialisierung, eine Priorisierung der Betriebsziele ist daher unausweichlich. Dies darf allerdings nicht bedeuten, dass diejenigen Leistungen der Wälder, welche über das Kerngeschäft hinaus gehen, völlig vernachlässigt werden. Etwas „Segregation" ist unvermeidbar, doch ist die Ressource „Wald" ganz klar für eine integrative Bewirtschaftung prädestiniert.

So sollte es in Zukunft nicht sein, dass ein Forstbetrieb mit dem Schwerpunkt Holzproduktion sich für heimische Wildtiere nur insoweit interessiert, als es gelingen muss, diese so rationell wie möglich zu eliminieren, sobald sie Fraßschäden verursachen.

Genauso wenig kann und darf ein kommunaler Forstbetrieb mit dem Schwerpunkt Erholung und Walderlebnis zu einem „forstlichen Disneyland" werden, in dem kein Holz geerntet werden darf, weil das vielleicht bei den Besuchern (also Bürgern und Wählern) nicht gut ankommt.

Und Naturschutz im Wald darf nicht automatisch dazu führen, dass auf nahezu alle Nutzungen verzichtet werden muss.

Es werden sich nie alle Ziele auf ein und derselben Fläche in gleichem Maße nachhaltig erreichen lassen. Es ist allerdings von einem Waldbesitzer bzw. Forstbetrieb zu erwarten, dass schlüssig dargelegt wird, welche Ziele mit welcher Priorität verfolgt werden und inwieweit ökologische, ökonomische und sozio-kulturelle Nachhaltigkeit auch in Bezug auf die nachrangigen Ziele zumindest insofern gewährleistet wird, als diese die primären Ziele nicht beeinträchtigen.

In diesem Zusammenhang sind klare Prinzipien, Kriterien und Indikatoren der Nachhaltigkeit hilfreich und wichtig. Forstliche

Zertifikate, die wir heute als Aufdruck auf nahezu jedem Produkt finden, in dem Holz verarbeitet wurde, liefern diese in gewissem Umfang. Wie wir gesehen haben, führen die bestehenden Zertifikate allerdings oft ins Leere, da sie viele Aspekte (z. B. den Umgang mit Wildtieren oder Biodiversität), welche für den Verbraucher wichtig sind oder sein können, nur unzureichend oder gar nicht abbilden.

Nun könnte man, wenn denn freiwillige Zertifizierungssysteme nicht hinreichend funktionieren, als eine Art Maximallösung entsprechende Regelungen seitens des Gesetzgebers fordern. Dies ist allerdings insofern realitätsfremd, als einerseits, wie wir gesehen haben, ein bestimmter Prozess nie zu 100 Prozent nachhaltig sein kann, sondern immer diesbezüglich einen Kompromiss zwischen unterschiedlichen Zielen und Methoden darstellt. Diese subjektive Komponente ist in einem Zertifizierungsaudit gut darzulegen, in einer staatlichen Verordnung aber kaum zu erfassen. Und: Nicht alles, was gesetzlich erlaubt ist, muss auch zwingend nachhaltig sein.

Schließlich: Wir erleben jeden Tag, sei es bei der Deutschen Bahn, sei es bei Staatsforstbetrieben, wie schnell staatliche Unternehmen an ihre Grenzen gelangen und Kundenorientierung oder Dienstleistungsmentalität dann als erstes auf der Strecke bleibt.

Die Lösung kann also keinesfalls in einem Ruf nach mehr Staat liegen. Aktuell ist es daher dringlich, dass forstliche Unternehmen in hohem Maße Eigenverantwortung übernehmen und im Rahmen dessen ein individuelles Nachhaltigkeitskonzept erstellen. Zahlreiche Privatforstbetriebe, die als Familienunternehmen bereits über Generationen existieren, zeigen, wie das funktionieren kann. Auch wenn sich diese Leistungen oft nicht in Zertifikaten messen lassen, so kommen sie doch dem Unternehmen ebenso wie der Gesellschaft zugute.

Für die forstlichen Zertifizierungsorganisationen ist es in Zukunft wichtig, sich aus der derzeit noch ausgesprochen engen, teils dogmatischen und rein „waldorientierten" Sichtweise zu lösen und alle drei Dimensionen der Nachhaltigkeit konsequent und „meinungsunabhängig" zu adressieren.

7. URWALD - NATURWALD - WIRTSCHAFTSWALD

Wenn wir an Wälder denken, dann haben die meisten Menschen ein ganz bestimmtes Bild vor Augen, eine spezifische Stimmung oder sogar sehr konkrete Sinneseindrücke wie Vogelstimmen, Harzgeruch oder Sonnenstrahlen, die durch das Blätterdach fallen. Dies ist, wie wir in Kapitel 2 erfahren haben, oft die Folge eines Waldbildes, welches sich aus eigenen kindlichen Erlebnissen, aber auch aus Geschichten oder Märchen der Kindheit formt und bei jedem Menschen anders, teils von Vertrautheit, teils von Staunen, aber oft auch von ein wenig Furcht bestimmt ist.

Vielleicht ist es der ein wenig verstaubt erscheinende Begriff der „Ehrfurcht", der diese Empfindungen am besten beschreibt.

Doch welchen Wald spiegeln diese Bilder wider? Vor welchem Wald empfinden wir diese Ehrfurcht? Ist es ein Urwald, wie er uns nur noch an wenigen Orten dieser Erde begegnet und ihn die meisten Menschen noch nie zu Gesicht bekommen haben? Vermutlich nicht.

Oder ein Fichtenforst, aufgeräumt, mit gut begehbaren Wegen, mit Harzgeruch, hier und da sonnigen Kahlschlägen oder Forstkulturen, auf denen Insekten summen und vielleicht, mit viel Glück, auch einmal ein Reh zu beobachten ist? Schon eher. Denn solche Wälder zeigen aus der Sicht vieler Menschen, aus Sicht des „normalen" Waldbesuchers durchaus ein abwechslungsreiches Bild.

Vielleicht ist es aber auch folgendes Bild, welches sich vor dem geistigen Auge wiederfindet: ein Laubmischwald mit grünem Blätterdach, durch das an einigen Stellen der Himmel sichtbar wird, das Rauschen der Blätter im Wind, verschiedene Baumarten, das zarte Grün im Frühjahr, die bunte Färbung im Herbst, eine gewisse Trostlosigkeit im Winter, wenn sich die Bäume kahl vor grauem Himmel abheben und nur die eine oder andere Fichte, Kiefer oder Douglasie einen Farbtupfer bietet.

In diesem Kapitel wollen wir die unterschiedlichen Erscheinungsformen von „Wald" einmal aus fachlicher Perspektive beleuchten und auch die Frage stellen, welche Wälder wir in Zukunft brauchen, oder auch, welche Wälder wir uns für die Zukunft wünschen.

WALDGESELLSCHAFTEN

Bäume können in der freien Landschaft als Einzelwesen auftreten, sie können aber auch als Gruppe einen Wald bilden. Je nach den Standortbedingungen, also den ökologischen Rahmenbedingungen, finden wir ganz bestimmte Muster, in denen sich Bäume, Sträucher und Bodenvegetation, also krautige Pflanzen, zusammenfinden. In der Vegetationskunde sprechen wir dabei auch von „Waldgesellschaften". Diese werden teilweise sehr detailliert beschrieben und mit wissenschaftlichen Namen versehen.

So weit wollen wir hier nicht in die Tiefe gehen. Für das Verständnis dieses Kapitels ist es dennoch wichtig, einige grundlegende Fakten zu kennen[26]. Mitteleuropa war nicht immer bewaldet. Nach der letzten Eiszeit, genauer nach deren Höhepunkt vor etwa 12 000 bis 14 000 Jahren, bestand unsere Landschaft für viele Jahrhunderte aus Steppenlandschaften, in denen es zwar kalt, aber auch trocken war, so dass sich keine Wälder bilden konnten. Wir erinnern uns (Kapitel 3), dass Wälder einen Mindestniederschlag von etwa 400 Millimeter pro Jahr benötigen.

Nachdem die Bedingungen für Bäume wieder erträglich wurden, kam es zu einer „Rückwanderung" der einzelnen Baumarten, die meist im Mittelmeerraum oder in Kleinasien überdauert hatten.

Nun sind Bäume eher ortsunbeweglich. Sie können also nicht selbständig zurückwandern. Eine solche Rückwanderung erfolgt über die Samen der Bäume, welche etwa von Wind, Wasser, Tieren oder über kleine Strecken auch durch die Schwerkraft verbreitet werden.

Am schnellsten verbreiten sich die Bäume mit leichten, vom Wind gut transportierbaren Samen. Auch die Windbestäubung der Blüten hatte in dieser noch sehr kalten Umgebung Vorteile gegenüber der Insektenbestäubung. Solche Baumarten, die auch ein weites ökologisches Spektrum aufweisen, die also unter sehr unterschiedlichen ökologischen Bedingungen gedeihen können, sind etwa Kiefer und Birke, welche auch als erste in Mitteleuropa wieder auftraten. Es folgten Haseln, Eichen, Ulmen, Ahorne, später Fichten, Buchen und Tannen. Diese Reihenfolge ist letztlich das Resultat aus Verbreitungsgeschwindigkeit (Samen- und Pollenverbreitung durch den Wind) sowie Boden und Klima.

Heute wird viel daüber spekuliert, wie unsere Wälder ohne Einfluss des Menschen aussähen. Solche „was-wäre-wenn"-Fragen sind sowohl aus historischer als auch aus ökologischer Sicht unbefriedigend, denn der Mensch trat nun einmal mit Macht auf und hat die Entwicklung der Ökosysteme beeinflusst. So können wir keine eindeutige Antwort darauf geben. Wir können allerdings versuchen, aus Befunden der „Pollenanalyse"[103] Rückschlüsse auf die flächenhafte Verbreitung bestimmter Baumarten zu ziehen. Dieser Zweig der Botanik analysiert im Labor Sedimentschichten etwa vom Grunde alter Gewässer hinsichtlich ihrer Pollenmenge und -zusammensetzung.

BUCHENWÄLDER

Aus diesen Analysen geht hervor, dass Mitteleuropa von alters her von Buchenwäldern dominiert wird. Dies liegt daran, dass die Buche – zumindest bislang – auf den meisten Standorten und Böden Mitteleuropas die konkurrenzstärkste Baumart bildet. Dies liegt unter anderem an der vergleichsweise hohen Qualität der meisten Böden, dem ozeanisch geprägten Klima mit vergleichsweise hohen Niederschlägen und hoher Luftfeuchte.

Abb. 51: Schattenbaumart Buche: Unmittelbar unter dem Schirm der Altbuche wächst bereits ein wenig Verjüngung, in kleinen Bestandeslücken dahinter finden wir üppige Naturverjüngung der Buche.

Licht- und Schattenbaumarten

In der Waldökologie unterscheiden wir „Licht- und Schattenbaumarten". Eichen oder Kiefern sind typische Lichtbaumarten, die Krone ist nicht sehr dicht, so dass viel Licht auf den Boden fallen kann. Die Samen dieser Bäume benötigen dieses Licht, um keimen zu können. Schattenbaumarten haben dichte Kronen, die wenig Licht zum Waldboden durchlassen. Man sagt: *„Lichtbaumarten geben Licht und brauchen Licht, Schattenbaumarten geben Schatten und brauchen Schatten"*. Das stimmt nur teilweise, lässt sich aber gut merken. Junge Buchen sind sehr schattentolerant, d. h. sie keimen und wachsen mit vergleichsweise wenig Licht. Eine Eiche oder Birke würde dort, wo eine kleine Buche keimt und die ersten Lebensjahre wächst, aus Lichtmangel entweder nicht keimen oder später zugrunde gehen.

Allerdings sehen wir auch bei der Buche, dass die Verjüngung erst dann kräftig einsetzt, wenn, etwa durch eine Lücke im Bestand, mehr Licht auf den Boden fällt (vgl. Abbildung 51).

Bei der Tanne geht die Schattentoleranz sogar so weit, dass viele Jahrzehnte alte Bäume oft nur wenige Meter hoch sind, im Unterstand eines Altbestandes stehen und gelegentlich sogar erst in der Folgegeneration nach beinahe einem Jahrhundert in den Oberstand einwachsen.

Der entscheidende Faktor ist aber das Licht: Die Buche ist eine Schattenbaumart, sie bildet ein sehr dichtes Kronendach, welches nur sehr wenig Licht auf den Boden fallen lässt. Die jungen Buchen bzw. die Keimlinge sind aber unter diesen lichtarmen Bedingungen den kleinen Eichen, Eschen, Fichten oder Kiefern weit überlegen.

Buchenwälder finden sich unter anderem auf nährstoffreichen Kalkstandorten, wir sprechen dann vom „Kalkbuchenwald". Diese Wälder sind ausgesprochen vital und wüchsig, sofern die Wasserversorgung stimmt. Esche und Ahorn sind dann typische Mischbaumarten, selten auch die Eibe (vgl. Abbildung 52). Nach mehreren

Abb. 52: Gelegentlich finden wir auch die Eibe als seltene Mischbaumart im Unterstand von Buchenwäldern.

Trockenjahren, wie in den späten 2010er Jahren, kommen diese Wälder allerdings auch an ihre Grenzen.

Ähnlich leistungsfähig sind die „Braunerde-Buchenwälder“. Bei guter Wasserversorgung sind auch hier Mischbaumarten wie Esche und Ahorn typisch, auf trockeneren Böden kommen Eiche oder Linde als Mischbaumarten in geringem Umfang ins Spiel.

Diese Buchenwaldgesellschaften wurden in der Vergangenheit schon früh durch die Landwirtschaft verdrängt, denn die Braunerden sind auch hervorragende Böden für die landwirtschaftliche Nutzung.

Auf eher sauren und nährstoffärmeren Böden finden wir die „bodensauren Buchenwälder“. Auch diese sind zu großen Teilen an die Landwirtschaft, aber auch an den Anbau der Fichte verloren gegangen.

Die Buche fehlt in den Auwäldern, d. h. im unmittelbaren Überflutungsbereich der Flüsse, in den oberen Lagen des Hochgebirges und auf besonderen, z. B. sehr flachgründigen, trockenen Standorten. Letztere sind häufig von der Traubeneiche besiedelt.

Dort, wo sich die natürlichen Verbreitungsgebiete von Buche sowie Tanne und Fichte überschneiden, also im Wesentlichen in Süddeutschland, finden wir auch Mischwälder aus Buche, Fichte und Tanne. Mit zunehmender Höhenlage wird die Buche konkurrenzschwächer und die Nadelbaumarten werden häufiger, bis sie ganz fehlt. Zusätzlich finden wir in diesen Bergmischwäldern auch den Bergahorn.

EICHENWÄLDER

Die Frage, welche Rolle die Eichenwälder von Natur aus in Mitteleuropa spielten, ist schwer zu beantworten, da kaum eine andere Art, außer vielleicht der Fichte, so sehr vom Menschen in ihrer Verbreitung beeinflusst worden ist. Seit dem Sesshaftwerden der Menschen war die Eiche für sie die wichtigste Baumart (vgl. Kapitel 1) und vermutlich hängt auch der Mythos, welcher hierzulande mit dieser Species verbunden ist (vgl. Kapitel 2), damit zusammen: Sie sorgte für Schweinemast im Wald sowie für Bauholz und Rinde zum Gerben und deckte damit einen Großteil der Lebensgrundlagen der Menschen ab. Eichenwälder wurden gerodet, gingen vielleicht durch Übernutzung schon früh zugrunde, wurden künstlich angelegt, Saatgut wurde verbreitet. Die berühmten Eichenwälder im Spessart konnten nur überleben, weil der Mensch stetig zu ihren Gunsten forstlich eingegriffen hat. Ohne menschliche Eingriffe würden dort meist Buchenwälder wachsen.

Von Natur aus finden wir die (Stiel-)Eiche in Auwäldern (vgl. unten), aber es gibt auch im Flachland weitere Standortbedingungen, wo sie der Buche überlegen ist, dort oft mit der Hainbuche vergesellschaftet (Eichen-Hainbuchen-Wälder). Arme, saure Standorte, etwa in Norddeutschland, waren ursprünglich häufig mit Eichen-Birken-Wäldern besiedelt und wurden durch den Menschen oft in Kiefernwälder umgewandelt. Trockene (weniger als 650 Millimeter Jahresniederschlag), ärmere und flachgründigere Standorte sind die Domäne der (Trauben-)Eiche, hier ist diese der Buche klar überlegen.

AUWÄLDER

Ganz spezifische Waldgesellschaften bilden die Auwälder, welche durch das Wasserregime (jahreszeitlicher Verlauf des Wasserstandes eines Gewässers) der Flüsse, insbesondere regelmäßige Überflutungsereignisse, aber auch die hohe Dynamik des Wassers beeinflusst sind. Traditionell unterscheiden wir die Hartholzauen und die Weichholzauen. Letztere finden sich unmittelbar am Wasser, erstere etwas weiter landwärts. Durch Deiche, Siedlungen und Landwirtschaft sind heute nahezu alle ursprünglichen Auwälder zerstört, an den großen

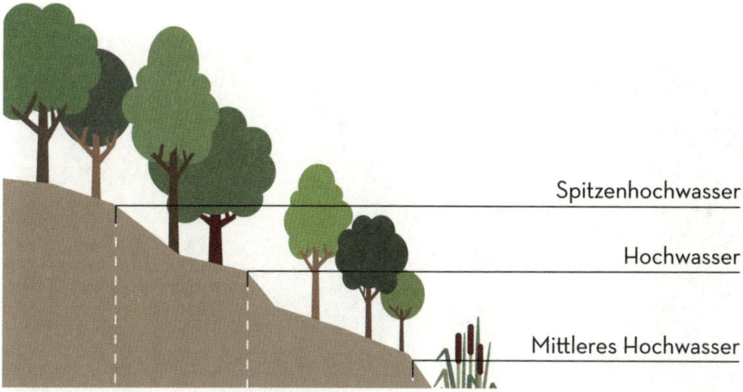

Abb. 53: Schematische Darstellung eines typischen Auwaldes mit Weich- und Hartholzaue.

Flüssen finden wir lediglich minimale Reste, einige kleinere Alpenflüsse zeigen noch die charakteristische Begleitvegetation (vgl. Abbildung 53). Die Hartholzauen werden beispielsweise von Eichen, Ulmen, Eschen und Ahorn gebildet, wobei die Stieleiche die bestandsprägende Art darstellt. Sie werden etwa ein- bis zweimal im Jahr zwischen 20 und 50 Tagen mit 0,5 bis 3 Meter überflutet. Weichholzauen beinhalten meist Weiden, Pappeln oder Erlen. Sie liegen unmittelbar am Gewässer und müssen dementsprechend resistent nachgiebig gegenüber dem Überströmtwerden sein (vgl. Abbildung 54).

Auwälder sind auch der natürliche Lebensraum des Rotwildes und anderer großer Wildwiederkäuer im Winter. Von Natur aus würden die Tiere aus ihren Sommerlebensräumen im Mittel- und Hochgebirge im Herbst in die Auwälder wandern. Dort ist es deutlich wärmer, es ist hinreichend Nahrung und Deckung in Form der Weichholzarten vorhanden. Diese werden durch die Fraßeinwirkung nicht geschädigt, sondern treiben nach Beweidung problemlos wieder aus. Ein Großteil der Probleme, welche die Forstwirtschaft mit den großen Pflanzenfressern hat, ist im Verschwinden der Auwälder bzw. in deren Nichterreichbarkeit begründet.

Abb. 54: Weiden an Gewässern - charakteristisch sind die weichen, nachgiebigen Zweige, die bei Überflutung dem Wasser wenig starren Widerstand entgegensetzen.

TANNEN- UND FICHTENWÄLDER

Während die Tanne eine typische Mischbaumart darstellt und nur unter speziellen Bedingungen Reinbestände bildet, finden wir die Fichte durchaus bestandsbildend in den Hochlagen verschiedener Mittelgebirge, etwa im Harz sowie im Hochgebirge. Allerdings tritt sie auch dort nur selten im Reinbestand auf (vgl. Abbildung 55). In tieferen Lagen ist diese Baumart von Natur aus der Konkurrenz der Buche weit unterlegen. Lediglich die Ränder der Moore sind hier natürliche Fichtenstandorte. Die Fichtenwälder des Flachlandes sind nahezu ausnahmslos durch die Forstwirtschaft entstanden, insbesondere im frühen 19. Jahrhundert, als große Flächen zerstörten und übernutzten Waldes wieder aufgeforstet werden mussten. Die Fichte war vergleichsweise einfach zu bewirtschaften, schnellwüchsig und leicht zu be- und verarbeiten, so dass die Ansprüche von Handwerk und Industrie gut erfüllt werden konnten und eine zügige Wiederbewaldung ermöglicht wurde. Was damals sicher eine absolut richtige Entscheidung war, wäre heute, wie wir noch sehen werden, zumindest in diesem Umfang nicht mehr angebracht.

Abb. 55: Hercynischer Bergmischwald mit Buche und Fichte im Oberharz

KIEFERNWÄLDER

Die Kiefer besiedelte Mitteleuropa bald nach dem Höhepunkt der letzten Eiszeit zusammen mit der Birke. Kiefern haben ein breites ökologisches Spektrum und sind durch ihre Eigenschaft als Lichtbaumart sowie ihre Windbestäubung und Samenverbreitung durch den Wind in der Lage, zügig waldfreie Flächen zu besiedeln. Wir sprechen bei Kiefern (und etwa auch Birken) daher von „Pionierbaumarten".

Die Kiefer kann demzufolge auch ein breites Spektrum an Standorten nutzen, wird aber auf den meisten Standorten von Natur aus von anspruchsvolleren Baumarten, etwa der Buche, verdrängt. Die Kiefer gehört also flächendeckend als Mischbaumart in das Spektrum der Baumarten, bestandsbildend wird sie aber von Natur aus dort auftreten, wo die anderen Baumarten konkurrenzschwach sind.

Für den waldbaulichen Einsatz der Kiefer bedeutete dies, dass sie seit Beginn des 19. Jahrhunderts oftmals dort in Reinbeständen angebaut wurde, wo die Standortverhältnisse für den Anbau der Fichte ungeeignet waren, also eher auf den ärmeren, trockeneren, aber auch auf den ausgesprochen feuchten Standorten.

Für die aktuelle Situation unter den Bedingungen des Klimawandels bietet die Kiefer vor allem als Mischbaumart daher auch große Chancen: Ihr umfangreiches natürliches Verbreitungsgebiet und ihre Anpassung auch an extreme Standorte lässt, ähnlich wie bei der Eiche, hoffen, dass wir auch für die standörtlichen Veränderungen durch den Klimawandel geeignetes, anpassungsfähiges Saat- und Pflanzgut finden werden.

URWÄLDER UND WALDWILDNIS

In engem Zusammenhang mit der Frage nach den von Natur aus vorhandenen Waldgesellschaften Mitteleuropas steht naturgemäß auch diejenige nach dem Vorhandensein von Resten dieser Wälder, also nach den Urwäldern. Die Antwort auf diese Frage hängt zunächst einmal davon ab, wie wir den Begriff überhaupt definieren, das heißt also, was genau wir als „Urwald“ bezeichnen. Dabei ist zu bedenken: Die Wälder, welche die Römer vor rund 2000 Jahren in den rechtsrheinischen germanischen Siedlungsgebieten vorfanden, waren zum größten Teil sicherlich Urwälder. Sie waren mehrheitlich noch nie zuvor von Menschen genutzt, vielleicht sogar noch nie von einem Menschen betreten worden.

Siedlungsnahe Wälder, die zur Waldweide oder zum Brennholzsammeln genutzt wurden, waren allerdings bereits damals keine Urwälder mehr.

Abb. 56: Auwald im Donaudelta in Rumänien: Naturwald ja, Urwald nein, da uraltes menschliches Siedlungsgebiet

Dieses Bild des Urwaldes spiegelt sich auch in der heute zumindest unter Fachleuten anerkannten Definition des Schweizer Forstwissenschaftlers und Urwaldforschers Hans Leibundgut (1909–1993) wider, welche die bislang wohl präziseste Beschreibung darstellt:

„Urwälder sind Wälder, die über die Jahrhunderte hinweg niemals vom Menschen in ihrem natürlichen Lebensablauf beeinflusst wurden."

Damit ist indirekt auch gesagt, dass ein Wald, in dem noch nie ein Baum gefällt wurde, nicht zwingend einen Urwald darstellt. Dennoch besteht bis heute bei vielen Menschen, selbst bei Forstleuten, oft die Vorstellung, dass ein Urwald ein Wald ohne Holzernte ist. Allerdings haben in der Vergangenheit Phänomene wie Waldweide, Laubstreu-

Abb. 57: Urwald oder nicht? Auwald im Nationalpark von Białowieża

nutzung und vermutlich sogar die Jagd einen viel größeren Einfluss auf Waldökosysteme ausgeübt als etwa die regelmäßige Entnahme einzelner Bäume. Dies ist eine wichtige Erkenntnis, insbesondere wenn wir uns über Naturschutzkonzepte in Wäldern Gedanken machen.

Was heute in den Medien oder in der Selbstdarstellung bzw. im Marketing von Gemeinden oder Organisationen als „Urwald" bezeichnet wird, sind keine Urwälder. Oft handelt es sich um „alte Wälder", also Wälder, deren älteste Bäume älter als 200 Jahre sind, „Prozessschutzflächen" in Nationalparken (vgl. unten) oder sogar alte Hutewälder (z. B. der „Urwald Sababurg" in Nordhessen).

Abb. 58: Beinahe 500 Jahre ohne Holznutzung: Der Mischwald auf der Insel Vilm besteht im wesentlichen aus Buche und Eiche, doch weitere menschliche Einflüsse sind nicht ganz unwahrscheinlich. Daher eher ein Naturwald, kein echter Urwald.

In den allermeisten Fällen handelt es sich allerdings um zumindest in der Vergangenheit intensiv genutzte Wirtschaftswälder. Der Wald auf der Insel Vilm (vgl. Abbildung 58) im Rügenschen Bodden kommt einem Urwald schon beachtlich nahe, doch auch hierbei handelt es sich strenggenommen um einen naturnahen Wald.

Selbst wenn wir europaweit suchen und uns etwa den Białowieża Nationalpark (vgl. Abbildung 57) an der Grenze zwischen Polen und Belarus, den Nationalpark Biogradska Gora in Montenegro oder die großen, unberührt erscheinenden Buchenwälder der rumänischen Karpaten ansehen, so ist sogar dort unklar, ob und in welchem Umfang in der Vergangenheit Nutzungen stattfanden – beispielsweise Jagd oder Köhlerei –, welche einen Einfluss auf den Wald hatten. Zumindest handelt es sich bei den genannten um Naturwälder (vgl. unten).

Echte Urwälder sind heute im Wesentlichen auf die zivilisationsfernen Regionen Lateinamerikas, Afrikas und Asiens beschränkt. Und auch hier stellt sich die Frage, ob wir im Sinne der oben erwähnten Definition überhaupt noch von Urwäldern sprechen können: Spätestens durch die Emission und großflächige Verteilung von Luftschadstoffen oder den globalen Klimawandel sind auch diese Ökosysteme nicht mehr vom Menschen unbeeinflusst!

Eng damit verknüpft, doch noch schwieriger zu beantworten als die Frage nach den Urwäldern, ist diejenige nach der Existenz von „Wildnis". Derzeit finden wir keine auch nur über die Grenzen einzelner Gruppen oder Organisationen hinaus akzeptierte Definition dieses Begriffes.

Man hat sogar den Eindruck, jeder versteht etwas anderes unter Wildnis. Da gibt es uralte, wirkmächtige Bilder: Wildnis ist im Alten Testament der Ort, an den Adam und Eva gelangten, nachdem sie aus dem Paradies vertrieben wurden. Später, im Neuen Testament, war es die Wildnis, in der sich Jesus 40 Tage lang mit dem Teufel auseinanderzusetzen hatte. Beides sicher keine einladenden Örtlichkeiten.

Negativ besetzt, wenngleich aus ganz anderen Gründen, ist „Wildnis" auch bei denjenigen Menschen, die bereits das ungepflegte Grundstück des Nachbarn dementsprechend einordnen.

Andere versuchen, den Wildnisbegriff mit Inhalten aus dem Naturschutz zu füllen. So etwa das Bundesamt für Naturschutz, dessen Wildnisdefinition weitgehend einer Definition für ein bestimmtes Naturschutzkonzept, den Prozessschutz, gleicht.

Wieder andere Ansätze, so etwa derjenige des Forstwissenschaftlers, Wildökologen und Begründers der Naturschutzbewegung Aldo Leopold (1887–1948), definieren Wildnis vom Menschen her (vgl. Kapitel 2). Die von Leopold begründeten ersten Wildnisgebiete in den USA sind somit auch Orte, an denen Menschen in einer sehr ursprünglichen Form Mensch sein dürfen, aus denen aber technische Errungenschaften wie Mountainbike oder Gasgrill ferngehalten werden sollen.

Darüber hinaus gibt es zahlreiche weitere Vorstellungen von dem, was Wildnis sein kann, von der „Wildnis in der Stadt“ bis zur „barrierefreien Wildnis“, letzteres ein Widerspruch in sich, aber auch ein Marketinginstrument eines deutschen Nationalparks.

Der Begriff der „Waldwildnis“ ist ähnlich schwer einzuordnen. Das, was in Broschüren und auf Webseiten mit diesem Begriff bezeichnet wird, ist ein buntes Sammelsurium an Wäldern, teilweise in Nationalparken oder Naturschutzgebieten, teilweise im Wirtschaftswald. Dabei wird, ähnlich wie wir es aus der deutschen Romantik im Zusammenhang mit dem Wald an sich kennen, ein bestimmtes Lebensgefühl vermittelt.

Waldwildnis wird letztlich zu einem Inbegriff vollkommener natürlicher Ordnung umgedeutet[96]. In Bezug auf den einzelnen Menschen tritt auch hier die Vorstellung der Freiheit, der Entlastung von Konventionen, Zwängen und Regeln in den Vordergrund.

Es scheint, als ob die traditionellen Mythen den Wald betreffend heute zunehmend auf die „Waldwildnis“ projiziert werden.

GROSSE PFLANZENFRESSER IN URWÄLDERN

Die Diskussion um Naturschutz in Wald, Wildnis, Prozessschutz, um Urwälder und Naturwälder weist in Mitteleuropa zwei gravierende Probleme auf:

Erstens existieren hierzulande keine echten Urwälder mehr, die uns heute als Referenzflächen für den Umgang mit Naturwäldern dienen können. Was wir heute sehen, sind Sekundärwälder oder, in sehr seltenen Fällen wie in den ukrainischen Karpaten, Wälder ohne

Abb. 59: Große Huftiere wie der Elch, Rothirsch und Wildrinder sind natürlicher Bestandteil von Waldökosystemen. Es braucht gerade in großen Schutzgebieten, in denen sich wieder Naturwälder entwickeln sollen, eine größere Akzeptanz dieser großen Pflanzenfresser.

vorausgegangene Holznutzung. Letztere wurden allerdings vor allem durch Jagd oder lokal auch durch Waldweide oder „forstliche Nebennutzungen“ durchaus vom Menschen beeinflusst. Damit handelt es sich um „Naturwälder“, aber nicht um Urwälder.

Zum Zweiten fehlt oftmals der integrative Blick auf die Wälder: Während pflanzensoziologische Aspekte seit langem im Fokus stehen, wurde der Blick auf die Rolle der Tiere, insbesondere der großen herbivoren Huftiere, bis heute vernachlässigt.

Diese Situation führt zu charakteristischen „blinden Flecken“. Die weitgehend fehlende Kenntnis beispielsweise über Häufigkeiten großer Huftiere (z. B. des Elches, vgl. Abbildung 59) in europäischen Urwäldern, aber auch in großen Naturwaldkomplexen, macht es schwer, deren Einfluss abzuschätzen.

Gelegentlich wird heute die Auffassung vertreten, derartige Wälder seien schon immer arm an großen Pflanzenfressern gewesen. Dazu finden wir allerdings kaum Belege in der wissenschaftlichen Literatur. Daten aus der Ukraine in der Zeit nach dem Zweiten Weltkrieg geben Hinweise auf vergleichsweise geringe Rotwilddichten in den Naturwäldern der ukrainischen Karpaten[64]. Allerdings sind diese Zahlen nach vielen Kriegs- und Hungerjahren in dieser Region sehr wahrscheinlich vom Menschen beeinflusst.

Historische Daten aus Nordamerika geben uns demgegenüber Hinweise auf einen relativen Reichtum an Huftieren auch in den ursprünglichen Wäldern. So wird heute für den bewaldeten Teil des Yellowstone-Nationalparks eine Dichte alleine der Wapiti-Hirsche von ca. zehn Individuen pro Quadratkilometer (unter Anwesenheit großer Raubtiere) genannt. In den Great Smoky Mountains, einem Teil der Appalachen und einem der weltweit artenreichsten Laubwaldökosysteme, wurde, wie wir aus historischen Aufzeichnungen über den Fellhandel der indigenen Cherokee erfahren, über mehrere Jahrzehnte eine vergleichsweise große Zahl an Huftierhäuten erbeutet und verkauft[144]. Das lässt ebenfalls auf zweistellige Huftierbestände pro Quadratkilometer im 18. Jahrhundert und damit ein Vielfaches der aktuell im deutschen Wirtschaftswald tolerierten ein bis drei Stück Rotwild schließen.

Damit stellt sich auch die Frage, inwieweit große Pflanzenfresser unter natürlichen Bedingungen in der Lage sind, die Pflanzengesellschaften in ihren Lebensräumen signifikant zu beeinflussen. Dass dies grundsätzlich der Fall ist, zeigen uns zahlreiche Studien aus dem Wirtschaftswald. Insbesondere handelt es sich dabei um Einflüsse auf die Baum- und Strauchartenzusammensetzung durch Verbiss. Schäle und nachfolgender Pilzbefall sind wiederum in der Lage, insbesondere Nadelbäume etwa durch Windbruch frühzeitig zum Absterben zu bringen. Was im Wirtschaftswald und selbst in nicht wenigen Nationalparken leider immer noch als Schaden interpretiert wird, ist im Urwald und im Naturwald ein wertfreier Prozess, der zum Ökosytem gehört.

Diese Frage ist vor allem deshalb interessant, da wir heute lediglich einen kleinen Teil der ursprünglichen Megafauna in den Wäldern antreffen. Ur und Wisent sind, ebenso wie Elch, aus den mitteleuropäischen Wäldern verschwunden. Angesiedelte Arten, welche diese großen Rauhfutteräser teilweise ersetzen könnten, etwa das Mufflon, werden aus naturschutzpolitischen Gründen nicht toleriert. Somit müssen wir davon ausgehen, dass die derzeit entstehenden Naturwälder Mitteleuropas unter vergleichsweise unnatürlichen Bedingungen, d. h. mit einem deutlichen Mangel an Huftier-Biodiversität erwachsen.

Die selbst in Prozessschutzflächen von Nationalparken regelmäßig erfolgende intensive Bejagung reduziert darüber hinaus große Huftiere, wodurch die Waldentwicklung zusätzlich künstlich beeinflusst wird.

Die Untersuchungen zum konkreten Einfluss der Huftiere, insbesondere hinsichtlich des Einflusses auf Gehölzsukzessionen, der Schaffung spezifischer mikrostandörtlicher Bedingungen oder ihrer

Rolle bei der Diasporenverbreitung stehen erst am Anfang. Selbst der Einfluss großer und kleinerer Pflanzenfresser (Huftiere, Hasenartige, Nagetiere) auf die Konkurrenzsituation der krautigen Pflanzen ebenso wie der Gehölze wird bis heute im Wesentlichen im Lichte ökonomischer Zielsetzungen beschrieben.

In der Tat bedarf es im Hinblick auf den Umgang mit großen Huftieren eines Paradigmenwechsels: Die bislang im wesentlichen negative Konnotation von Fraßeinwirkungen muss (in Bezug auf Naturwälder) einer neutralen Betrachtungsweise weichen und die Rolle herbivorer, also pflanzenfressender Arten sollte grundsätzlich im Kontext anderer ökologischer Prozesse gesehen werden.

NATURWÄLDER UND NATURWALDRESERVATE – EINE MOGELPACKUNG?

Während Urwälder und Waldwildnis, zumindest unter mitteleuropäischen Verhältnissen, mehr von den damit verbundenen Mythen und Vorstellungen der Menschen als von konkreten Erfahrungen und Waldbildern bestimmt sind, ist das Thema Naturwald und naturnaher Wald heute ausgesprochen aktuell und vor allem praxisrelevant.

Unter einem Naturwald verstehen wir zunächst einmal einen Wald, der im Gegensatz zum Urwald bereits eine mehr oder minder intensive Phase der Nutzung erlebt hat, der aber ab einem bestimmten Zeitpunkt nicht mehr genutzt wurde oder wird.

Auch diese Definition ist nicht ganz scharf. Einerseits bleibt unklar, wie lange ein Wald bereits aus der Nutzung genommen sein muss, um als Naturwald bezeichnet zu werden.

Streng genommen dürfte erst die kommende Waldgeneration nach Beendigung der Nutzung als Naturwald bezeichnet werden, nachdem sich der Wald das erste Mal selbst verjüngt hat. Dieser Zeitpunkt ist allerdings, besonders bei ungleichaltrigen Beständen, nie genau bestimmbar.

Ein zweites Problem bei der Einordnung als Naturwald ist möglicherweise noch schwerwiegender. Unsere mitteleuropäischen Wälder unterliegen (vgl. Kapitel 5) nicht alleine der Holznutzung, sondern einer Vielzahl weiterer Nutzungsformen. Nun kommt es darauf an, ob und welche der Nutzungsformen jenseits der Holzernte von den Einschränkungen bzw. dem Gebot des Nutzungsverzichts betroffen sind.

Die formale Ausweisung solcher Gebiete erfolgte in Deutschland bereits in der ersten Hälfte des 20. Jahrhunderts[75] und zunehmend auch in den europäischen Nachbarländern seit den 1970er Jahren[19,126,129,171]. In Deutschland wurden in den einzelnen Bundesländern, oft über das jeweilige Landeswaldgesetz, entsprechende Schutzkategorien eingeführt, etwa „Naturwald" in Niedersachsen oder „Naturwaldreservat" z. B. in Bayern oder Hessen.

Diese erwähnen allerdings regelmäßig ausdrücklich die Erholungsnutzung und die Umweltbildung als Ziele derartiger Wälder.

Insbesondere durch die Erholungsnutzung entstehen, wie bereits erwähnt, allerdings Störungen der Wildtiere[220], die wiederum zu Fraßeinwirkungen führen, welche ihrerseits wiederum die Baumartenzusammensetzung oder andere ökologische Parameter beeinflussen.

Auch ist die Jagd mit mehr oder minder umfangreichen Einschränkungen in diesen Wäldern oder Waldteilen meist zulässig, was in der gegenwärtigen Form mit hoher Wahrscheinlichkeit ebenfalls zu Störungen des Systems führt.

Im Grunde entfällt in den als Schutzgebiete eingerichteten Naturwäldern vor allem die Holznutzung. Damit entstehen keineswegs vom Menschen unbeeinflusste, sondern lediglich vom Menschen *anders* beeinflusste Wälder.

Für die Zukunft wären hier (in Anbetracht der derzeit kaum ins Gewicht fallenden Flächen) deutlich weitergehende Nutzungseinschränkungen zu wünschen, um wirklich weitgehend unbeeinflusste Entwicklungen langfristig beobachten zu können. „Weitgehend" unbeeinflusst deshalb, da die großräumigen Stickstoffeinträge aus der Luft oder ein sich wandelndes Klima die Wälder in jedem Fall beeinflussen werden. Umso wichtiger ist es, dass möglichst alle diejenigen menschlichen Faktoren, die wir beeinflussen können, tatsächlich auch vermieden werden.

NATURSCHUTZ IN WÄLDERN UND WÄLDER IN SCHUTZGEBIETEN

Auch wenn praktisch kein Quadratmeter Wald in Mitteleuropa über die Jahrhunderte vom Menschen unbeeinflusst geblieben ist, sind Wälder dennoch, insbesondere verglichen mit Agrarflächen, ausgesprochen „naturnahe" Ökosysteme. Selbst die menschliche Einflussnahme geschieht, sieht man von Kahlschlägen und anschließenden Aufforstungen einmal ab, in Wäldern meist vergleichsweise behutsam. Vermutlich sind Jagd und Freizeitnutzung im Laufe des Lebens eines Waldes die gravierendsten Einfluss- und auch Störfaktoren für das Ökosystem.

Daher sind Wälder, dies einmal vorausgeschickt, selbst wenn sie keiner besonderen Schutzkategorie unterliegen, oftmals von großer Bedeutung für Artenschutz und Erhalt der Biodiversität.

Darüber hinaus kann ein Wald neben der Einordnung als Naturwaldreservat, Naturwald oder Waldreservat (je nach Land) auch Teil von Schutzgebieten anderer Kategorien, etwa Naturschutzgebieten, Biosphärenreservaten oder Nationalparken sein.

Nationalparke (§ 24 Bundesnaturschutzgesetz[4]) sind großräumige, weitgehend unzerschnittene Gebiete, die sich unter anderem in *„einem vom Menschen nicht oder wenig beeinflussten Zustand*" befinden sollen.

Da derartige Gebiete in Deutschland nicht mehr existieren (vgl. oben), gibt der Gesetzgeber auch eine „zweitbeste Lösung" vor: Nationalparke können auch Gebiete sein, welche *„geeignet sind, sich in einen Zustand zu entwickeln oder in einen Zustand entwickelt zu werden, der einen möglichst ungestörten Ablauf der Naturvorgänge in ihrer natürlichen Dynamik gewährleistet."*

Diese Option hat wiederum zwei Aspekte. Zum einen will man die Flächen in einen irgendwie „naturnäheren" Zustand entwickeln.

Abb. 60: Kahlschlag in einem deutschen Nationalpark: Weil die Douglasie keine heimische Baumart ist, wurde dieser Douglasienbestand komplett abgeholzt oder abgetötet. Solche Maßnahmen stoßen zu Recht auf Kritik. Eine „potentielle natürliche Vegetation" werden wir auf diese Weise nicht erreichen. Das Konzept des Prozessschutzes (siehe Kasten S. 232) hingegen würde auch funktionieren, wenn die Douglasie erhalten bliebe.

Abb. 61. Der Verzicht auf Nutzung schafft durch „Totholz", also noch stehende oder umgestürzte, abgestorbene Bäume, Lebensräume für eine Vielzahl von (teils seltenen) Arten.

Auch das wird in wenigen Jahrzehnten bei einem Waldökosystem mit Bäumen als außerordentlich langlebigen Systemkomponenten kaum gelingen (vergl. Abb. 60). Wichtiger, weil auch praktisch eher umsetzbar, ist der zweite Teil der Zielformulierung: *„den möglichst ungestörten Ablauf der Naturvorgänge in ihrer natürlichen Dynamik zu gewährleisten*".

Damit wird das Ziel „Prozessschutz" eingeführt. Wissenschaft und Praxis des Naturschutzes haben sich mit diesem Konzept schon lange beschäftigt.

Es geht darum, ab einem bestimmten Zeitpunkt die Entwicklung eines (großen!) Schutzgebietes so weit als möglich sich selbst zu überlassen. Menschliche Eingriffe sollen unterbleiben und die Entwicklung der Flora und Fauna soll komplett ohne den Menschen bzw. dessen Eingriffe ablaufen. Auch Nutzungen, die keinen Eingriff in das Landschaftsbild darstellen, etwa durch Wanderer, Freizeitsportler oder durch Jagd oder andere Maßnahmen des Wildtiermanagements, müssten in diesen Wäldern unterlassen werden (vgl. Abbildung 61).

Leider fokussiert man sich bisher auch in Nationalparken im Wesentlichen auf die Einstellung der Holznutzung und ein Wegegebot, welches allerdings kaum überwacht wird. Das Thema Wildtiere, insbesondere großer pflanzenfressender Huftiere, wird weitgehend ausgeblendet. In den meisten deutschen Nationalparken gehen nicht nur Mitarbeiter, sondern nicht selten auch externe Gäste weiter munter zur Jagd. Man nennt es nur nicht mehr „Jagd", sondern Wildregulation, Wildreduktion, Wildtiermanagement oder wie auch immer. Auf diese Weise wird allerdings nie eine auch nur annähernd naturnahe Entwicklung von Waldökosystemen erreicht werden: Die großen Pflanzenfresser wie Wildrinder oder Elch sind ausgerottet, die verbliebenen Arten wie Rothirsch und Reh werden durch die Bejagung regelmäßig deutlich reduziert[69].

Prozessschutz

Der Begriff des Prozessschutzes findet sich seit den 1990er Jahren vor allem in der deutschsprachigen Literatur[7,40,138,170,196,198]. Ähnliche Konzepte werden in den USA beispielsweise mit dem Begriff „natural regulation" bezeichnet[142].

Prozessschutz versteht sich nicht als Bewahrung von Zuständen, also etwa von Landschaften, Ökosystemen, Lebensgemeinschaften, Arten, Ökotypen und anderen, sondern geht von dem Schutz von Prozessen, genauer gesagt, „natürlichen" Prozessen, aus. Genau in dieser Einschränkung liegt allerdings seine konzeptionelle Schwäche in Zivilisationslandschaften. Eine „natürliche", oder vielleicht besser formuliert, eine vom Menschen völlig unbeeinflusste Entwicklung ist in Mitteleuropa oder anderen dichtbesiedelten Regionen der Erde definitiv nicht möglich.

Wir müssen uns daher für einen ebenso praktikablen wie konzeptionell tragfähigen Ansatz zunächst einschränken und Einigkeit darüber herstellen, dass eine solche Entwicklung ausschließlich von dem heute vorhandenen Ausgangspunkt, also meist aus menschlich hochgradig überformten Ökosystemen heraus, starten kann.

Ein Verzicht auf Eingriffe („Nutzungsverzicht" alleine reicht nicht) muss in solchen Wäldern möglichst vollständig sein. Alle menschlichen Eingriffe, die wir beeinflussen können, sind konsequent auszuschließen. Dazu bedarf es auch bestimmter Mindestgrößen der Gebiete, ideal sind mehrere zehntausend Hektar oder mehr, und eine Einteilung in eine Kernzone (mit Prozessschutz) und eine darum herum gelagerte Pufferzone (in der Eingriffe des Menschen möglich sind).

Was wir auf diese Weise erhalten, ist eine Art „geobotanisches Disneyland" ohne den für Naturwälder bedeutsamen signifikanten Einfluss von großen Wildtieren. Mit Naturschutz oder gar Bewahrung der Biodiversität hat das wenig zu tun.

Welche Rolle die „Wildnisgebiete" in Zukunft hierzulande spielen können, ist schwer zu beantworten. Wie oben beschrieben, ist der

Begriff der „Wildnis“ ausgesprochen unscharf, nahezu jeder versteht darunter etwas anderes. Auch besitzen wir in Mitteleuropa derzeit noch kaum Erfahrungen mit dieser Kategorie von Schutzgebieten.

Wildnisgebiete haben von ihrer Grundkonzeption her in Deutschland Ähnlichkeit mit Nationalparken, insbesondere sollen sie großräumig und von ursprünglichem Charakter sein und, ähnlich den Prozessschutzflächen im Nationalpark, eine so weit als möglich ungestörte Dynamik der biotischen und abiotischen Prozesse aufweisen. Letzteres bedeutet, dass sie ebenfalls weitestgehend sich selbst überlassen werden, d. h. es findet dort kein aktives Management statt.

Aus fachlicher Sicht stellt sich die Frage, ob Wildnisgebiete neben Nationalparken und anderen Großschutzgebieten (z. B. Biosphärenreservaten, vgl. unten) in Mitteleuropa überhaupt einen Platz haben. Geeignete, d. h. hinreichend große Flächen fehlen meist und das Konzept hat sich zumindest in Deutschland deutlich vom ursprünglichen, US-amerikanischen Wildnisbegriff etwa im Sinne Aldo Leopolds sehr weit entfernt, so dass eine weitere Kategorie großer Schutzgebiete neben den Nationalparken wenig sinnvoll erscheint.

Eine weitere Kategorie von Großschutzgebieten, die „Biosphärenreservate“, stellt eine große Chance dar, Wälder in unserer Landschaft in ein interessantes Netz aus Kulturlandschaft und Flächen mit sehr hohem Schutzstatus einzubinden.

Biosphärenreservate zielen vornehmlich auf den Schutz (Erhaltung, Entwicklung und Wiederherstellung) von Kulturlandschaften mit einer historisch und durch extensive Nutzung entstandenen Arten- und Biotopvielfalt. Sie sollen auch beispielhaft der Entwicklung und Erprobung besonders schonender Wirtschaftsweisen dienen.

Für Biosphärenreservate schreibt das Gesetz die Einrichtung von Kernzonen, Pflegezonen und Entwicklungszonen vor, welche jeweils unterschiedlich, d. h. im Allgemeinen wie Naturschutzgebiete (hoher Schutzstatus) beziehungsweise wie Landschaftsschutzgebiete (eher niedriger Schutzstatus) zu behandeln sind. Große (und in Zukunft vermutlich wachsende) Bedeutung haben Biosphärenreservate in Mitteleuropa vor allem aufgrund der Tatsache, dass sie die hierzulande typischen, durch extensive menschliche Nutzung über die Jahrhunderte bedingten Lebensräume und die in diesen vorhandene hohe Biodiversität bewusst als solche erhalten wollen. Sie stellen damit für die in Mitteleuropa typischerweise anzutreffenden Kulturlandschaften die geeignetste Schutzgebietskategorie dar. Die meisten, wenn nicht sogar alle Nationalparke in Deutschland wären aus fachlicher Sicht deutlich besser als Biosphärenreservat denn als Nationalpark geeignet.

Schließlich spielt für viele Wälder die Ausweisung als „Flora-Fauna-Habitat-Gebiet" („FFH-Gebiet") eine nicht zu vernachlässigende Rolle. Diese Gebiete sollen zusammen mit anderen Schutzgebieten einen europaweiten Biotopverbund im Rahmen des Schutzgebietsnetzwerks „Natura 2000" (Artikel 3 der Richtlinie 92/43/EWG) bilden. Ziel ist ein „günstiger Erhaltungszustand" der Lebensräume sowie wildlebender Tiere und Pflanzen in Europa. In vielerlei Hinsicht ist das Konzept der FFH-Gebiete genau gegenläufig zu demjenigen der Prozessschutzflächen. Während hier das Bestehende als wertvoll angesehen wird und erhalten werden muss, ist dort die weitere Entwicklung hin zu Zuständen, die wir vielleicht noch gar nicht kennen, vorgesehen.

In der Vergangenheit wurden auch zahlreiche Wälder als „FFH-Gebiete" ausgewiesen. Das bedeutet einerseits, dass offenbar die Forstwirtschaft in der Vergangenheit trotz Bewirtschaftung oder vielleicht sogar wegen der Bewirtschaftung sehr wertvolle Lebensräume geschaffen hat. Insgesamt liegen derzeit knapp ein Fünftel des Waldes in Deutschland in einem FFH-Gebiet, rund die Hälfte davon Bundes- oder Landeswald, rund 20 Prozent Kommunalwald und immerhin knapp 30 Prozent Privatwald[223]. Dabei sind mit über 70 Prozent insbesondere die von der Buche dominierten Wälder, die „Buchenwaldgesellschaften“, betroffen. Mit der Ausweisung als FFH-Gebiet sind für den Waldbesitzer teils deutliche Nutzungseinschränkungen verbunden. Nicht wenige private Waldbesitzer empfinden es daher als ausgesprochen unfair, dass sie durch ihre jahrzehntelange und teils generationenübergreifende Arbeit wertvolle Lebensräume geschaffen haben und dies nun dazu führt, dass ihnen quasi enteignungsgleich bestimmte Nutzungen in ihrem Wald untersagt werden.

Die grundsätzliche Regelung bei den FFH-Gebieten besagt sinngemäß, dass sich der Zustand der Lebensräume und Arten nach Ausweisung als FFH-Gebiet nicht verschlechtern darf. Das bedeutet für den Landnutzer zweierlei: Zum einen unterliegt er Beschränkungen hinsichtlich seiner zukünftigen wirtschaftlichen Entscheidungen. Es ist nicht so einfach möglich, als Waldbauer auf eine andere Baumart oder Mischbaumart zu wechseln. Insbesondere wenn es sich um in Deutschland nicht heimische Arten wie die Douglasie handelt, ist der Waldbesitzer da deutlich eingeschränkt.

Gleichzeitig, und das zeigt, wie statisch und wie wenig durchdacht viele unserer Naturschutzkonzepte bis heute sind, gibt es in Großschutzgebieten ein ganz anderes Problem: Während, wie oben erwähnt, FFH-Gebiete die Erhaltung eines ganz bestimmten, als wertvoll angesehenen Zustandes der Flora und Fauna zum Ziel haben, soll in den „Prozessschutzflächen“ die Natur sich frei und ohne menschliche Zielvorstellungen entwickeln können.

Allerdings sind viele der von uns Menschen als wertvoll erachteten Naturzustände im FFH-Gebiet gerade durch menschliche Bewirtschaftung entstanden. Diese laufen Gefahr, in Zukunft in großen Schutzgebieten unter dem Prinzip „Natur Natur sein lassen“ verloren zu gehen: Ein enormer, bis heute kaum öffentlich kommunizierter Konflikt innerhalb des Naturschutzes.

Nun könnte man darüber hinwegsehen und das Thema als eine vielleicht etwas abseitige fachinterne Debatte abtun.

Aber: Jedes Jahr werden in Deutschland dreistellige Millionenbeträge an Steuergeldern in Nationalparke, FFH-Gebiete und andere Großschutzgebiete gesteckt, ohne dass klar ist, was diese Mittel langfristig bewirken sollen.

So kann es passieren, dass auf derselben Fläche einerseits ein aufwendiges FFH-Monitoring betrieben wird, welches dazu beitragen soll, dass der „Status quo" erhalten bleibt, dass sich nichts verändert. Gleichzeitig geschieht im Rahmen des Prozessschutzes vielleicht genau das Gegenteil, indem nach wenigen Jahren eine bisher als schützenswert angesehene Vegetation mit entsprechender Tierwelt sich durch natürliche Sukzession (also die Jahre, Jahrzehnte oder auch Jahrhunderte dauernde Entwicklung einer für diesen Standort typischen Pflanzen-, Tier- und Pilzgesellschaft) völlig verändert.

Das kann hingenommen werden, doch dann waren die früheren Investitionen in die FFH-Flächen Fehlinvestitionen.

Oder man greift trotz Prozessschutz mit Managementmaßnahmen ein. Dann haben wir ein Problem mit der Rechtfertigung des Prozessschutzgebotes. Denn wenn man einfach mal eingreifen und die Grundsätze des Prozessschutez über Bord gehen lassen kann, dann ist den Menschen im Harz oder im Bayerischen Wald nicht zu vermitteln, warum im Nationalpark keine Borkenkäferbekämpfung erfolgt, um benachbarte Wirtschaftswälder zu schützen.

Von diesen Problemen lesen wir nichts in den Hochglanzbroschüren der Nationalparkverwaltungen und Naturschutzverbände.

Solche Ungereimtheiten zeigen allerdings auch, dass hierzulande (zunehmend?) mit sehr unterschiedlichem Maß gemessen wird: Naturschutzpolitik und Naturschutzverwaltungen planen und erlassen oftmals recht unreflektiert Verordnungen zu Sachverhalten, deren fachliches Konzept noch unklar, widersprüchlich oder sogar generell umstritten ist. Gleichzeitig werden Waldbesitzer in ihrer Handlungsfreiheit in FFH-Gebieten mehr oder minder deutlich eingeschränkt. Und nochmal zur Erinnerung: Oft sind die wertvollen Waldgesellschaften dort erst durch forstliche Bewirtschaftung entstanden.

Eine bundesweite Befragung[223] kommunaler und privater Waldbesitzer ergab, dass diese den mit der Ausweisung als FFH-Gebiet verbundenen Regelungen überwiegend kritisch gegenüberstehen.

Gerade die Buchenwälder stellen auch wichtige Rohstoffquellen und bedeutende Kohlendioxidsenken (vgl. Kapitel 8) dar. Grundsätzlich besteht zwar kein Nutzungsverbot, doch das o.g. Verschlechterungsverbot wird, so besteht zumindest der Eindruck, in der Praxis zunehmend zu Lasten der Waldbewirtschaftung ausgelegt.

Hinzu kommt der auch außerhalb des Waldes zunehmende Konflikt zwischen Klimaschutz- und Biodiversitäts-, also Artenschutzzielen. Möglicherweise, so ist die Befürchtung, muss man aus Gründen der Anpassung der Wälder an die Klimaveränderungen auch auf nicht heimische Baumarten ausweichen. Doch bereits jetzt ist in FFH-Gebieten die Beimischung etwa der Douglasie und der Roteiche nicht zulässig.

Die Studie zur erwähnten Befragung führt dann auch zu der Forderung nach weniger Regulation, insbesondere hinsichtlich der Baumartenwahl in den FFH-Gebieten.

Klar ist somit, dass Wälder aus Sicht des Naturschutzes ausgesprochen wertvolle, weil über Jahrhunderte bis heute weitgehend naturnah bewirtschaftete Ökosysteme, etwa verglichen mit Agrarflächen oder urbanen Lebensräumen, darstellen. Selbst die Kiefern- und Fichtenmonokulturen, die man aus ökologischer Sicht kritisch sehen muss, wurden vergleichsweise extensiv bewirtschaftet: auf die Lebensdauer berechnet nahezu keine Pestizideinsätze, kein regelmäßiger Bodenumbruch, keine Düngung, sieht man von den gelegentlichen Kalkungen gegen die Bodenversauerung einmal ab.

Viele andere Wälder, insbesondere verschiedene Buchenwaldgesellschaften, Erlenbrüche, Eichenwälder (auch diese sind meist menschengemacht) sind wahre Kleinode der Biodiversität.

Allerdings stellt sich die Frage, ob wir in diesem Zusammenhang wirklich eine Vielzahl exotischer Arten in den Wäldern ausbringen sollen, oder ob wir es bei dem bisherigen, im Wesentlichen heimischen Baumartenspektrum plus vielleicht der etablierten nichtheimischen Species wie Douglasie, Roteiche oder Robinie belassen sollten.

Letztere sind deshalb nicht uninteressant, weil für diese Arten bereits eine über einhundertjährige Erfahrung existiert. Das ist bei neu ins Gespräch gebrachten Arten nicht der Fall. Wir wissen nämlich nicht, ob mit diesen neue ökologische Risiken verbunden sind, die wir heute noch nicht absehen können.

Andererseits bestehen immer noch deutliche gesetzliche Einschränkungen (vgl. unten) hinsichtlich der Saat- und Pflanzgutauswahl bei den heimischen Baumarten. Diese waren in der Vergangenheit absolut richtig, halfen sie doch dabei, spätere großflächige Waldverluste durch nicht standortangepasste Pflanzen zu verhindern. Unter Bedingungen immer schnellerer Umweltveränderungen (Rauchschäden, Bodenversauerung, Klimaveränderungen) ist dieses Konzept zwar nicht überflüssig, doch unvollständig. Es ist daher sowohl aus Naturschutz- als auch aus forstwirtschaftlichen Gründen sinnvoll, zunächst einmal zu überlegen, wie wir in Zukunft Bestände so begründen, dass sie anpassungsfähig bleiben (vgl. unten). Dazu müssen wir weder die Baumart wechseln noch das Forstvermehrungsgutgesetz[2] völlig aufgeben. Wir sollten allerdings alles daransetzen, das breite ökologische Spektrum der meisten heimischen Baumarten besser zu nutzen.

Das Naturschutz-Paradoxon

In der Interaktion mit anderen Organisationen hat Naturschutz regelmäßig das Problem, dass er Verlierer sein muss, um langfristig Gewinner zu sein.

Er ist zwar in den meisten Fällen gemeinnützig oder öffentlich-rechtlich organisiert, doch sind alle im Naturschutz tätigen Organisationen auf stetige Umsätze angewiesen, um ihre Infrastruktur zu erhalten und in einem konkurrenzintensiven Markt zu wachsen. Die Umsätze stammen insbesondere aus Spenden und aus Steuergeldern, d. h. staatlichen Transferleistungen in Gestalt von Projekt- oder institutionellen Förderungen, Stiftungen etc.

Diese Mittel fließen allerdings, darin liegt der wesentliche Unterschied zur gewerblichen Wirtschaft, nicht als Honorar für die Lösung eines Problems, sondern so lange, wie das Problem besteht. Ist es gelöst, ist also eine Tierart oder ein Lebensraumtyp nicht mehr bedroht, so versiegen die Umsätze.

Honoriert wird so der Misserfolg. Dies ist vermutlich auch ein wichtiger Grund, warum gerade in Naturschutzfragen Konflikte, die fachlich gesehen leicht zu lösen wären, über viele Jahre prolongiert werden und man regelmäßig den Eindruck gewinnt, dass an konstruktiven, pragmatischen Lösungen kein Interesse besteht[140].

Auch sind Naturschutzprobleme unmittelbar an der Basis, wo ein konkreter Leidensdruck herrscht, erfahrungsgemäß deutlich leichter zu lösen, als wenn höhere Verbandsebenen oder höhere Behörden involviert sind.

In Zukunft wäre es für unsere Gesellschaft außerordentlich wichtig, auch für den Naturschutz Geschäftsmodelle zu entwickeln, die den Erfolg honorieren.

STEUERUNG VON ÖKOSYSTEMEN UND WIRTSCHAFTLICHE ZIELE

Forstwirtschaft und Landwirtschaft nutzen zwar beide den Boden als naturgegebenen Produktionsfaktor. Sie unterscheiden sich allerdings grundlegend voneinander, wenn es um die Produktionszeiträume und um die Intensität der Naturnutzung geht.

Forstwirtschaft ist dadurch gekennzeichnet, dass sie ausgesprochen langfristig und sehr extensiv arbeitet. Sie nutzt eine Vegetationsform, die in Mitteleuropa von Natur aus vorhanden ist. So liegt es nahe, sich in den wirtschaftenden Prozessen, in vielen Abläufen und Eingriffen, sehr nah an die natürlichen Prozesse anzulehnen, um langfristig erfolgreich zu sein.

Die forstliche Fachdisziplin, die diese Prozesse plant und leitet, ist der „Waldbau". Waldbau ist also die zentrale Aktivität in der nachhaltigen Nutzung der Wälder.

Seit dem frühen 19. Jahrhundert existiert diese Fachdisziplin und setzt die Wirtschaftsziele möglichst nachhaltig um. Dabei stand vielleicht in den Anfängen die ökonomische Nachhaltigkeit im Vordergrund, doch schnell entwickelten sich auch die Gedanken der ökologischen und sozio-kulturellen Nachhaltigkeit, lange bevor diese drei Aspekte Ende des 20. Jahrhunderts in der seinerzeit sehr modernen und bis heute gültigen Brundtland-Definition ausformuliert wurden (vgl. Kapitel 6).

Beispielsweise der Erhalt der Erholungsfunktion der Wälder oder nachhaltige Jagd waren lange Zeit selbstverständlich in das forstliche Wirtschaften integriert. Seit einigen Jahrzehnten gibt es allerdings gegenläufige Tendenzen. Insbesondere der Umgang mit Jagd und Wildtieren kann heute nicht alleine, doch ganz besonders im forstlichen Bereich, in weiten Teilen kaum noch als nachhaltig bezeichnet werden.

Dass diese Entwicklung teilweise bis in die Gesetzgebung durchgedrungen ist, zeigt der Satz „Wald vor Wild“, der es im Jahre 2005 sogar ins Bayerische Waldgesetz geschafft hat. Er zeigt, wie weit sich die Verantwortlichen in Forstpolitik und -administration bereits von einem ganzheitlichen, am Ökosystem orientierten Denken entfernt haben, welches sie doch ansonsten gerne in Fest- und Sonntagsreden predigen.

Solche vermeintlich nebensächlichen Aspekte geben zu denken, offenbaren Sie doch bestimmte Einstellungen und auch Handlungsweisen, die gegen ein „weiter so“ sprechen (welches sich, unabhängig vom Umgang mit den Wildtieren, vor den Herausforderungen des Klimawandels sowieso nicht durchhalten lässt).

Diese Bedenken gelten etwa im Hinblick auf die Frage, wem in Zukunft die Deutungshoheit über das Thema Wald zukommen wird. Genau darum ringen derzeit nämlich unterschiedliche Interessenvertreter von Forst- und Holzwirtschaft und Naturschutz sowie verschiedene andere Akteure, welche dezidierte, doch teilweise deutlich unterschiedliche Vorstellungen über den zukünftigen Umgang mit unseren Waldökosystemen haben[85,86,87,163,224,225].

So gibt es, wenn wir es einmal vereinfacht zusammenfassen, einerseits die Vorstellung, dass wir dem Klimawandel möglichst gut entgegenwirken können, wenn wir uns weiter auf Forst- und Holzwirtschaft, auf eine weiterhin intensive Nutzung der Wälder und auf eine weitreichende stoffliche und energetische Holznutzung fokussieren.

Auf der anderen Seite finden wir die Vorstellung, dass es wichtig sei, möglichst viel Wald unter Schutz zu stellen, d. h. möglichst viel Wald aus der Bewirtschaftung zu nehmen.

Dazwischen findet sich ein breites Meinungsspektrum, welches beispielsweise andere, teilweise grundlegend andere Herangehensweisen an die Waldbewirtschaftung fordert.

Dazu gehört auch die Frage nach Integration oder Segregation, d.h. die Frage, ob bzw. wann es sinnvoll ist, ein möglichst großes Spektrum an Leistungen („Waldfunktionen", „Ökosystemleistungen", vgl. Kapitel 6) auf ein und derselben Fläche in ein und demselben Waldbestand zu erreichen. Sozusagen die „eierlegende Wollmilchsau". Oder ob bzw. wann es langfristig besser ist, diese Leistungen der Wälder zu trennen. Im Extremfall könnte das heißen: einige Wälder unter Prozessschutz, einige Wälder zum Erhalt bestimmter botanischer Waldgesellschaften, Wälder zur optimierten Kohlenstofffixierung. Nadelwälder zur Produktion von Sägeholz, Laubwälder zur Produktion von Furnier und Leimholz, Kurzumtriebsplantagen oder Niederwälder für das Brennholz usw.

Vermutlich liegt auch hier der beste Weg irgendwo zwischen den Extremen. Um einen Eindruck zu bekommen, wie das in der Praxis konkret aussehen könnte, wollen wir uns nun die unterschiedlichen waldbaulichen Konzepte einmal genauer ansehen.

NIEDERWÄLDER: URALTE WIRTSCHAFTSFORM MIT POTENTIAL

Eine frühe, schon lange vor der Einführung der professionellen, geregelten Forstwirtschaft übliche und durchaus nachhaltig betriebene Form der Waldwirtschaft war die Niederwaldwirtschaft.

Dabei wurde die Fähigkeit verschiedener Baumarten, „Stockausschläge" zu bilden (vgl. Kasten), genutzt. Die kurze Umtriebszeit (der Zeitraum zwischen zwei Holzernten) von maximal drei Jahrzehnten erlaubte eine geregelte Brennholzversorgung oder die Nutzung anderer forstlicher Produkte, etwa die Eichenrinde, welche bis ins frühe 20. Jahrhundert regelmäßig als „Gerberlohe" für das Gerben von Tierhäuten benutzt wurde.

Die Niederwälder befanden sich typischerweise in der Umgebung der Siedlungen und wurden von der Gemeinde in eine (der Umtriebszeit entsprechende) Anzahl gleichgroßer Flächen eingeteilt. Betrug die Umtriebszeit etwa 20 Jahre, so konnte jedes Jahr ein Zwanzigstel der Fläche genutzt werden.

Hoch-, Nieder und Mittelwald: Was ist der Unterschied?

Die Begriffe Hoch- und Niederwald haben nur indirekt etwas mit ihrer Baumhöhe zu tun. Zwar ist es tatsächlich so, dass Hochwälder in ihrem Endbestand meist auch aus hohen Bäumen bestehen. Doch bezeichnet der forstliche Begriff einen Wald, dessen Bäume aus Samen erwachsen sind. Entweder aus den Samen der Bäume direkt vor Ort (Naturverjüngung). Oder aber die Samen wurden anderenorts geerntet und dann ausgesät oder (häufiger) in der Baumschule zu kleinen Pflänzchen herangezogen und dann auf der Fläche gepflanzt.

Die meisten Wälder in Deutschland sind Hochwälder. Aus ihnen können nahezu alle Holzprodukte gewonnen werden, ihre Umtriebszeit liegt meist über 100 Jahre.

Als Niederwald bezeichnen wir einen Wald, der aus „Stockausschlägen“ erwachsen ist. Wenn die Bäume geerntet werden, verbleiben die Stubben und Wurzeln („Wurzelstöcke“) in der Erde. Bei einigen Baumarten (z. B. Pappel, Weide, Erle, Eiche, Hainbuche, Linde, Esche oder Ahorn) können sich daraus neue Triebe bilden, die wieder zu Bäumen heranwachsen. Niederwälder haben eine kurze Umtriebszeit von etwa 10 bis 30 Jahren und wurden bzw. werden auch heute noch z. B. zur Brennholzerzeugung angelegt. Die heute auf Agrarflächen gelegentlich angelegten „Kurzumtriebsplantagen“ (vgl. Kapitel 5) stellen eine niederwaldähnliche Bewirtschaftungsform dar.

Ein Mittelwald ist ein Wald, der beides kombiniert, der also einen Unterstand besitzt, welcher wie ein Niederwald bewirtschaftet wird, während die Bäume im Oberstand aus Samen erwachsen sind und einen „Hochwald über dem Niederwald“ bilden.

Bis heute finden wir Niederwälder etwa in Form der Hauberge im Siegerland, Lahn-Dill-Bergland und im Westerwald. Dabei handelt es sich um eine Waldbewirtschaftung auf Genossenschaftsbasis. Neben der Brennholznutzung stand früher die Holzkohle- und Gerberlohegewinnung im Vordergrund.

Insgesamt werden heute in Deutschland weniger als ein Prozent des Waldes als Nieder- oder Mittelwald bewirtschaftet. Neben den Haubergen kennen wir etwa noch die „Reutewälder“ im Schwarzwald. Auch einzelne fränkische Gemeindewälder werden noch in Form von Niederwäldern bewirtschaftet.

Die Vorteile der Niederwaldwirtschaft sind auch gleichzeitig ihr größter Nachteil: Sie ist arbeitsintensiv und nur schwer zu automatisieren. Dies führt dazu, dass Niederwälder sehr strukturreich sind und eine vielfältige Strauch- und Krautschicht beinhalten, welche wiederum zu einer artenreichen Tierwelt beitragen. Aus der Sicht der Biodiversität sind Niederwälder positiv zu bewerten. Zahlreiche gefährdete Pflanzen- (z. B. Orchideen), Insekten- oder Vogelarten (z. B. Haselhuhn) finden in Niederwäldern einen geeigneten Lebensraum.

Die Brennholznutzung stellt sich vor dem Hintergrund der Energiekrise als ein ganz aktuelles Thema dar. Es wäre zu überlegen, ob alte Niederwaldstandorte wieder zum Zwecke der Brennholznutzung reaktiviert werden können. Insbesondere solche Flächen, auf denen Hochwaldwirtschaft technisch oder wirtschaftlich nicht machbar ist, wären geeignet, sowohl etwas für die CO_2-neutrale Energieversorgung privater Haushalte zu tun als auch eine hohe Biodiversität zu fördern.

Wenn es gelänge, auf diesen Flächen einzelne z. B. Eichen oder Buchen im Sinne eines Mittelwaldes alt werden zu lassen, so könnte damit eine noch größere Vielfalt, aber auch eine langfristige Kohlenstofffixierung erreicht werden.

Nieder- und vor allem Mittelwälder mit einem Oberstand, der alt werden darf, bilden in Zukunft eine der spannenden waldbaulichen Nischen, in denen es gelingen kann, wirklich multifunktional ökonomischen Nutzen mit Biodiversität und Kohlenstoffspeicherung zu verbinden.

SCHLAGWEISER HOCHWALD – URSACHE ALLEN ÜBELS?

Seit dem Beginn der geregelten, nachhaltigen Forstwirtschaft bis etwa in die 1970er Jahre war das Konzept des „schlagweisen Hochwaldes“ das am weitesten verbreitete waldbauliche Konzept in Deutschland. Eng mit diesem Begriff verbunden ist derjenige des „Altersklassenwaldes“. Dieser besagt, dass ein Forstbetrieb seine Waldbestände auf der Grundlage jeweils gleichaltriger Teilflächen bewirtschaftet, so dass jedes Jahr ein Bruchteil der Gesamtfläche

Abb. 62: Fichten-Hochwald als Reinbestand, vermutlich nach Kahlschlag gepflanzt

komplett, typischerweise durch Kahlschlag, geerntet und wieder verjüngt wird (durch Saat, Pflanzung, aber auch Naturverjüngung). Das führt in der Theorie dazu, dass bei einer Umtriebszeit von sagen wir 100 Jahren in einem Betrieb 100 „Altersklassen“ von 0 bis 99 Jahren auf jeweils separaten Flächen vorhanden sind. Die Altersklasse 100 wird jeweils geerntet, die Altersklasse 0 wird wieder verjüngt.

Diese Wirtschaftsform wird heute oft sehr kritisch betrachtet und mit großen Kahlschlägen, unkritischem Einsatz schwerer Technik und künstlicher Verjüngung durch Pflanzung, oft in Form von Monokulturen aus Fichte oder Kiefer, in Verbindung gebracht.

Eine solche Vorgehensweise birgt in der Tat zahlreiche ökologische Nachteile, beginnend von Erosion bis hin zu vermehrter Stickstoffmobilisierung oder Versauerungsschüben im Boden. Gleichzeitig sind Monokulturen, aus nur einer Baumart bestehend, womöglich noch mit genetisch nicht hinreichend anpassungsfähigem Pflanzenmaterial begründet, ausgesprochen anfällig gegen biotische (z. B. Insekten) oder abiotische (z. B. Sturm, Versauerung, Trockenheit) Schadfaktoren.

Das aktuell zu beobachtende großflächige Absterben der Fichte dürfte genau darin seine Ursache haben: falsche Baumart und/oder falsches Herkunftsgebiet des Pflanzgutes, also geringe genetische Angepasstheit und Anpassungsfähigkeit und zusätzlich vermutlich fehlende intensive Kontrolle der Bestände, um Schäden bereits zu einem frühen Zeitpunkt zu identifizieren und damit Folgeschäden zu reduzieren.

Wäre man in der Lage gewesen, etwa durch Trockenheit geschädigte Einzelbäume bereits früh zu identifizieren und diese auch zeitnah aus dem Bestand zu entfernen (früher sprach man von „Waldhygiene“), so würde dies zumindest in einigen (sicher nicht in allen) Fällen dem Borkenkäferbefall Grenzen setzen. Das betrifft allerdings immer das Kurieren an Symptomen, das Grundproblem ist die unzureichende Angepasstheit und/oder Anpassungsfähigkeit der Bestände.

Allerdings, und das geht in der kontroversen Diskussion oft verloren, existieren auch beim schlagweisen Hochwald weitere, durchaus schonendere Betriebsformen[161].

Beim „Saumschlag" beginnt die Nutzung von einer Seite des Bestandes und schreitet gegen die Hauptwindrichtung fort. Die Verjüngung kann hierbei durch Pflanzung oder Naturverjüngung erfolgen.

„Schirmschlag" bedeutet, den Bestand langsam auszudünnen und damit die Naturverjüngung einzuleiten. Diese kann durch Pflanzung, auch zusätzlicher Mischbaumarten, ergänzt werden.

Der „Femelschlag" schließlich arbeitet mit kleinflächiger Entnahme, so dass „Lichtinseln" im Bestand entstehen, auf denen sich dann

Abb. 63: Reichlich Früchte an einer Buche: Während eines Verjüngunszeitraumes sollten idealerweise alle Bäume einmal fruktifiziert haben, um die genetische Vielfalt als Grundlage der Anpassungsfähigkeit auch im Folgebestand zu erhalten.

die Naturverjüngung einfindet. Auch hier können weitere Arten durch Pflanzung ergänzt werden. Dieser Vorgang wird an immer wieder anderer Stelle wiederholt, bis der gesamte Bestand verjüngt ist.

Der Verjüngungszeitraum sollte bei den drei letztgenannten Verfahren hinreichend lange, d. h. je nach forstlicher Vorgehensweise und Standort zwei, drei oder mehr Jahrzehnte, dauern. Das hat einmal mit dem langsamen Fortschritt der Auflichtung zu tun, vor allem aber sollten die Nachkommen möglichst vieler Bäume des Erntebestandes in der Verjüngung vorhanden sein.

Damit möglichst viele Bäume des ursprünglichen Bestandes einen genetischen Beitrag zur künftigen Baumgeneration leisten können, müssen möglichst alle Bäume mindestens einmal während des Verjüngungszeitraumes fruktifiziert (Früchte ausgebildet) haben (vgl. Abbildung 63).

Da die Anzahl der fruktifizierenden Bäume nicht jedes Jahr gleich ist und z. B. bei Buche oder Eiche eine „Vollmast“ (d. h. sehr viele Bäume im Bestand tragen Früchte, vgl. Tabelle in Abbildung 64[160]) normalerweise nur im Abstand von mehreren Jahren auftritt, wird klar, dass man einen Eichen- oder Buchenbestand nicht einfach einmal „aus einem Guss“ verjüngen kann, sondern dafür lange Zeiträume benötigt.

Mast	Bäume im Bestand	Früchte oder Zapfen pro Baum
Fehlmast	< 10 % aller Bäume	keine oder wenige
Sprengmast	10–50 % aller Bäume	wenige bis zahlreiche
Halbmast	50–80 % aller Bäume	zahlreich bis üppig
Vollmast	> 80 % aller Bäume	üppig

Abb. 64: Einteilung der Baummast (nach Rohmeder)

NATURNAHE WALDWIRTSCHAFT – IN ZUKUNFT ALTERNATIVLOS?

Die Thematik der Waldverjüngung steht auch im Zentrum der „naturnahen Waldwirtschaft“. Unter diesem Begriff sollen hier die – sich im Detail minimal unterscheidenden – Nutzungskonzepte wie Naturgemäße Waldwirtschaft, ökologische Waldwirtschaft und Dauerwaldwirtschaft zusammengefasst werden.

Allen ist gemeinsam, dass sie mit an den Standort angepassten Baumarten, bevorzugt in Form von Mischbeständen, arbeiten und auf Kahlschläge verzichten. Das bedeutet nicht, dass nicht auch vom Menschen angesiedelte Baumarten wie die Douglasie eingesetzt werden können, sofern hinreichend lange Erfahrungen mit diesen Arten vorliegen.

Naturnahe Wälder sind, das sei noch einmal erwähnt, keine „Naturwälder“. Vorzugsweise in Süddeutschland bzw. im Alpenraum finden wir mit der „Plenterwaldwirtschaft“ dieses Grundprinzip in vielen Wäldern bereits seit Jahrhunderten verwirklicht. Plenterwälder müssen aber nicht zwingend Mischwälder sein, auch Reinbestände können plenterartig, d. h. durch kleingruppen- oder einzelstammweise Entnahme der Bäume bewirtschaftet werden.

Beginnend seit den 1990er Jahren wurden für die Forstbetriebe der Länder entsprechende Konzepte der naturnahen Bewirtschaftung verbindlich eingeführt. Dies war seinerzeit eine Konsequenz der Waldschäden durch Bodenversauerung (vgl. Kapitel 8). Mittlerweile existieren entsprechende Richtlinien in allen deutschen Bundesländern und vielen anderen europäischen Staaten. Viele Privatforstbetriebe und auch einige Kommunalwälder (z. B. die Stadtwälder von Lübeck oder Göttingen) arbeiten schon deutlich länger nach diesem Prinzip, andere, oft kleinere Privatbetriebe, haben ihre Wirtschaftsweise noch nicht umgestellt.

Um vom Altersklassenwald der Vergangenheit zu naturnahen Mischwäldern zu gelangen, bedarf es allerdings einer Übergangsphase.

Wir nennen diese Umwandlung der Bestände „Waldumbau". Wenn wir uns in Erinnerung rufen, wie lange Bäume leben und wie lang selbst die Umtriebszeiten in vergleichsweise intensiv bewirtschafteten Wäldern sind, so erkennen wir leicht, dass ein solcher Waldumbau je nach Altersverteilung der Bestände in einem Betrieb bis zu einer ganzen Umtriebszeit, also 100 Jahre und mehr, dauern kann. Die rund 30 Jahre bisherigen Waldumbaus machen nicht einmal ein Drittel dieser Zeit aus. Sofern nicht katastrophale Ereignisse wie die Orkane der letzten Jahrzehnte große Verjüngungsflächen geschaffen haben, müssen wir davon ausgehen, dass bisher auch nur maximal ein Drittel der Waldfläche in eine naturnahe Bewirtschaftung überführt werden konnte.

Für Bayern können wir beispielsweise anhand einer Auswertung der landesweiten Verbissgutachten feststellen, dass von 1990 bis 2009 der Laubholzanteil an der Verjüngung von 47 Prozent auf über 66 Prozent angestiegen ist (vgl. Abbildung 65)[69,83].

Naturnah bewirtschaftete Wälder werden nach anderen Kennzahlen gesteuert als Altersklassenwälder. Während für letztere unter anderem die Umtriebszeit und der Bestockungsgrad (dieser gibt an, wieviel Holz im fraglichen Bestand im Vergleich zu einer Normsituation vorhanden ist) maßgebliche Größen darstellen, rücken in naturnah bewirtschafteten Beständen etwa die Zielstärke und das Mischungsverhältnis in den Vordergrund[135]. Wir sprechen daher auch von der „Zielstärkennutzung": Ein Baum wird nicht entnommen, wenn er ein bestimmtes Alter erreicht hat, sondern die Ernte erfolgt dann, wenn ein bestimmter Durchmesser erreicht ist. Dies führt zu einer Entnahme von Einzelbäumen oder kleineren Gruppen, unabhängig davon, wie alt diese sind oder wo genau sie im Bestand stehen.

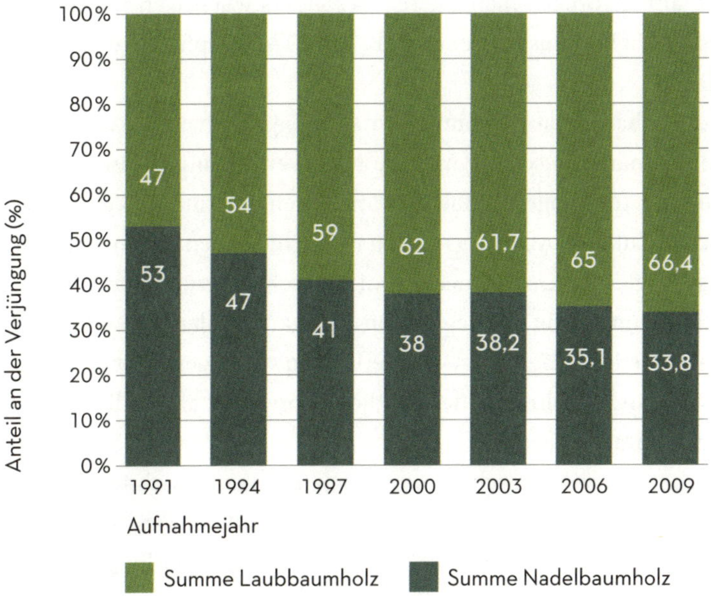

Abb. 65: Verbissgutachten wie hier am Beispiel Bayerns erlauben keine belastbaren Aussagen über Wildbestände, zeigen aber den langfristigen Fortschritt des Waldumbaus, hier die Zunahme des Laubholzanteils.

Allerdings birgt auch die Zielstärkennutzung ein nicht geringes Risiko für die Bestände: Werden grundsätzlich die wüchsigsten Bäume als erste entnommen, und gehen wir davon aus, dass das Merkmal „Dickenwachstum" auch genetisch mitbeeinflusst ist, so entnehmen wir diejenigen Bäume, welche dieses Merkmal an ihre Nachkommen vererben können, relativ jung. Somit wird das auf die Sicht mehrerer Baumgenerationen dazu führen, dass die vitalsten Bäume aus dem Bestand verschwinden. Sind diese nicht nur vital und wüchsig, sondern auch anpassungsfähig an sich ändernde Umweltbedingungen, so vermindern wir auf diese Weise auch die genetische Anpassungsfähigkeit. Darüber hinaus mehren sich die Hinweise, dass gerade die

Entnahme vorherrschender, also besonders wüchsiger Bäume den Bestand in Extremsituationen (z. B. lange Trockenphasen) eher destabilisiert.

Unabhängig davon können wir allerdings festhalten, dass bereits die Baumartenmischung und die Naturverjüngung bislang immer Garanten für stabile Waldökosysteme waren und sind. Das gilt sicher auch in Zukunft. Allerdings dürfen wir nicht aus den Augen verlieren, dass vergleichsweise schnelle, vom Menschen verursachte Umweltveränderungen mit überregionalen oder gar globalen Auswirkungen (saure Niederschläge, Klimawandel) in den vergangenen Jahrzehnten, also in einem Zeitraum, der deutlich geringer ist als ein Baumalter, zugenommen haben.

Die Baumartenmischung wird auch in Zukunft wichtig sein, vermutlich sogar wichtiger als je zuvor. Was wir in der Vergangenheit – insbesondere auch in der forstlichen Forschung – allerdings sträflich vernachlässigt haben, ist die Tatsache, dass wir nicht nur Angepasstheit an die aktuellen Umweltbedingungen benötigen, sondern zusätzlich noch ein hohes Maß an (genetischer) Anpassungsfähigkeit.

Hier könnte das klassische Konzept der naturnahen Waldwirtschaft an Grenzen stoßen: Um genetische Anpassungsfähigkeit zu schaffen, müssen wir bei der Begründung von Wäldern auch solche Bäume berücksichtigen, die an mögliche zukünftige Klimaszenarien angepasst sind, die unter heutigen Umweltbedingungen aber, wenn überhaupt, vielleicht gerade einmal überleben.

Anpassungsfähigkeit ist immer mit einer „genetischen Last" verbunden: Diejenigen Individuen, die im Laufe eines Bestandeslebens absterben, wären vielleicht gerade die, die am besten überleben, sobald sich die Umwelt ändert.

Naturverjüngung berücksichtigt diese Erfordernis schon sehr gut, da sie viel mehr kleine Pflänzchen erzeugt, als dies mit künstlicher Verjüngung machbar ist. Gleichwohl ist sie auf diejenigen genetischen

Varianten der Mutterbäume beschränkt, die im Ausgangsbestand vorhanden sind. Zusätzliche Variation kann nur durch den Pollenbeitrag aus umliegenden Beständen hinzukommen.

Somit müssen wir uns fragen, ob wir in Zukunft auch die naturverjüngten Bestände quasi „künstlich" um einen gewissen Anteil an Pflanzen ergänzen, die etwa aus viel trockeneren, viel wärmeren oder viel feuchteren Gebieten stammen, also am jeweiligen Standort derzeit definitiv nicht angepasst sind, die aber die Chance bieten, unter plötzlichen Umweltveränderungen, z. B. hin zum trockenen, zum warmen oder zum nassen Klima, zu überleben. Es ist das Prinzip der Versicherungsprämie: Man opfert eine kleine Summe, um im Falle eines Schadens nicht eine große Summe zu verlieren.

Das führt uns zu einem weiteren Problem speziell der Mischbestände: Das im vorangegangenen Abschnitt Gesagte lässt sich umso besser umsetzen, je mehr Bäume einer Art zum Zeitpunkt der Bestandesbegründung auf der Fläche stehen. In einem Mischbestand teilen sich verschiedene Baumarten jedoch die Fläche, jede einzelne Art ist mit weniger Individuen vertreten als im Reinbestand. Damit hat eine einzelne Baumart in einem Mischbestand ein geringeres genetisches Potential, denn weniger Bäume können auch nur weniger genetische Varianten beinhalten.

Dieses Problem wird aus Sicht des gesamten Waldbestandes aber dadurch entschärft, dass ja die Vielzahl der Baumarten auch ein zusätzliches „Anpassungspotential", und zwar auf Artenebene, beinhaltet: Kommt eine Art im Laufe eines langen Bestandeslebens an ihre Grenzen oder fällt ganz aus, so kann ggf. eine andere deren Platz einnehmen.

Die Langlebigkeit von Wäldern führt uns abschließend zu einer weiteren Frage: Derzeit finden wir zunehmend Vorschläge und auch Forderungen, Bäume und Wälder generell älter, vielleicht mehrere hundert Jahre und nicht nur 100 bis 150 Jahre alt werden zu lassen, die Umtriebszeit zu verlängern und damit die Stabilität von Waldökosystemen ebenso wie deren Fähigkeit, langfristig CO_2 zu speichern, zu verbessern[87,224,225].

Dieser Denkansatz ist ausgesprochen spannend und auch Gegenstand zum Teil kontroverser Diskussionen innerhalb der Forstwirtschaft.

Dabei erscheint es allerdings wichtig, dass wir klar hinsichtlich des jeweiligen Wirtschaftszieles unterscheiden. Lautet dieses „Naturschutz“ oder gar „Prozessschutz“, so ist die Sache klar: Solche Wälder sollen nicht genutzt werden, d. h. sie können alt werden. Ob wir generell mehr Wälder unter Schutz stellen und aus der Bewirtschaftung herausnehmen sollen, ist eine Frage, die wir später noch einmal diskutieren werden.

Nun könnte man aber auch daran denken, normalen Wirtschaftswäldern eine längere Umtriebszeit zu gewähren. Die bisher in der Forstwirtschaft gängigen Umtriebszeiten haben meist wirtschaftliche Gründe: Sie haben einerseits mit dem Verlauf des Baumwachstums zu tun, d. h. man versucht dann zu ernten, wenn die Bäume den Höhepunkt ihres Dickenwachstums gerade überschreiten. Damit wird das in den Bäumen gebundene „Kapital“ am besten amortisiert. Außerdem setzen bei manchen Baumarten im Laufe der Zeit Veränderungsprozesse ein – z. B. der „Rotkern“ bei der Buche – die zu einer Wertminderung des Holzes führen können.

Auch waren bis Mitte des 20. Jahrhunderts die Holzernte und der Holztransport weitgehend gefährliche Handarbeit, die nur bis zu bestimmten Dimensionen der Bäume zu leisten waren. Gleiches gilt für die Verarbeitung etwa in Sägewerken. Diese Probleme ließen sich heute durch Technikeinsatz sicher lösen, doch dieser ist einerseits teuer, andererseits würden große und schwere Maschinen, die eine 200-jährige Buche oder eine 400-jährige Eiche oder Linde mit einem enormen Stammdurchmesser bewegen können, die Waldböden verdichten und damit langfristig schädigen.

Wir erkennen, dass die Frage des langfristigen Überlebens unserer Wälder im Klimawandel kritisch davon abhängt, dass wir heute die richtigen waldbaulichen Entscheidungen treffen.

Uns steht eine Vielzahl von Optionen zur Verfügung; die Kunst ist es, daraus die vielversprechendsten Ansätze zu identifizieren und umzusetzen.

Die naturnahe Waldwirtschaft wird in den kommenden Jahrzehnten im Vordergrund stehen. Daneben wird kompletter Verzicht auf Nutzung der Wälder ebenso eine Rolle spielen wie die Rückbesinnung auf traditionelle Anbauverfahren wie beispielsweise Niederwälder. Die Themen Klimawandel und Biodiversität sollten auf diese Weise bestmöglich abgedeckt werden. Dabei müssen wir aber beachten, dass die Frage der Stabilität und des langfristigen Überlebens der Waldökosysteme im Vordergrund steht. Nur ein Wald, der langfristig überlebt, kann Kohlenstoff speichern. Verschiedene Ansätze auch der naturgemäßen Waldwirtschaft werden wir allerdings kritisch hinterfragen und ggf. auch durch geeignetere Vorgehensweisen ergänzen müssen.

8. WALDSCHÄDEN, WALDSTERBEN UND KLIMAWANDEL

In den vergangenen 50 Jahren wurden Wald, Waldschäden und Waldsterben regelmäßig in einem Atemzug genannt. Wenn eine öffentliche Diskussion um ein Problem so lange andauert, beginnen sich die Menschen irgendwann zu fragen, was eigentlich dahintersteckt: ob es sich um wirkliche Probleme handelt oder die Situation nur politisch „schlechtgeredet" wird und was bisher unternommen wurde, um die Probleme zu lösen. Oder ob man Probleme vielleicht gar nicht wirklich lösen möchte, weil man andere unangenehme Tatsachen hinter diesen verstecken kann.

Die Art der Diskussion ist nun keineswegs neu. In Kapitel 1 konnten wir zeigen, dass bereits Mitte des 19. Jahrhunderts in einer breiten Fachöffentlichkeit darüber gestritten wurde, wie schwerwiegend die – von keiner Seite als solches abgestrittenen – Waldverwüstungen tatsächlich seien. Und auch die Diskussion um Wald und Wild (Kapitel 4) hat mittlerweile den Charakter eines Dauerbrenners.

Im vorliegenden Kapitel wollen wir nun die Situation der Wälder seit der zweiten Hälfte des 20. Jahrhunderts genauer beleuchten, und dabei auf die Ursachen der beobachteten Schäden ein- und der Frage nach den „Fakes und Fakten“ nachgehen.

RAUCHSCHÄDEN AM RANDE GROSSER INDUSTRIEGEBIETE

Bereits seit Jahrhunderten, insbesondere aber seit Beginn der Industrialisierung im 19. Jahrhundert bekannt waren die „Rauchschäden“. Seit den 1960er Jahren hatten diese vor allem in Mitteldeutschland (Erzgebirge) dramatisch zugenommen.

Von Rauchschäden sprechen wir, wenn Industrieabgase mit dem Wind direkt in Wälder gelangen und dort vor allem die Blätter bzw. Nadeln direkt durch die Wirkung insbesondere von Schwefeldioxid (SO_2) oder Fluorverbindungen schädigen.

Besonders im Erzgebirge und dem Thüringer Wald, aber auch um das Ruhrgebiet traten derartige Schäden auf.

Das Problem negativer Wirkungen der Industrieabgase, zunächst auf Menschen und Tiere, wurde schon früh erkannt. Schon Mitte des 19. Jahrhunderts wurde daher in der Allgemeinen Gewerbeordnung des Königreiches Preußen vom 17. Januar 1845 der Bau hinreichend hoher Schornsteine vorgeschrieben.

Durch die Verlagerung der Emissionen in höhere Luftschichten erreichte man eine Verdünnung der Konzentrationen von Schadstoffen in Bodennähe. Gleichzeitig erfolgte aber in den höheren Luftschichten der Transport der Abgase in die unmittelbare Umgebung.

So kam es, dass im Umfeld von Industriestandorten, traditionell wegen der Nutzung der Wasserkraft gerne in Flusstälern gelegen, die Rauchgase in die umgebenden bewaldeten Hänge verdriftet, also passiv ausgebreitet wurden und dort die ersten umfangreichen Waldschäden verursachten.

Mit zunehmender Industrialisierung wurden mit der Zeit immer höhere Schornsteine erforderlich, um die Schadstoffe wenigstens im unmittelbaren Umfeld der Industriestandorte nicht immer weiter ansteigen zu lassen[139,192].

Wir sprechen in diesem Zusammenhang auch von einer „Politik der hohen Schornsteine"(vgl. Abbildung 67), die in den 1950er bis 1970er Jahren ihren Höhepunkt erreichte.

Besonders gravierende Schäden fanden sich seinerzeit auf dem Kamm des Erzgebirges, der stellenweise völlig entwaldet war. Hier waren es die Industrieabgase aus dem Böhmischen Becken, die durch Verbrennung von Braunkohle mit einem hohen Schwefelanteil be-

Abb. 67: Die „Politik der hohen Schornsteine" führte Ende des 20. Jahrhunderts zu Bodenversauerung auch in den industriefernen Regionen.

sonders aggressiv waren. Bei Südwindlagen wurden diese gegen die Hänge und Kammlagen des Erzgebirges gedrückt und verursachten dort extreme Schäden an den Wäldern.

Dass die hohen Schadstoffbelastungen nicht nur direkte Schäden an den Wäldern verursachten, sondern dass sie vor allem auch über die Böden wirkten, wurde ebenfalls bereits früh erkannt. So schreibt etwa der Tharandter Forst- und Landbauwissenschaftler Julius Adolph Stöckhardt (1809–1886) bereits im Jahre 1850:

„*Rücksichtlich der Wirkungsweise der schädlichen Bestandtheile des Hüttenrauchs auf das Pflanzenleben sind nach meinem Dafürhalten zwei specifisch verschiedene Fälle zu unterscheiden, nämlich eine directe oder acute Vergiftung der Pflanzen durch die mit ihnen in Berührung kommenden gas- oder dampfförmigen Säuren, und eine indirecte oder chronische Vergiftung des Bodens, auf dem die Pflanzen wachsen, durch lange Zeit fortgesetzte Zuführung von metallischen Dämpfen.*“[197]

In den folgenden Jahrzehnten gab es durchaus schon regelmäßig Untersuchungen zu den Versauerungswirkungen von Luftschadstoffen im Boden, umfangreichere, auf das Ökosystem gerichete Hypothesen wurden allerdings erst seit den 1970er und 1980er Jahren entwickelt[39,204,205].

WIRKUNGEN DES FERNTRANSPORTS VON SCHADSTOFFEN

Die älteren unter den Lesern können sich vermutlich noch gut an die Schlagzeilen der 1970er und 1980er Jahre erinnern: Die seinerzeit gängigen Medien, Presse und Fernsehen, berichteten in aufsehenerregenden Beiträgen vom Sterben der Wälder. Nur noch wenige Jahre, und große Teile des deutschen Waldes seien verschwunden, so hieß es.

Nun ist es damals ganz anders gekommen, in den 1990er und 2000er Jahren ging es den Wäldern wieder besser, das Bundesumweltamt erklärte das Waldsterben für beendet und man ging zur Tagesordnung über.

Wenn wir diese Vorgänge heute bewerten, so gibt es zwei grundlegend unterschiedliche Sichtweisen: Die eine ist, dass wir seinerzeit Opfer übertriebener Spekulationen einzelner Wissenschaftler geworden seien und sich „die Wissenschaft", insbesondere die forstlichen und ökologischen Fachdisziplinen, durch Panikmache und windige Prognosen maßlos blamiert hätten.

Wir können das Geschehen aber auch anders interpretieren: Erst die Tatsache, dass Wissenschaftler sich lautstark an Öffentlichkeit und Politik wandten und in den Medien regelmäßig präsent waren, hat zu einem Umdenken in der Politik geführt und dringend notwendige Veränderungen angestoßen.

Welche Sichtweise die zutreffendere ist, können wir im Nachhinein nicht mehr feststellen. Vermutlich liegt in beiden Lesarten ein Körnchen Wahrheit und diese irgendwo dazwischen.

In der aktuellen Debatte um den Klimawandel erscheint uns das alles wie ein *Déjà-vu*: Auch hier lehnen sich Wissenschaftler mit Hypothesen und Prognosen sehr weit aus dem Fenster, auch hier gibt es Menschen mit begründeten anderen Ansichten oder solche, die vor Alarmismus warnen. Und auch hier finden wir Stimmen, welche die von der Politik umgesetzten Lösungswege sehr kritisch sehen.

Was heute erschreckend anders ist: Kritische Ansichten werden deutlich weniger toleriert, wer nicht auf Linie eines fachlichen und politischen Mainstream liegt[206], wird schnell als „Klima(wandel) leugner" diffamiert[82].

Wissenschaft und Wahrheit

Wissenschaftliches Arbeiten strebt nach neuen Erkenntnissen und der Kern der Wissenschaft ist sicher die Suche nach Wahrheit. Die Betonung liegt allerdings auf „Suche nach"!

Einem Wissenschaftler, der behauptet, eine oder gar „die" Wahrheit gefunden zu haben, sollte man besser nicht trauen.

Dieses scheinbare Paradox lässt sich vereinfachend so auflösen: Die wissenschaftliche Erkenntnissuche erfolgt grundsätzlich in drei Schritten[145]. Zuerst werden Beobachtungen und Erfahrungen, Messwerte und andere Informationen zu einer Frage gesammelt. Aus dieser wird ein schlüssiger Erklärungsansatz, eine Hypothese formuliert. Können mehrere Hypothesen den Sachverhalt erklären, wählt man in der Regel die einfachste.

Der nächste und entscheidende Schritt ist der Versuch, die Hypothese zu widerlegen (zu „falsifizieren"). Denn Wissenschaft kann und soll (mit Ausnahme vielleicht der Mathematik und der theoretischen Physik) nichts beweisen. Sie kann und muss aber versuchen, Hypothesen zu widerlegen.

Erst wenn das durch gezielte Experimente, Messungen oder weitere Beobachtungen nicht gelingt, wird die Hypothese aufrechterhalten. Auf diese Weise entsteht aus mehreren Hypothesen im dritten Schritt eine „Theorie".

Auch eine Theorie kann allerdings durch neue Erkenntnisse wieder umgestoßen oder abgeändert werden. Wissenschaftliche Hypothesen und Theorien stellen demnach keine (objektiven) Wahrheiten dar. Sie bilden vielmehr eine Wirklichkeit nach dem aktuellen Stand des Wissens ab. Die „Durchlässigkeit" und Veränderungsfähigkeit des Systems sind seine Stärke und Schwäche zugleich.

Jedenfalls waren Forstleute, aber auch viele andere naturinteressierte Menschen zunehmend beunruhigt, als in den 1970er und 1980er Jahren Symptome wie Nadelverlust, abgestorbene Äste oder auch abgestorbene Bäume auftraten, und dies auch in Gegenden, in denen direkte Rauchschäden aus lokalen Industrieanlagen ausgesprochen unwahrscheinlich waren. Vorzugsweise fand man dieses Phänomen in den höheren Lagen der deutschen Mittelgebirge, im Harz, Solling, Sauerland, Schwarzwald, Oberpfälzer Wald oder Bayerischen Wald.

In besonderem Maße und oftmals als erste Baumart war in den letztgenannten Regionen auch die Weißtanne betroffen. Umfangreiche Symptome führten nicht selten zum Absterben des gesamten Baumes.

In der Öffentlichkeit sprach man zunächst von „neuartigen Waldschäden", bald aber auch vom „Waldsterben". Die Situation der Tanne schien in diesem Zusammenhang eine besondere zu sein. Seit den 1970er Jahren finden wir auch regelmäßig den Begriff des „Tannensterbens" oder der „Tannenkomplexkrankheit". Doch dazu später mehr.

Über die Ursachen dieser neuartigen Waldschäden wurde zunächst viel spekuliert. Einerseits machte man, ähnlich wie heute, Folgewirkungen der ausgeprägten Trockenjahre um die Mitte der 1970er Jahre verantwortlich. Andererseits wurde schnell klar, dass offenbar weitere Faktoren eine Rolle spielen mussten. Die fachliche Diskussion ging dabei von Deutschland aus, auch wenn in anderen Ländern wie Österreich, Frankreich oder der Schweiz ebenfalls Schäden auftraten. In Frankreich wurde und wird bis heute *„le waldsterben"* allerdings eher als ein typisch deutsches Angstphänomen eingestuft und von vielen nur milde belächelt.

Der Göttinger Forstwissenschaftler Bernhard Ulrich (1926–2015) griff die alten Erkenntnisse der Wirkung von Luftschadstoffen über die Böden wieder auf und entwickelte zusammen mit seinen Kollegen daraus eine umfassende und sehr detaillierte Hypothese bzw. Theorie zur Erklärung der damaligen Waldschäden[205].

Diese geht zunächst von der Emission verschiedener Schadstoffe, insbesondere Schwefeldioxid (vgl. Abbildung 68), Chlor, Stickoxide und Schwermetallen aus Industrie und Verkehr aus. Dabei kommt es, gerade durch die oben erwähnte „Politik der hohen Schornsteine" zu einer Entlassung dieser Stoffe in vergleichsweise hohe Luftschichten, anschließende weitere Verwirbelung und einem Ferntransport über Strecken von mehr als 1000 Kilometern.

Diese Stoffe gelangen dann auf unterschiedliche Weise in die Böden, bevorzugt in den Wäldern der Mittelgebirge, wo sie durch die Baumkronen ausgefiltert werden oder mit dem Regen herabfallen. Die Bezeichnung „saurer Regen" hat hier ihren Ursprung.

Das gasförmige Schwefeldioxid (SO_2) löst sich nämlich in den Wassertröpfchen von Regenwolken oder Nebel und bildet auf diese Weise Schwefelsäure. Ähnliches gilt für die aus Verbrennungsprozessen mit hoher Temperatur (z. B. in Kraftfahrzeugen) stammenden Stickoxide, welche auf diese Weise Salpetersäure bilden können. Das Chlor aus der Verbrennung von PVC kann Salzsäure bilden.

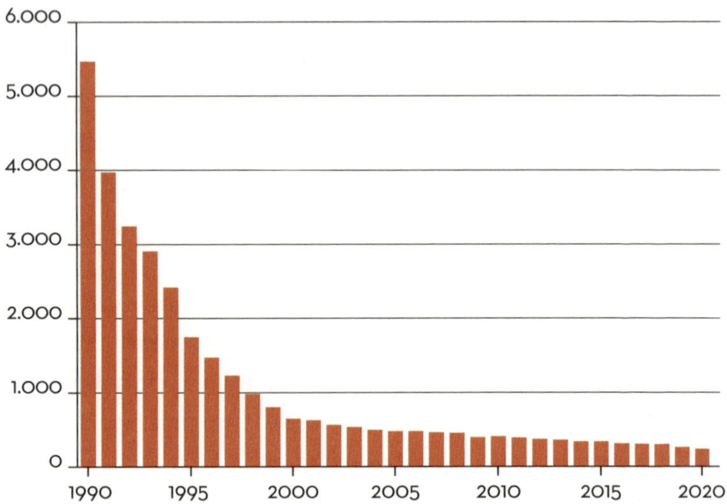

Abb. 68: Entwicklung der Schwefeldioxidemissionen seit 1990. Schwefeldioxid war bis in die 1980er Jahre die wichtigste Ursache für saure Niederschläge.

Nun finden wir in der Luft auch Staub, welcher einen Teil dieser Säuren gleich wieder neutralisieren kann, beispielsweise das Kalzium aus dem Staub von Ackerböden, oder das Ammoniak, welches z. B. aus den in der intensiven Landwirtschaft heute entstehenden großen Güllemengen entweicht.

Der verbleibende Rest an „saurem Niederschlag" gelangt entweder auf die Pflanzenoberflächen (Blätter, Äste) und wird dort für eine gewisse Zeit „festgehalten" („Interzeption") oder gelangt direkt auf die Bodenoberfläche und von hier aus weiter in die Böden. Diese bilden dank ihrer physikalischen und chemischen Zusammensetzung ideale Speicher für verschiedene Substanzen.

Die so in die Waldböden eingetragenen Nährstoffe können zunächst einen Wachstumsschub auslösen. Dadurch wurden die Probleme eines solchen Schadstoffeintrags in die Böden lange nicht erkannt.

Die eingetragenen Säuren sammeln sich zunächst im Waldboden an und können dort zunächst bis zu einer gewissen Menge vor allem durch Calcium- und Magnesium-Ionen neutralisiert („gepuffert") werden. Wenn das nicht mehr möglich ist, die „Pufferkapazität" überschritten ist, sinkt der Boden-pH-Wert, was wiederum neue Probleme mit sich bringt. Neben der Ansammlung von (giftigen) Schwermetallen bilden sich auch Aluminium-Verbindungen. Letztere setzen unter bestimmten Bedingungen für die Pflanze ebenfalls giftige Aluminium-Ionen frei. Alles zusammen führt zur Schädigung der Mikroorganismen im Boden, der Feinwurzeln, aber – durch Aufnahme der Schwermetalle über das Wurzelsystem – auch zu Schäden an Blättern und Rinde. Die Schäden im Wurzelsystem machen Waldbestände anfälliger gegen Windwurf, da die Verankerung nicht mehr hinreichend gewährleistet wird.

Diese hier beschriebene Theorie erklärt die Destabilisierung der Waldökosysteme durch saure Niederschläge und auch einen großen Teil der seinerzeit beobachteten Waldschäden.

Wildschäden im Wald als Folge der Bodenversauerung

Als Konsequenz der Bodenversauerung können auch vermehrte Wildschäden im Wald infolge von Fraßeinwirkungen durch Rotwild erklärt werden.[204,205] Die Ansammlung von Schwermetallen im Boden und die sukzessive Verlagerung (im Rahmen der Bodenversauerung) in tiefere Bodenschichten können dazu führen, dass viele Schwermetalle, die gleichzeitig wichtige Spurenelemente für Mensch und Tier darstellen, nicht mehr in den oberen Bodenschichten für die krautigen Pflanzen verfügbar sind. Sie werden also vom Wild mit der normalen Nahrung nicht mehr hinreichend aufgenommen.

Bäume hingegen mit ihrem tiefer reichenden Wurzelwerk nehmen diese Substanzen sehr wohl auf, müssen sie aber, da in zu großer Menge giftig, irgendwo abspeichern, wo sie keinen Schaden anrichten. Dies geschieht typischerweise in der Rinde. Wenn Rothirsche nun über die Gräser und Kräuter die erforderlichen Spurenelemente, insbesondere das für Wiederkäuer extrem wichtige Cobalt, nicht mehr in hinreichendem Maße aufnehmen können, müssen sie diese dort suchen, wo sie von den Bäumen deponiert werden, in der Rinde. „Schälschäden“ infolge des „Abschälens“ und Äsens von Baumrinde können auf diese Weise zumindest miterklärt werden.

Neben den sauren Niederschlägen lösten Menschen allerdings in der Vergangenheit und teils bis heute auch durch andere Eingriffe Versauerungsschübe im Boden aus. So stehen auch die Waldrodungen seit der Jungsteinzeit, die intensive Nutzung der Wälder durch Waldweide, die Laubstreunutzung, aber auch der Anbau von Nadelbaumarten mit schwer zersetzbarer Streu und andere Eingriffe in Verdacht, Waldökosysteme zu destabilisieren.

Andere Autoren sahen neben der Bodenversauerung weitere Ursachen für die Schädigung der Bäume, insbesondere eine direkte

Wirkung etwa von Schwefel, Stickstoff, Ozon und anderen potentiell schädlichen Substanzen, aber auch die Bestandesstruktur, Witterungs- und Klimaeinflüsse, biotische Schaderreger (z.B. Insekten, Pilze, Fadenwürmer u.a.) oder auch die genetische Zusammensetzung der Waldbestände[179]. Insgesamt lief also die Diskussion auf die Frage hinaus, ob tatsächlich der Bodenversauerung, über die als solche weitgehend Konsens herrschte, die entscheidende Bedeutung zukam, oder ob eine Vielzahl an Faktoren im Sinne einer „Komplexerkrankung" wirksam war. Wir werden darauf noch einmal zurückkommen, wenn wir uns mit den aktuellen Phänomenen absterbender Bäume nach mehreren Trockenjahren befassen.

Generell werden als Folgen dieser Destabilisierung des Ökosystems die erwähnten Wurzelschäden mit der Gefahr vermehrter Windwürfe, die Einschränkung des physiologischen Reaktionsvermögens der Bäume und als Folge eine vermehrte Anfälligkeit für Trockenheit, Insekten, Pilze oder andere Krankheitserreger gesehen. Es ist daher eine wichtige, allerdings bis heute noch weitgehend offene Frage, inwieweit sich die aktuell zu beobachtenden Waldschäden teilweise auch als Spätfolgen der Bodenversauerung insbesondere infolge von Immissionen aus Industrie und Straßenverkehr im letzten Viertel des 20. Jahrhunderts interpretieren lassen.

Interessant und für uns heute sehr lehrreich ist auch die Frage der öffentlichen Kommunikation des Themas Waldsterben in den Anfangsjahren, die wir in diesem Zusammenhang einmal beleuchten wollen.

Viele Wissenschaftler und Publizisten gehen heute davon aus, dass dieses oben beschriebene Waldsterben ein „Phantom"[229] war, welches in der vorausgesagten Form erst spät und nie wirklich eindeutig beobachtet werden konnte und deswegen auch bereits in den 1990er Jahren wieder vom „Radar" der Medien ebenso wie der Forschung weitgehend verschwunden war.

Dazu trugen vermutlich mehrere Punkte bei. Zum einen waren die für Fachleute durchaus sichtbaren Symptome der Waldschäden für den Laien nicht immer leicht erkennbar. Zu erkennen, ob eine Fichte noch fünf oder sechs Nadeljahrgänge aufwies oder nur noch drei, ob ein Buchenblatt auffällige Verfärbungen zeigte oder wie vorgeschädigte Feinwurzeln an einem Wurzelteller einer vom Wind geworfenen Fichte aussehen, erforderte schon einen geübten Blick. Außerdem waren viele der mit dem Waldsterben durch Immissionsbelastung in Verbindung gebrachten Symptome an Bäumen hinreichend aus anderen Zusammenhängen bekannt: Schadinsekten, Trockenjahre oder – im Gegenteil – zu nasse Standorte konnten ganz ähnliche Schäden verursachen. Die meisten Bürger, Politiker und selbst viele Forstpraktiker mussten die Symptome, die quasi im wissenschaftlichen Elfenbeinturm definiert worden waren, erst sehen und interpretieren lernen.

Dementsprechend brauchte es mehrere Jahre (im Wesentlichen die erste Hälfte der 1980er Jahre), bis die Möglichkeit einer neuen oder zumindest in dieser Intensität und Bedrohlichkeit erstmals in Erscheinung tretenden Erkrankung der Wälder in Betracht gezogen wurde.

Ein zweiter wichtiger Punkt dürfte die Tatsache sein, dass in der öffentlichen Kommunikation wissenschaftliche Hypothesen (vgl. Kasten oben) nicht mit dem erforderlichen kritischen Blick, sondern als Wahrheiten oder zumindest als Prognosen etwa im Sinne einer Wettervorhersage gewertet wurden.

Wenn solche wichtigen Details nicht beachtet werden, kann das sehr schnell zu einer Eigendynamik von „halbwahren" Vorstellungen und Ansichten führen, welche schließlich als „Fake News" für lange Zeit unerkannt ihr Unwesen treiben. Das können wir heute sowohl in der Covid-19-Debatte als auch in der Diskussion um den Klimawandel sehen. Daran sind Wissenschaftler nicht ganz unschuldig, vor allem dann, wenn diese, aus welchen Gründen auch immer, selbst nicht eisern die Grundsätze guten wissenschaftlichen Arbeitens beachten: wenn sie Erkenntnisse, die nicht der vorherrschenden Meinung entsprechen, nicht veröffentlichen, wenn sie Über- oder Fehlinterpretationen entweder leichtfertig selbst liefern oder diesen nicht deutlich genug entgegentreten und vor allem, wenn sie in eigener Selbstüberschätzung das stetige Hinterfragen der eigenen Ergebnisse und Rückschlüsse nicht zur obersten Leitlinie machen.

Die Verantwortung des individuellen Wissenschaftlers thematisiert bereits Bertolt Brecht in seinem „Leben des Galilei". Diesen lässt er in der 14. Szene[23] einen ganz zentralen Satz sagen, nachdem er seine Erkenntnisse vor einem Inquisitionsgericht wider besseres Wissen widerrufen hatte: *„Hätte ich widerstanden, hätten die Naturwissenschaftler etwas wie den hippokratischen Eid der Ärzte entwickeln können, das Gelöbnis, ihr Wissen einzig zum Wohle der Menschheit anzuwenden! Wie es nun steht, ist das Höchste, was man erhoffen kann, ein Geschlecht erfinderischer Zwerge, die für alles gemietet werden können.*"

Bernhard Ulrich hat vieles richtig gemacht, er hat sich zu seinen Forschungsergebnissen immer klar bekannt, doch er hat auch seine Studentinnen und Studenten immer wieder darauf hingewiesen, dass seine Resultate den Charakter von Hypothesen haben, dass sie keine „Wahrheiten" darstellen.

Vielleicht hat er allerdings das Ausmaß der öffentlichen und politischen Vereinnahmungen, vermeintlich im Dienste der „guten Sache", unterschätzt, diesen nicht deutlich genug widersprochen? Das mag sein, doch sollten wir ihn dafür keinesfalls kritisieren. Denn wir dürfen nicht den heute allseits beliebten Fehler begehen, historische Zusammenhänge vor dem Hintergrund unserer heutigen Kenntnisse (und Normen) zu bewerten. In den 1980er Jahren war beispielsweise die Dynamik, welche Umweltorganisationen in der Öffentlichkeit entfalten können, noch nicht so selbstverständlich bekannt wie heute.

Wie auch immer, die Zahl der Fachpublikationen zum Thema „Waldsterben“ ging bereits zum Ende der 1980er Jahre hin zurück[229], in den 1990er Jahren war, so könnte man sagen, der Spuk beinahe vorbei. Die forstwissenschaftliche Forschung nahm sich des Themas weiterhin an, allerdings in deutlich geringerem Umfang, und regelmäßig bis heute erscheinende amtliche Waldzustandsberichte dokumentieren die Situation.

Analysen des Zusammenspiels von wissenschaftlicher Forschungs- und Publikationstätigkeit und deren Emotionalisierung und Politisierung in den Medien zeigen eine hohe Eigendynamik der gesamten Diskussion[175,215].

Man gewinnt dabei den Eindruck, dass die Diskussion um das Waldsterben durch saure Niederschläge, ähnlich wie zuvor die hochgradig emotional geführte Debatte um den Ausbau der Nutzung der Kernenergie, ganz neue Gewichtungen der unterschiedlichen gesellschaftlichen Akteure, in diesem Falle Forstwissenschaft, Forstpraxis, Politik, Medien (damals lediglich aus Printmedien und öffentlich-rechtlichem Rundfunk bestehend) und Lobbygruppen, hervorbrachte.

Insbesondere die Bedeutung der Naturschutzverbände, die in den frühen 1980er Jahren noch überschaubar war, wuchs zusehends. Durch Anti-Atom-Debatte und Waldsterbens-Diskussion dürfte der gesellschaftliche Einfluss der Naturschutzverbände gegenüber anderen Lobbygruppen (z. B. Forstwirtschaft oder Industrie) deutlich gewachsen sein.

Interessant ist auch: Der heute schon wie selbstverständlich in der Diskussion um Umweltfragen wahrgenommene Alarmismus, das Erzeugen von Katastrophenszenarien, erlebte damals so etwas wie eine Generalprobe.

Das soll nicht heißen, dass die Probleme nicht real existierten, im Gegenteil, doch der Umgang damit erreichte eine andere Qualität.

Die Diskussion um das Waldsterben verschwand jedenfalls aus

der öffentlichen Debatte gegen Ende des Jahrzehnts genauso schnell, wie sie gekommen war. Möglicherweise trug auch die mindestens ebenso emotional geführte Diskussion um die deutsche Wiedervereinigung nicht unerheblich dazu bei.

Nun müssen wir uns noch mit der Frage beschäftigen, warum das von Forschern in den 1980er Jahren prognostizierte oder zumindest für möglich gehaltene großräumige Absterben von Waldbeständen aufgrund der Luftverschmutzung nicht – oder *noch* nicht? – eingetreten ist.

Dazu ist als erstes die Frage zu klären: Gab es das Waldsterben in der oben beschriebenen Form wirklich oder war die Wissenschaft letztlich ein Opfer eigener Selbstüberschätzung, katalysiert durch wachsende Macht von Verbänden und Medien?[121] Schließlich sind, anders als im Falle der Rauchschäden, die Bestände nicht großflächig abgestorben. Sie zeigten allerdings vielerorts durchaus Symptome einer schweren Schädigung, in manchen Beständen starben auch deutlich mehr Bäume als gewöhnlich. Doch es starben Bäume, nicht Wälder.

Hat die Tatsache, dass bereits etwa ein Jahrzehnt später die Wälder wieder gesünder aussahen, dass das flächenhafte Absterben nicht stattfand und sich bis heute auch keine „Säuresteppe" entwickelt hat, vielleicht doch damit zu tun, dass die Alarmrufe aus der Wissenschaft gerade noch zur rechten Zeit kamen, dass also „das Ruder noch rechtzeitig herumgeworfen" werden konnte?

Gegen diese Sichtweise spricht der – aus Sicht eines Waldes – vergleichsweise kurze Zeitraum von rund einer Dekade. Gerade die tiefgreifenden Veränderungen der Böden lassen sich nicht kurzfristig wieder rückgängig machen, so dass wir mit deutlich länger anhaltenden Auswirkungen hätten rechnen müssen.

Es gibt noch eine dritte Möglichkeit: Vielleicht sind ja die seit einigen Jahren zu beobachtenden und ganz offensichtlich – oder doch nur auf den ersten Blick? – mit langen Trockenperioden zusammenhängenden Schäden der Wälder doch mehr als reine Trockenheitsfolgen. Das würde bedeuten, dass wir auch beim Thema Waldsterben möglicherweise die Langfristigkeit der Prozesse in unserer menschlichen, viel zu kurzfristigen Betrachtungsweise unterschätzt haben. War also „das Waldsterben" am Ende niemals vollständig verschwunden, sondern hat es nur einmal tief durchgeatmet, um nun erneut zuzuschlagen?

Sicher ist diese Hypothese nicht auszuschließen, aber letztlich fehlen auch dafür klare Belege. Außerdem müssen wir bedenken: Politisch würde diese Lesart ebenfalls nicht ins Bild passen. Denn derzeit ist der Kampf gegen den Klimawandel angesagt. Eine Spätfolge der alten Probleme können wir da – selbst als Hypothese – nun gar nicht gebrauchen.

WÄLDER IM KLIMAWANDEL

In Zusammenhang mit der Diskussion um den Klimawandel, unabhängig davon, wer diesen zu welchem Anteil zu verantworten hat, stehen Wälder aus zwei ganz unterschiedlichen Gründen im Zentrum des Interesses.

Einerseits gehören sie weltweit zu den wichtigsten und wirksamsten Instrumenten im Kampf gegen den Klimawandel. Andererseits besteht durchaus Grund zur Sorge, dass gerade diese wichtigen Ökosysteme als erste zu Opfern der Klimaveränderungen werden können.

Modelle – die Wahrsager/innen des 21. Jahrhunderts?

Aus der Debatte um das Waldsterben in den 1980er Jahren haben wir gelernt, dass seriöse Voraussagen in Bezug auf komplexe ökologische Zusammenhänge so gut wie unmöglich sind. Zu viele Faktoren wirken auf die Ökosysteme, viele davon sind noch zu wenig bekannt bzw. in ihrer Wirkungsweise in spezifischen Situationen nicht vorhersehbar.

Mit rapide zunehmenden Datenmengen und verbesserter Leistung von Rechenanlagen versucht man, dieses Problem zunehmend durch Modellierung, etwa in Form von Klimamodellen oder Modellen der Waldentwicklung, zu lösen: Eine aktuelle Situation oder auch deren zukünftige Entwicklung wird mit Hilfe mathematischer Algorithmen in ihren Prozessen und ihrer Funktionalität beschrieben. Daraus sollen Szenarien für die Zukunft entwickelt werden. Ein Modell bildet somit eine rechnerische Annäherung an eine vermutete Realität, gespeist aus einer Vielzahl (oft empirischer) Daten unterschiedlicher Qualität.

Die immer höhere Komplexität von Modellen führt nun regelmäßig dazu, dass selbst für Fachleute die Erfordernis, der Sinn und die Validität ökologischer Modelle keineswegs immer transparent sind. Der Wert z. B. ökologischer Modelle liegt letztlich darin, komplexe Vorgänge vom Grundsatz her zu verstehen. Sie sind aber keine Instrumente, mit denen die Zukunft vorausgesagt werden kann. Daher wird man von seriösen Wissenschaftlern auf der Basis von Modellen auch keine „Prognosen“ hören, sondern sie werden uns unterschiedliche Szenarien liefern, Denkansätze und Diskussionsgrundlagen, wie eine zukünftige Entwicklung aussehen *kann*.

Wie in Kapitel 3 beschrieben, ist die Existenz von Wald kritisch von einer bestimmten Jahresniederschlagsmenge abhängig. Sollte in bestimmten Regionen Mitteleuropas in Zukunft diese Menge regelmäßig und langfristig unterschritten werden, könnte der Wald dort verschwinden. Ob und ggf. wo dies eintreten kann, ist eine offene

Frage, da die konkreten, lokalen Auswirkungen eines veränderten Klimas definitiv nicht vorhersagbar sind. Wir können lediglich gedanklich unterschiedliche Szenarien durchspielen.

Dabei ist das großräumige Verschwinden von Wald allerdings ein – auf ganz Mitteleuropa gesehen – nicht sehr wahrscheinliches Szenario. Lokal auf bestimmten Standorten, die derzeit bereits Probleme mit der Wasserversorgung der Bäume haben, kann dieser Fall allerdings durchaus eintreten.

Generell ist auch unklar, ob die bislang wohl am häufigsten beschriebenen Szenarien des Klimawandels, die regelmäßigen langen (sommerlichen) Trockenphasen, in dieser Form wirklich dauerhaft eintreten werden, oder ob, vereinfacht gesagt, die zunehmende Erwärmung der Atmosphäre zu einer größeren Verdunstung und damit auch zu höheren Niederschlagsmengen führen wird. Das kann wiederum flächig, aber auch lokal oder saisonal oder auch etwa in Form einer Zunahme von Starkregenereignissen geschehen. Was da auf uns konkret zukommt, wissen wir nicht.

Wir wissen allerdings, dass sich die Umweltbedingungen für Wälder, d. h. konkret die standörtlichen Bedingungen für die Bäume, ändern werden. Diese Änderung erfolgt darüber hinaus vergleichsweise schnell. Dies betrifft einerseits etwa Niederschlagsmenge, Temperatur und, damit zusammenhängend, die Länge der Vegetationsperiode und hat für die einzelnen Baumarten durchaus unterschiedliche Konsequenzen. So kann sich etwa die Phänologie ändern, also z. B. die Zeitpunkte des Laubaustriebes oder des Abwerfens der Blätter.

Vegetationsperioden verlängern sich[124], und damit die Zeit des Wachstums. So etwas sollte sich für den Baum zunächst positiv auswirken, kann er doch mehr Zuwachs leisten und ist konkurrenzstärker. Die zunehmende Konkurrenzstärke gilt allerdings auch für alle anderen Bäume und krautigen Pflanzen, relativiert sich also wieder.

Abb. 69: Trockenheit kann zu früher Blattverfärbung und vorzeitigem Laubfall einzelner Baumindividuen (hier eine Aufnahme aus dem August 2022) führen.

Gleichzeitig vergrößert ein früher Austriebszeitpunkt das Risiko, durch Spätfröste Schaden zu erleiden: Knospen ertragen Fröste besser als bereits ausgetriebene Blätter oder Triebe. Allerdings erholen sich Arten wie Eiche oder Buche von Frostschäden auch wieder und ertragen Trockenheit im Frühjahr besser als etwa die Fichte oder Lärche[208]. Probleme durch die verlängerte Vegetationsperiode könnten beispielsweise auch im Zusammenwirken von bestäubenden Insekten und Bäumen auftreten, Wärmeperioden während der Wintermonate bergen die Gefahr, dass der dadurch aktivierte Stoffwechsel der Bäume ebenfalls zu Schäden durch Frost führt.

Auch im Herbst könnte sich die Vegetationsperiode verlängern, sie könnte sich aber auch verkürzen, wenn nämlich die Wasservorräte im Boden schneller aufgebraucht sind und Bäume aufgrund von Trockenperioden ihre Blätter verfrüht abwerfen.

Trockenperioden stellen auch das aktuell sichtbarste Problem dar: Vielerorts finden wir schon abgängige Bestände, insbesondere betrifft dies die Fichte, aber auch Kiefern, Buchen und Eichen vertrocknen. Im Falle der letztgenannten Baumarten sterben – noch – Bäume, keine Wälder (vgl. Abbildung 69). Bei der Fichte sieht das jedoch teilweise bereits anders aus.

Zahlreiche Schadfaktoren werden sich in Zukunft ebenfalls verändern[70,113,133], so kann etwa die Intensität der Borkenkäferbesiedlung in warmen Jahren deutlich ansteigen, Waldbrände treten in Trockenperioden häufiger auf, um nur zwei Beispiele zu nennen.

Schadfaktoren wirken, auch das erkennen wir aktuell sehr deutlich, nicht isoliert, sondern sie verstärken sich gegenseitig. Trockenheit bedingt beispielsweise deutlich geringere Abwehrkräfte der Bäume gegenüber Schadorganismen. Das klassische Beispiel ist die Schädigung der Fichte durch Trockenheit, welche schnell einen Befall mit den für die Fichte typischen Borkenkäferarten, Buchdrucker und Kupferstecher, nach sich zieht, welche dann die vorgeschädigten Bäume zum Absterben bringen. Auch dies ist übrigens eine interessante Parallele zu den Waldschäden der 1980er Jahre. Auch damals folgte auf die Schwächung der Bäume durch Wurzel- und Nadelschäden bald der Befall mit Borkenkäfern oder Windwürfe.

Wir müssen somit davon ausgehen, dass die mitteleuropäischen Wälder sich in Zukunft deutlich verändern. Dies ist erst einmal nichts Besonderes, da sich alle Ökosysteme über die Jahrhunderte oder Jahrtausende verändern. Genauso verändern sich die Artenzusammensetzungen oder die genetischen Strukturen innerhalb einer Art über die Zeit (vgl. unten). Die Besonderheit durch den Menschen beeinflusster Veränderungen liegt in der vergleichsweise hohen Geschwindigkeit, mit der sich Änderungen vollziehen.

So ist es nicht unwahrscheinlich, dass sich die Verbreitungsareale bestimmter Arten ausdehnen und anderer Arten verkleinern. Bislang gehen wir mehrheitlich davon aus, dass vor allem Wärme und Trockenheit die bestimmenden Einflussfaktoren sein werden.

Dies würde etwa dazu führen, dass sich für viele Arten (z. B. Fichte, Kiefer, Buche und Eiche) die südliche Verbreitungsgrenze eher nach Norden verlagert. Große Risiken werden besonders für die Fichte gesehen, deren Verbreitungsgebiet sich deutlich in Richtung Norden bzw. höhere Lagen im Gebirge verändern könnte. Grundsätzlich sollten aber die vier genannten Baumarten in Mitteleuropa weiterhin am häufigsten bleiben, auch wenn weitere, insbesondere mediterrane Arten wie Esskastanie, Flaumeiche oder Schwarzkiefer ihr Verbreitungsgebiet weiter nach Norden ausdehnen[25].

Eine wichtige Aufgabe der Forstwirtschaft ist es, diese Entwicklungsoptionen in die forstliche Praxis einzubeziehen. Das wiederum kann auf unterschiedliche Weise geschehen, wie wir später noch sehen werden. Die biologische, genauer gesagt die evolutionsbiologische Basis für derartige Maßnahmen ist die Tatsache, dass jedes Individuum, jeder einzelne Baum anders als alle anderen Artgenossen ist. Dazu hat seine Entwicklung auf dem jeweiligen Standort beigetragen, aber auch das Erbe, welches er von seinen Elternbäumen mitbekommen hat, der „Genotyp". Bäume unterscheiden sich also nicht nur zwischen den Arten, sondern die Individuen innerhalb einer Art zeigen ebenfalls oft deutliche genetische Unterschiede. Besonders deutlich ist dies etwa bei Stiel- und Traubeneiche, welche biologisch gesehen als ein und dieselbe Art gelten können, sich aber in ihrem Äußeren, dem „Phänotyp", mehr oder weniger deutlich unterscheiden.

Ein Baumbestand, ein Wald wird dann langfristig überleben, wenn hinreichend viele Bäume darin die erforderlichen genetischen Eigenschaften aufweisen, die es ermöglichen, unter geänderten Umwelt-, in diesem Falle also Klimabedingungen, zu überleben. Dafür bedarf es einer hinreichend hohen physiologischen, vor allem aber genetischen Angepasstheit und Anpassungsfähigkeit.

ANGEPASSTHEIT UND ANPASSUNGSFÄHIGKEIT

Klimawandel, aber auch alle anderen Umweltfaktoren erfordern von Wäldern eine stetige Anpassung an ihre Umwelt. Diese Anpassung kann grundsätzlich auf zweierlei Wegen entstehen.

Zum einen können sich Individuen, also Einzelbäume anpassen. Dies geschieht über physiologische Prozesse. So können sie bei Wassermangel beispielsweise die Verdunstung reduzieren, indem sie die Spaltöffnungen der Blätter schließen oder sogar Blätter vorzeitig abwerfen. Sie können aber beispielsweise auch durch vermehrtes Wurzelwachstum versuchen, Wasser in tieferen Bodenschichten zu erreichen. Jeder einzelne Baum, jedes Individuum kann das eine oder das andere oder beides weniger gut oder besser. Auf diese Weise erklärt sich, dass beispielsweise in einem Waldbestand in langen Trockenperioden völlig grüne Bäume neben vertrocknenden oder sogar abgestorbenen Exemplaren derselben Art zu beobachten sind.

Ein Lebewesen besitzt hinsichtlich seiner Lebensvorgänge eine mehr oder minder breite „physiologische Amplitude". Innerhalb dieses Rahmens kann es auf Änderungen der Umweltbedingungen reagieren. Diese Amplituden, das ist der entscheidende Punkt, können für jedes Individuum und für jeden Umweltfaktor unterschiedlich aussehen. Der eine Baum kommt möglicherweise besser mit Trockenheit klar, ein anderer mit tiefen Wintertemperaturen, wiederum andere vielleicht mit Früh- oder Spätfrösten, Salzbelastung des Bodens oder mit bestimmten Schadstoffen in der Atmosphäre.

Es gibt allerdings nicht das „Super-Individuum", welches auf alle möglichen Stressfaktoren gleich gut reagiert[67,99].

An dieser Stelle kommt die Genetik ins Spiel: Eine Vielzahl von Bäumen, ein Wald, ist daher weit über die Möglichkeiten des Individuums hinaus in der Lage, auf solche Stressfaktoren zu reagieren. Dazu benötigt diese Gruppe allerdings eine gewisse Vielfalt in ihrer genetischen Ausstattung (vgl. Abbildung 70). Dabei müssen wir zwischen Angepasstheit an die Umwelt und Anpassungsfähigkeit unterscheiden[101,228].

Angepasstheit bezieht sich immer auf eine bestimmte Umweltsituation zu einem bestimmten Zeitpunkt. Erstreckt sich ein Wald etwa ausgehend vom Ufer eines Flusses hangaufwärts, so finden wir im Boden durchaus unterschiedliche Bedingungen vor. Von feucht oder gar sumpfig und gelegentlich überflutet ganz unten am Fluss bis vielleicht sehr trocken am Oberhang. Das führt dazu, dass sich dieser Wald einerseits aus unterschiedlichen Baumarten zusammensetzen kann, andererseits kann es sich auch um Baumindividuen ein und derselben Art handeln, wobei diese dann sehr unterschiedliche genetische Eigenschaften haben.

Abb. 70: Beispiel für genetische Unterschiede hinsichtlich des Austreibens im Frühjahr: Von zwei unmittelbar nebeneinanderstehenden Buchen hat eine bereits ausgetrieben (Hintergrund), die andere noch nicht (vorne).

Ein interessantes Beispiel ist hier die bereits erwähnte Eiche, die sogar in Form morphologisch deutlich unterschiedlicher Ökotypen oder Unterarten der Stiel- und Traubeneiche vorkommt. Bis heute werden diese – biologisch nicht ganz korrekt – regelmäßig sogar als eigene Arten angesehen. Dabei finden wir die Traubeneiche eher auf trockenen, ärmeren Standorten, die Stieleiche eher auf feuchteren, gut nährstoffversorgten Standorten. Letztere muss gelegentlich sogar eine gute Überflutungstoleranz aufweisen[66,72,73,134]. Ähnliche Phänomene gibt es aber auch bei allen anderen Baumarten, meist nur nicht so auffällig.

Einen Wald, der mittels seiner physiologischen und genetischen Eigenschaften vital und gesund ist, bezeichnen wir als – in genetischem Sinne – angepasst.

Abb. 71: Naturverjüngung eines Buchenbestandes: Die Natur produziert Nachkommen im Überschuss. Bei weitem nicht alle jungen Bäume werden so alt werden wie die Bäume im Oberstand. Doch die in der großen Zahl von Nachkommen gespeicherte genetische Vielfalt sorgt dafür, dass der Bestand auch unter sich ändernden Umweltbedingungen überleben kann.

Diese Angepasstheit reicht aber nicht aus: Umweltbedingungen ändern sich stetig. Vom Höhepunkt der letzten Eiszeit bis heute (möglicherweise befinden wir uns derzeit noch in der Aufwärmphase danach) haben sich die Umweltbedingungen, die Böden, aber vor allem auch das Klima, stetig verändert.

Hinzu kommt, dass vom Menschen emittierte Schadstoffe, von Rauchgasen bis zum CO_2, ebenfalls auf die Lebewesen wirken. Wälder sind sehr langlebige Ökosysteme, weil ihre strukturgebenden Arten, die Bäume, sehr langlebig sind. Daher „erleben“ diese auch ein deutlich größeres Spektrum an Umweltbedingungen als etwa ein Insekt oder selbst wir Menschen.

Somit reicht es für einen Wald nicht, lediglich gut angepasst zu sein. Die Umwelt war niemals und ist nicht konstant; der Standort, an dem dieser Wald wächst, kann in 100 oder 200 Jahren bereits ganz anders aussehen.

Wir brauchen also auch eine langfristige, genetische Anpassungsfähigkeit. Diese wird dadurch erreicht, dass die Bäume eines Waldes viel mehr Samen und damit Nachkommen produzieren, als für den Nachfolgebestand benötigt werden. Dort, wo in hundert Jahren vielleicht zwanzig oder dreißig große Buchen stehen, fallen Millionen von Buchensamen zu Boden und selbst nach fünf oder zehn Jahren steht unter den Altbäumen noch eine viel zu große Zahl an jungen Pflanzen der nächsten Generation (vgl. Abbildung 71). Dieser Überschuss hat seinen Sinn. In der Zeit, bis diese jungen Bäume erwachsen sind und selbst Samen produzieren, wirken viele unterschiedliche Umweltbedingungen: Nässe, Kälte, Spätfröste im Frühsommer oder Frühfröste im Spätsommer, Insekten, Pilze, verbeißende Rehe und vieles mehr. Da sind die Verluste groß und nicht jedes individuelle Pflänzchen übersteht alle diese Einflüsse.

Diese große Zahl an Nachkommen ist sinnvollerweise mit einer ebenfalls großen Zahl genetischer Varianten unter diesen ausgestattet.

So gewährleistet die Natur mit hoher Wahrscheinlichkeit, dass auch für z. B. Witterungsextreme geeignete Pflänzchen im Saatgut dabei sind und überleben, während andere nicht überleben. Nur ein Hunderttausendstel oder ein Millionstel der als Samen angelegten Nachkommen eines Waldbestandes überlebt bis ins hohe Alter.

Die Vielzahl der Samen eines Baumes und die darin enthaltenen unterschiedlichen genetischen Varianten sind also ein wichtiger „Sicherungsmechanismus" für zukünftige, derzeit noch unbekannte oder zumindest nicht vorhandene Umweltbedingungen.

In der Genetik sprechen wir dann von (genetischer) Anpassungsfähigkeit. Während sich Angepasstheit also immer auf eine aktuell vorherrschende Umwelt bezieht, zielt Anpassungsfähigkeit auf die Änderung von Umweltbedingungen.

Wir können, wie schon erwähnt, die erforderliche genetische Vielfalt mit einer „Versicherungsprämie" vergleichen: Der Mutterbaum investiert Energie und Ressourcen in viel mehr Saatgut, als er eigentlich benötigt, um den Wald bestehen zu lassen. Und er investiert unter anderem auch in genetische Varianten, die in der Mehrzahl aller Voraussicht nach unter aktuellen Umweltbedingungen nicht überleben werden.

Ändert sich aber die Umwelt, wird auf diese Weise die Wahrscheinlichkeit erhöht, dass immer hinreichend Pflanzen vorhanden sind, um auch unter den neuen Umweltbedingungen überleben zu können.

Aufgrund ihrer Langlebigkeit und ihrer Ortsgebundenheit sowie den sich vergleichsweise rasch ändernden Umweltbedingungen sind Bäume, wie kaum eine andere Organismengruppe, bereits unter natürlichen Bedingungen auf eine hohe genetische Anpassungsfähigkeit angewiesen (vgl. Abbildung 72).

Wenn nun noch anthropogene, also durch den Menschen verursachte Veränderungen der Umwelt hinzukommen, wird diese noch bedeutsamer.

Abb. 72: Anpassung von Bäumen an eine extreme Umwelt: Die Buchen auf den Kreideklippen Rügens stehen unmittelbar an der Abbruchkante auf einer nur dünnen durchwurzelten Bodenschicht und trotzen den Stürmen, dem Salz und der Schwerkraft.

Abb. 73: Mediterrane Arten wie die Libanonzeder könnten dazu beitragen, dass Wälder klimaresilienter werden, doch birgt der Anbau solcher Neophyten auch ökologische Risiken.

Wir müssen also in Zukunft darüber nachdenken, wie wir durch waldbauliche Maßnahmen genetische Angepasstheit einerseits und genetische Anpassungsfähigkeit andererseits in unseren Wäldern in einem angemessenen Verhältnis zueinander verwirklichen und erhalten können. Diese Balance ist außerordentlich wichtig: Zu viel Angepasstheit bei wenig Anpassungsfähigkeit würde bedeuten, dass es den Wäldern aktuell gut geht, wir aber befürchten müssen, dass im Zuge weiterer, absehbarer Umweltveränderungen (z. B. Klimawandel) diese Bestände nicht langfristig überleben.

Umgekehrt würde zu viel Anpassungsfähigkeit und zu wenig Angepasstheit bedeuten, dass die Bestände derzeit gar nicht etabliert und aufgebaut werden können und viele junge Bäumchen bereits so frühzeitig absterben, dass einfach zu wenige Bäume alt werden können. Daher ist das richtige Maß entscheidend.

Damit wird auch klar, warum wir auf die Risiken des Klimawandels nicht in zu großem Umfang mit neu eingeführten Baumarten reagieren sollten: Diese bergen sehr viele Unsicherheiten sowohl hinsichtlich ihrer Angepasstheit als auch ihrer Anpassungsfähigkeit.

Es wird beispielsweise diskutiert, die Libanonzeder (vgl. Abbildung 73) als neue Nadelbaumart in Mitteleuropa einzuführen. Diese Baumart ist zwar an warme Witterung und Trockenheit besser angepasst als die meisten einheimischen Nadelbaumarten, sie liefert Nadelstammholz, welches vielleicht in absehbarer Zeit knapp werden wird. Und sie kommt durchaus auch mit Kälte klar.

Allerdings wissen wir nicht wirklich, wie sich diese Baumart auf unseren mitteleuropäischen Standorten mit anderen Phänomenen, die der Klimawandel mit sich bringen kann, etwa Spät- oder Frühfrösten, Starkregen oder anderen Witterungsextremen oder auch mit den hier heimischen Insektenarten oder Pilzen arrangieren kann. Einmal ganz abgesehen von dem Naturschutzargument, dass man die ökologischen Folgen der Verfrachtung fremder Arten („Neophyten“)

in unsere Waldökosysteme für das ganze System und insbesondere andere Arten nur schwer oder gar nicht voraussehen kann.

Vermutlich ist es daher besser, zunächst die Möglichkeiten der standortheimischen Arten wie Buche, Eiche, Fichte, Kiefer, Tanne und vieler anderer vollständig auszuloten und dann ggf. zu nutzen. Dies geschieht derzeit nur sehr eingeschränkt.

Warum das so ist, hat paradoxerweise mit dem Forstvermehrungsgutgesetz[2] zu tun. Dessen Aufgabe ist es eigentlich, die Verwendung standörtlich ungeeigneten Saatgutes zu unterbinden. Das ist im Grunde gut und richtig. Der Anbau beispielsweise von Pflanzen aus Tieflagen im Mittelgebirge kann schnell zum Ausfall kompletter Forstkulturen führen. Frühfröste bereits zu Herbstbeginn oder Spätfröste im späten Frühjahr können beispielsweise ebenso wie hohe Schneelagen im Mittelgebirge diesen Pflanzen das Wachstum oder gar Überleben erschweren oder unmöglich machen. Daher erlaubt das Gesetz – vereinfacht gesagt – nur den Anbau von Pflanzen aus Herkunftsgebieten, die demjenigen, in das sie verbracht wurden, ähnlich und dafür zugelassen sind.

Allerdings verfolgt auch diese Rechtsnorm einen eher statischen, auf Erhalt der Angepasstheit gerichteten Ansatz. Eine – aus der Sicht von Wäldern – vergleichsweise rasche Änderung von Umweltbedingungen, wie wir sie bei den sauren Niederschlägen oder dem Klimawandel beobachten, ist in diesem Gesetz nicht vorgesehen.

Mittlerweile diskutieren Forstgenetiker allerdings bereits die „unterstützte Wanderung" („assisted migration") von Waldbäumen. Die Vorstellung dabei ist, dass durch das Verfrachten von Baumarten, aber auch an spezielle Umweltbedingungen angepassten genetischen Varianten einer Art die langfristige „natürliche Zuwanderung", die im Zuge des Klimawandels möglicherweise erfolgen würde, quasi durch uns Menschen unterstützt und beschleunigt wird[183,194,209]. Wie schon erwähnt, sollte man vorsichtig sein, dieses Konzept auf ganze Arten anzuwenden.

Abb. 74: Saatguternte in speziellen, dafür zugelassenen Beständen: Aus gutem Grund herrschen für die Verwendung von Forstsaatgut strenge gesetzliche Regeln. Ob diese auch unter Bedingungen des Klimawandels in dieser Form sinnvoll sind, muss allerdings hinterfragt werden.

Für Unterarten oder lokale Ökotypen ist es allerdings eine interessante Chance, Angepasstheit ebenso wie Anpassungsfähigkeit von Wäldern in einem guten Verhältnis zueinander zu erhalten.

Tannensterben als Folge geringer genetischer Anpassungsfähigkeit?

Seit dem 19. Jahrhundert wird regelmäßig von einem rätselhaften Phänomen absterbender Weißtannen berichtet[30,34,136,180]. Es waren offenbar Schwefeldioxidimmissionen insbesondere im sächsischen Erzgebirge maßgeblich mitbeteiligt. Die Immissionsbelastung scheint auch die Spätfrostempfindlichkeit zu steigern. Der Verlust älterer Nadeljahrgänge reduziert die Photosyntheseleistung. Dies wiederum führt zu Wurzelschäden und Befall mit parasitischen Pilzen.

Es fiel allerdings auf, dass in „Herkunftsversuchen", also sehr langfristigen Experimenten, die zeigen sollen, welche Bäume aus welchen Herkunftsgebieten in einer bestimmten Region angebaut werden sollten, bestimmte Tannen recht gesund aussahen und kaum Symptome des Tannensterbens zeigten[104]. Interessanterweise stammten diese relativ gesunden Tannen aus Kalabrien. Durch genetische Untersuchungen konnte herausgefunden werden, dass diese Tannen eine deutlich höhere genetische Variabilität aufwiesen als die übrigen europäischen Tannen. Deren geringe Variabilität könnte die gemeinsame Ursache für die Vielzahl der beim Tannensterben beobachteten Symptome sein.

Wir gehen heute davon aus, dass die kalabrischen Tannen aufgrund einer recht isolierten Lage nach der letzten Eiszeit nicht nach Mitteleuropa zurückwandern konnten. Die genetische Variation der über verschiedene Wege aus anderen Refugien zurückgewanderten Tannen ist allerdings deutlich geringer. Das könnte über eine geringere Anpassungsfähigkeit die Anfälligkeit dieser Tannen erklären. Das Hauptproblem für einen zukünftigen großflächigen Einsatz kalabrischer Tannen in Mitteleuropa dürfte deren Spätfrostempfindlichkeit sein, so dass sie nur auf ganz speziellen Standorten ohne Spätfrostgefährdung angebaut werden sollten.

Daher müssen wir uns fragen, ob die rechtlichen Rahmenbedingungen noch stimmen. Oder ob es nicht sinnvoll wäre, beispielsweise bei Pflanzung, aber auch bei Naturverjüngung von Buche, Eiche, Tanne oder anderen Arten einen gewissen, kleinen (!) Teil aus solchen Herkunftsgebieten beizumischen, die nicht der aktuellen ökologischen Situation (= Angepasstheit) am Pflanzort, sondern den mit einer gewissen Wahrscheinlichkeit zu erwartenden zukünftigen Situationen (= Anpassungsfähigkeit) entsprechen.

KOHLENSTOFFSPEICHERUNG ALS ÖKOSYSTEMLEISTUNG

Nachdem wir uns mit der Frage beschäftigt haben, wie Wälder unter den Bedingungen des Klimawandels langfristig überleben können, müssen wir uns der zweiten wichtigen Frage widmen: Wie gelingt die Speicherung von Kohlenstoff bzw. der Entzug von Kohlendioxid aus der Atmosphäre mit anschließender Fixierung in Form von langlebiger oder – durch den Menschen – lange nutzbarer Biomasse?

Landwirtschaftsflächen, die als Acker- oder Grünland bewirtschaftet werden, fehlt die langfristig gebundene Biomasse und damit der entsprechende Kohlenstoffspeicher.

Wichtigste Aufgabe der Forstwirtschaft ist, um das noch einmal auf den Punkt zu bringen, zunächst der *Erhalt* der Waldökosysteme: Sie muss dafür Sorge tragen, dass Wälder in Zukunft möglichst gut an die klimatischen Veränderungen und damit zusammenhängenden Witterungsextreme angepasst sind. Überleben diese nicht langfristig, können sie auch kein CO_2 binden.

Die nächste Herausforderung, die sich uns stellt, ist diejenige, wie Wälder möglichst optimal dazu beitragen können, den Anstieg klimawirksamer Gase in der Atmosphäre zu begrenzen oder auszugleichen.

Noch einmal zur Erinnerung: Zum einen binden Wälder aufgrund ihrer hohen und sehr langfristig gebundenen Biomasse große Mengen an Kohlenstoff, welchen sie in Form von CO_2 aufnehmen. Zum anderen wird Holz, wenn Bäume nach vielen Jahrzehnten, teilweise mehreren Jahrhunderten, geerntet werden, zu einem großen Teil (vgl. Kapitel 5) zu langlebigen Produkten verarbeitet, welche weiterhin als Speichermedium für den Kohlenstoff dienen.

Diese Themen müssen aus verschiedenen Blickwinkeln beleuchtet werden.

So war in Kapitel 5 die Möglichkeit erörtert worden, dem Waldbesitzer einen „Preis" für das Produkt „Kohlenstoffspeicherung" zu bezahlen. Dies kann auf unterschiedlichem Wege geschehen, der vermutlich einfachste Weg wäre die Ausgabe von CO_2-Zertifikaten. Diese könnten je nach Bewirtschaftungsform des Waldes in unterschiedlicher Menge erworben und auf dem Zertifikatemarkt weiterverkauft werden.

Die Entscheidung, für welche Bewirtschaftungsform wie viele Zertifikate vergeben werden, wäre eine politische. Idealerweise sollte sie aber an den CO_2-Bilanzen sowohl der Bewirtschaftungsformen, von Niederwaldwirtschaft bis Prozessschutzflächen, als auch der aus dem Wald gewonnenen Produkte ausgerichtet sein.

Sobald allerdings die Einnahmen aus Erwerb und Weiterverkauf von CO_2-Zertifikaten diejenigen aus anderen forstlichen Produkten deutlich überschreiten, besteht das Risiko langfristiger Fehlsteuerungen auf volkswirtschaftlicher Ebene. Sofern dann nämlich Sortimente angebaut werden, welche die Kohlenstoffbindung optimieren, ohne dabei die Anforderungen des Holzmarktes zu erfüllen, wird dies langfristig zu Versorgungsproblemen mit bestimmten Holzprodukten führen. Werden diese dann durch andere Stoffe (v.a. Kunststoffe, Beton, Metall) ersetzt, verschlechtert man die Kohlenstoffbilanz wieder. Eine zukünftige politische Entscheidung zur Änderung oder

Beendigung eines CO_2-Zertifikatesystems könnte dann andererseits die Waldbesitzer vor große Probleme stellen.

Somit ist es erforderlich, die existierenden Konzepte der Waldfunktionen bzw. Ökosystemleistungen so weiterzuentwickeln, dass die Aufgabe als Kohlenstoffspeicher als zusätzliche Leistung der Wälder in das bisherige „Leistungsspektrum" integriert wird, möglichst ohne die anderen Nutzungsformen, von Holzproduktion bis Artenschutz (vgl. Kapitel 5) zu sehr zu beeinträchtigen. Es ist – wie beim Wald über die Jahrhunderte üblich – wieder einmal die „eierlegende Wollmilchsau" gefragt.

Dieses Anforderungsprofil ist umso herausfordernder, als sich Produkte auf Holzbasis meist durch eine sehr günstige Ökobilanz, insbesondere CO_2-Bilanz, auszeichnen. Daher erscheint es einerseits wichtig, die bisherige Produktpalette der Wälder nicht allzu sehr einzuschränken. Die Kohlendioxidspeicherung kommt als neue, wichtige Aufgabe hinzu bzw. gewinnt an Bedeutung.

An dieser Stelle, so viel sei vorausgeschickt, finden sich die aktuell wichtigsten offenen Fragen und auch Konflikte. Das Dreieck „nachhaltige Produkte-Biodiversität-Klimaschutz" wird zusehends zu einer spannenden Herausforderung: Müssen wir mehr Wald aus der Nutzung nehmen, um mehr Kohlenstoffbindung zu erreichen? Oder im Gegenteil den Wald wieder intensiver nutzen, um bestimmte „klimafreundliche" Produkte herstellen zu können. Auch die regelmäßig gestellte Frage nach dem Verhältnis von Klimaschutz und der Erhaltung der Biodiversität spielt beim Wald eine nicht geringe Rolle.

Allerdings konkurrieren letztere Ziele in Waldökosystemen nicht in dem Ausmaß wie in der Landwirtschaft, wo die zunehmende Ausrichtung des Anbaus auf Biogasanlagen zusätzliche Gefahren für die Artenvielfalt mit sich bringt[69]. Dennoch dürfte beispielsweise der Bau von Windkraftanlagen im Wald den Zielkonflikt zwischen Biodiversität und CO_2-Reduktion deutlich verschärfen.

Hinzu kommt die Frage, wie sich die Wälder selbst in einem Anpassungsprozess an veränderte klimatische Bedingungen verhalten, d. h. inwieweit Forstleute die Dynamik der Waldentwicklung in Zukunft überhaupt noch beeinflussen oder steuern und so ihre Ziele erreichen können.

So ist es erforderlich, forstliche Konzepte, unabhängig von der jeweiligen Ziel- und Schwerpunktsetzung, so anzulegen, dass eine möglichst hohe Wahrscheinlichkeit besteht, dass die jetzt neu begründeten Wälder ihre komplette Umtriebszeit überstehen und in der Lage sind, zu gegebener Zeit zu fruktifizieren, also Samen auszubilden, um die Bestände wieder zu verjüngen. Dabei spielt es zunächst einmal keine Rolle, ob wir die Umtriebszeit eher bei 100 bis 150 Jahren oder bei 150 bis 300 Jahren sehen.

Die Leistungen von Wäldern bzw. Waldökosystemen in Bezug auf die Reduktion des klimawirksamen Kohlendioxids aus der Atmosphäre beruhen auf ausgesprochen komplexen und auch noch nicht in allen Details verstandenen Prozessen. Verschiedene Aspekte wurden bereits in Kapitel 3 behandelt, daher wollen wir die grundlegenden Gedanken hier nur noch einmal kurz zusammenfassen.

Die Entfernung des Kohlendioxids aus der Atmosphäre, auch CO_2-Fixierung genannt, erfolgt im Rahmen der Photosynthese. Durch die Energie des Sonnenlichtes wird Kohlendioxid zu Zuckermolekülen umgebaut und diese werden zu einem wesentlichen Teil zum Aufbau von Biomasse verwendet. Diese ist im Stamm, in den Ästen und den Wurzeln gespeichert, während die Blätter und Nadeln nur eine Saison (Blätter) oder wenige Jahre am Baum verbleiben, bevor sie abfallen und in die Zersetzungsprozesse im Boden eingehen und dort von den Zersetzern abgebaut werden. Der Kohlenstoff aus Blättern und Nadeln wird dementsprechend nur kurzzeitig gebunden.

Der in Stamm, Ästen und Wurzeln gebundene Kohlenstoff verbleibt dort, bis der Baum abstirbt und ebenfalls zersetzt wird. Das kann, je nach Bewirtschaftungsform, Baumart und sozialer Stellung im Bestand, einige Jahre, Jahrzehnte oder Jahrhunderte dauern.

Vergleichen wir Wälder mit anderen Ökosystemen hinsichtlich der Bilanz klimaschädlicher Substanzen (also vor allem CO_2, Methan oder Stickoxiden), so sind es vor allem Wald und Grünland, welche der Atmosphäre Kohlendioxid oder Kohlendioxid-Äquivalente (andere klimawirksame Gase, auf CO_2 netto berechnet) entziehen, während Ackerland zu einem Netto-CO_2-Ausstoß in die Atmosphäre beiträgt. Wälder werden dabei etwa um den Faktor fünf günstiger bewertet als Grünland[181]. Wälder sind damit neben den Weltmeeren einer der bedeutendsten Kohlenstoffspeicher („Kohlenstoffsenke"). Ein Kubikmeter Holz speichert im Durchschnitt rund 300 kg Kohlenstoff. Dazu muss der Atmosphäre wiederum rund eine Tonne CO_2 entzogen werden.

Es gibt Berechnungen, welche davon ausgehen, dass umfangreiche Neubegründungen von Wald, also Aufforstungen bislang waldfreier Flächen, weltweit das Klimaproblem für viele Jahrzehnte lösen könnten. Allerdings wäre dazu die Aufforstung einer Fläche etwa von der Größe der USA erforderlich, so dass Wälder dann mit der Nahrungsmittelproduktion intensiv um Flächen konkurrieren müssten. Gleichzeitig wissen wir, dass die aktuelle Entwicklung gegenläufig ist und – insbesondere in den Tropen – derzeit jährlich rund zehn Millionen Hektar Wald gerodet werden und somit verschwinden[90].

Nicht bewirtschaftete Wälder, also Naturwälder oder Urwälder, speichern den Kohlenstoff, indem innerhalb des Systems stetig Wachstumsprozesse ablaufen. Allerdings sterben in diesen Wäldern auch regelmäßig Bäume ab, werden zersetzt und der darin gespeicherte Kohlenstoff wird im Zuge der Atmungsprozesse der Destruenten (also der Lebewesen, die organische Substanzen zu anorganischen Stoffen umwandeln, vgl. Kapitel 3) wieder als CO_2 freigesetzt. Wenn durch Waldbrände, Trockenheit, Windwurf oder Insektenbefall solche

Wälder großflächig absterben, kommt es sogar zu einer Netto-Freisetzung von CO_2. Derartige Vorgänge sehen wir aktuell unter Prozessschutzbedingungen in verschiedenen Nationalparken.

In wirtschaftlich genutzten Wäldern finden wir mehrere Besonderheiten: So wird, im Gegensatz zum nicht bewirtschafteten Wald, ein großer Teil der geernteten Holzmasse in mehr (z. B. Gebäude, Möbel) oder weniger (z. B. Zahnstocher, Essstäbchen oder Papier) langlebige Produkte weiterverarbeitet. Damit bleibt das CO_2 hier deutlich länger gebunden.

Hinzu kommt, dass diese hölzernen Produkte wiederum Produkte aus Beton bzw. Stahl (Gebäude, Möbel) oder Kunststoff (Zahnstocher, Essstäbchen) ersetzen, welche ihrerseits eine nachteilige Kohlendioxidbilanz aufweisen. Wenn also Holz statt anderer Materialien für ein bestimmtes Produkt eingesetzt wird, werden in den

Abb. 75: Nicht jeder beliebige Wirtschaftswald trägt langfristig signifikant zum Klimaschutz bei: Nach mehreren Trockenjahren teilweise absterbender Fichtenbestand, auf ungeeignetem Standort oder mit ungeeignetem Pflanzgut begründet.

allermeisten Fällen CO_2-Emissionen aus fossilen Energiequellen eingespart[14,97].

Somit sollte man meinen, dass Wirtschaftswälder hinsichtlich der schützenden Wirkung auf das Klima klar im Vorteil sind und daher die Zukunft klar den Wirtschaftswäldern gehört, dass sie in forstlicher Hinsicht der bereits mehrfach zitierten „eierlegenden Wollmilchsau" nahekommen. Ganz so einfach ist es allerdings nicht.

Zum einen, das wurde an verschiedenen Stellen deutlich, steht die Aufgabe im Vordergrund, Wälder so risikoarm zu begründen, dass sie ihre Umtriebszeit mit hoher Wahrscheinlichkeit erreichen. Wie wir bereits in den 1980er Jahren erkennen mussten und nach mehreren Trockenjahren ganz aktuell erneut feststellen, sind viele Waldbestände, insbesondere ist hier die Fichte betroffen, nicht gut an solche extremen Umweltbedingungen angepasst und sterben teilweise großflächig ab. Das zeigt uns, dass nicht jeder beliebige Wirtschaftswald die Anforderungen erfüllt (vgl. Abbildung 75).

Weiterhin ist zu berücksichtigen, dass die Bäume in Wirtschaftswäldern oft bereits lange vor Erreichen ihrer natürlichen Altersgrenze gefällt werden, dass also im Rahmen einer Waldbewirtschaftung zukünftiges Potential zur Kohlenstofffixierung bewusst aufgegeben wird. Dem ist allerdings entgegenzuhalten, dass für jeden entnommenen Baum im Rahmen der nachhaltigen Bewirtschaftung mehrere Dutzend bis mehrere hundert junger Bäume gepflanzt werden oder mehrere tausend Bäumchen in der Naturverjüngung aufwachsen und somit die CO_2-Bindungskapazität je nach Bewirtschaftungsform und Baumart schon wenige Jahre nach der Ernte eines Baumes wieder erreicht werden kann.

Allerdings gibt es auch Stimmen, die vor einer „Karbonisierung" der Umweltpolitik warnen[86]. Auf diese Weise würden zahlreiche Werte, Leistungen und Funktionen von Wäldern ausgeblendet. Gleichzeitig wird argumentiert, dass die Holzvorräte in unseren Wirtschaftswäldern mit rund 350 Kubikmeter pro Hektar im Mittel vergleichsweise gering sind. Europäische Naturwälder können demgegenüber mehr als den doppelten Holzvorrat aufweisen[78,128]. Auch die Fähigkeit alter Wälder, Kohlenstoff zu speichern, ist möglicherweise größer als bisher angenommen[118]. Kritisiert wird auch die Vernachlässigung des Totholzes bei der Kohlenstofffixierung. Die Zeit, in der Totholz zersetzt wird, also den gespeicherten Kohlenstoff wieder abgibt, kann mehrere Jahrzehnte betragen[201]. Verglichen mit der Dauerhaftigkeit von Holzprodukten sei die Verweildauer von Totholz mindestens gleichwertig.

Auch hinsichtlich der energetischen Holznutzung gibt es deutlich kritische Stimmen.

Diese gehen allerdings nicht immer von einer nachhaltigen Forstwirtschaft als Basis der Holzerzeugung aus. Die oftmals in den Medien beschriebenen großflächigen Kahlschläge, welche als Folge der energetischen Nutzung befürchtet werden, sind sicher in verschiedenen Regionen der Erde ein ernstzunehmendes Problem. In Mitteleuropa bzw. in Ländern mit traditionell gefestigten nachhaltigen Systemen dürften diese Risiken nicht wirklich relevant sein.

Allerdings besteht, auch darauf wird hingewiesen[87], eine zeitliche Lücke von bis zu mehreren Jahrzehnten zwischen der energetischen Nutzung und der kompensierenden CO_2-Fixierung in der Waldverjüngung in Zukunft. Diese Sichtweise bezieht sich aber nur auf die Einzelfläche, nicht auf den nachhaltigen Betrieb.

WÄLDER IM KLIMAWANDEL

Wir erkennen, dass Wälder, schon für sich gesehen, außerordentlich komplexe Systeme darstellen. Treffen diese auf umfangeiche und ebenfalls sehr komplexe Änderungen ihrer Umweltsituation, so führt dies zu einer schier unüberschaubaren Zahl an gegenseitigen Einflüssen und Prozessen.

Diese Situation stellt, wie bereits verschiedentlich erwähnt, eine große Herausforderung für die Forstwirtschaft dar. Deren zentrale Aufgabe ist es, durch weitsichtige und kluge, aber auch schnelle Entscheidungen heute dafür Sorge zu tragen, dass unsere Wälder auch noch in 100, 500 oder 1000 Jahren existieren. Die Situation des Waldsterbens der 1980er Jahre war ähnlich, aber nicht identisch. Seinerzeit lagen die Schlüssel zur Lösung des Problems im Wesentlichen bei der einheimischen Industrie bzw. bei der Politik, welche rechtliche Vorgaben zu entwickeln hatte. Ein globaler Klimawandel, wie wir ihn derzeit beobachten, ist durch unser Handeln alleine in Deutschland nicht signifikant zu beeinflussen. Solange keine weltweiten Lösungen gefunden werden, können wir durch unsere Wälder zwar einen kleinen Beitrag zur Verbesserung der Situation leisten. Grundlegend ändern können diese nur konzertierte internationale Aktivitäten.

Aus diesem Grunde müssen wir davon ausgehen, dass sich auch in den kommenden Jahren die Umweltbedingungen für unsere Wälder weiter verändern.

Die Aufgabe der Forstwirtschaft ist es, ein breites Spektrum an Produkten (vgl. Kapitel 5) nachhaltig bereitzustellen, einen möglichst umfassenden Beitrag zur Kohlenstoffspeicherung zu leisten und vor allem die – genetische und physiologische – Anpassungsfähigkeit der Wälder langfristig zu verbessern. Die letztgenannte Aufgabe ist die bedeutendste. Denn ohne langfristig stabile Wälder bzw. Waldökosysteme, die sich an die veränderten Rahmenbedingungen anpassen, sind die beiden anderen Aufgaben nicht zu leisten.

BRAUCHEN WIR EINE WALD-WENDE?

„Was sind das für Zeiten, in denen ein Gespräch über Bäume fast schon ein Verbrechen ist, weil es ein Schweigen über so viele Untaten einschließt.“

Dieses Zitat Bertolt Brechts mag uns durch den Kopf gehen, wenn wir uns im Frühjahr 2024 mit einem Buch über Wälder befassen. Überschätzen wir angesichts der Vielzahl gesellschaftlicher Verwerfungen und aktueller Krisen die Frage nach der Zukunft unserer Wälder nicht ein wenig?

Nach der Lektüre der vorangegangenen Kapitel sollte die Antwort klar sein. Diese haben, so ist zumindest die Hoffnung, das Verständnis dafür gestärkt, dass die Beschäftigung mit Wäldern kein etwas schrulliges Hobby weltfremder Naturfreunde und auch keinen momentanen Hype einer übersättigten Wohlstandsgesellschaft darstellt. Wälder oder genauer gesagt Waldökosysteme sind vielleicht nicht für unseren Planeten als solchen, aber zumindest für das Überleben der menschlichen Zivilisation essentiell. Ihre langfristige Erhaltung ist eine Investition in die Zukunft der Menschheit. Wir brauchen daher nicht das „ob“ diskutieren, sondern das „wie“: Im Vordergrund steht die Frage, welche Wege wir dabei beschreiten, welche Ziele und Teilziele wir priorisieren und welches Handwerkszeug wir nutzen.

Hier findet gerade ein intensiver Kampf um die Deutungshoheit statt: Welche gesellschaftlichen Gruppen werden in Zukunft den Umgang mit unseren Wäldern bestimmen? Dabei geht es leider allzu oft nicht um die Sache, also um die Zukunft der Wälder selbst, sondern darum, recht zu behalten und seine eigenen Glaubenssätze zu verteidigen.

Die Forderung nach einer „Wald-Wende“[18], einem radikalen Umsteuern unseres Umgangs mit den Wäldern, ist nicht neu. Sie begleitet uns bereits spätestens seit den 1920er Jahren, seit Alfred Möller, seinerzeit Direktor der Forstakademie Eberswalde, in seiner Schrift „Der Dauerwaldgedanke, sein Sinn und seine Bedeutung“ zur Abkehr vom schlagweise bewirtschafteten Altersklassenwald, oftmals mit nur einer Baumart, diese oftmals künstlich eingebracht, aufrief.

Die Aufmerksamkeit, die der Dauerwaldgedanke im darauffolgenden Jahrzehnt erfuhr, auch weil er in das Welt- und Naturbild des Nationalsozialismus gut hineinpasste, war der Sache zunächst nicht dienlich.

Es sollte nach dem Zweiten Weltkrieg – von Ausnahmen abgesehen – mehrere Jahrzehnte dauern, bis man sich in der forstlichen Fachwelt seiner wieder entsann. Bis dahin waren es im Wesentlichen kleine und mittlere Privatforstbetriebe, oft seit Generationen in Familienhand, welche eine naturnahe Forstwirtschaft pflegten. Die großen Staatsforstverwaltungen (damals waren es noch keine „Betriebe“) hielten mit wenigen Ausnahmen bis weit in die 1980er Jahre und darüber hinaus an der überkommenen Wirtschaftsweise fest.

Das Beispiel zeigt uns zweierlei: Zum einen, dass gerade in der Waldwirtschaft mit ihren weit über ein oder sogar mehrere Menschenalter hinausreichenden Wirtschaftszeiträumen die Gefahr groß ist, von der einen oder der anderen Seite politisch bzw. ideologisch vereinnahmt zu werden. Andererseits: Nur weil die falschen Leute etwas einmal gut fanden, muss es noch lange nicht schlecht sein.

Wir sollten daher darauf achten, die Dinge aufgrund ihrer fachlichen Substanz zu beurteilen und nicht danach, ob sie gerade von „den richtigen“ oder „den falschen“ Menschen propagiert werden.

DAS „FALSCHE DILEMMA“

Unter einem falschen Dilemma verstehen wir die Unterstellung, es gäbe zu einer Frage genau zwei Antworten, zu einem Ziel genau zwei Wege oder genau zwei Handlungsmöglichkeiten, obgleich dies objektiv nicht zutrifft.

Die derzeitige Diskussion um die Frage der zukünftigen Nutzung von Wäldern zeigt einige Elemente eines falschen Dilemmas.

Da geht es in der öffentlichen Diskussion um Nutzung oder Stilllegung, um Holzplantage oder Naturwald, Wald oder Wild, Holzerntemaschinen oder Holzernte mit Motorsäge und Pferd, stoffliche oder energetische Nutzung und vieles mehr.

Doch das sind keineswegs Alternativen, die ein „entweder oder“ erfordern. In vielen Fällen gibt es nämlich ein „sowohl als auch“, auch wenn das dazu führt, dass Vertreter der einschlägigen Lobbygruppen, insbesondere der forstlichen, holzwirtschaftlichen, jagdlichen oder Naturschutzverbände weniger polarisieren und damit sich so auch weniger selbst in den Vordergrund stellen können.

Für die Zukunft des Waldes ist es entscheidend, die Diskussion nicht gegeneinander, sondern miteinander zu führen.

So banal dieser Satz klingen mag, so bedeutsam ist er doch gerade vor dem Hintergrund, dass wir, die wir derzeit um den richtigen Weg zum Ziel streiten, dieses Ziel nicht mehr miterleben. Wir werden persönlich vom Aussehen und Zustand der zukünftigen Wälder weder profitieren noch einen Schaden erleiden. Eigentlich sind dies gute Voraussetzungen für eine sachorientierte Diskussion, weitgehend frei von Partikularinteressen.

In unserer Gesellschaft dominieren Medien (die „vierte Gewalt“[216] – neben Gesetzgebung, Verwaltung und Rechtsprechung) und Lobbyisten (die „fünfte Gewalt“[109]) das öffentliche Leben und die öffentlichen Auseinandersetzungen, ohne demokratisch legitimiert zu sein. Umso wichtiger ist es, dass auch diese Institutionen damit beginnen, Verantwortung zu übernehmen und tragfähige Lösungen zu erarbeiten, statt weiterhin die Partikularinteressen einzelner Gruppen zu vertreten oder Auflagen, Klicks oder Zuschauerzahlen im Auge zu haben. Leider profitieren diese Gruppen bis heute allzu oft mehr von dem Vorhandensein eines Problems als von dessen Lösung. Das beobachten wir, wie wir gesehen haben, auch und in besonderer Weise für die Fragen und Probleme rund um den Wald.

Wenn es jedoch gelingt, falsche Dilemmata aufzudecken, den Menschen zu zeigen, dass es nicht nur „schwarz“ und „weiß“ gibt, sondern dass dazwischen ein buntes Spektrum an Zwischentönen existiert, wird es uns eher gelingen, Probleme zu lösen, statt sie wie eine Monstranz vor uns her zu tragen.

WALDWIRTSCHAFT UND DISRUPTIVE ENTWICKLUNGEN

Die Diskussion darüber, ob und auf welchem Weg die verschiedenen Ansprüche der unterschiedlichsten gesellschaftlichen Gruppen an den Wald erfüllt werden können, ist so alt wie die Forstwirtschaft selbst.

Diese gilt gemeinhin als eine recht konservative Branche, technische oder waldbauliche Innovationen benötigen meist mehrere Jahrzehnte, bis sie sich durchgesetzt haben. Insider sprechen daher auch gerne von der „forstlichen Keimruhe".

Dass dies so ist, ist gut und richtig. Wir müssen das Innovationstempo einer Branche nämlich auf deren Produktionszeiträume, deren zeitliche Planungshorizonte beziehen.

Betrachten wir das vielen geläufigere Beispiel der Automobilindustrie. Hier dauert die Einführung technischer Innovationen meist Jahre (z. B. Einführung des Abgaskatalysators in den 1980er Jahren) bis Jahrzehnte (Einführung der Elektromobilität). Dabei benötigt es in dieser Branche meist nicht viel mehr als zehn Jahre, bis ein grundlegend neues Fahrzeugmodell konzipiert und marktreif ist.

Bei einem Produktionszeitraum von 100 oder 200 Jahren in der Waldwirtschaft, bis also ein Wald – zumindest theoretisch – durch einen neuen Wald ersetzt wird, sind einige Jahrzehnte zur Entwicklung und Einführung neuer Prozesse eher ein kurzer Zeitraum, die Forstwirtschaft kann vor diesem Hintergrund sogar als hochinnovative Branche gelten.

Wenn wir uns nun die politische Entwicklung der vergangenen Jahrzehnte ansehen, so ist vielen vielleicht noch die „Energiewende" im Gedächtnis. Entscheidendes Ereignis war der abrupte Ausstieg aus der Kernenergie in Deutschland im Jahre 2011 vor dem Hintergrund der Reaktorhavarie in Fukushima. Windkraft, Photovoltaik und russisches Gas sollten es richten. Geholfen hat es nicht: weder bei der Landtagswahl in Baden-Württemberg, bei der die in Berlin und in Stuttgart regierende Koalition eine heftige Niederlage einstecken musste, noch der langfristigen Energie- und Klimapolitik. Jetzt, ein Jahrzehnt später, im Frühjahr 2024, stehen wir vor einem energiepolitischen Scherbenhaufen. Eine solche „Wende", eine Kursänderung um 180 Grad praktisch zum Gegenteil dessen, was man zuvor noch als richtig erkannte, ist sicher nicht das, was wir uns für unsere Wälder wünschen.

Eher schon eine „Wende" wie wir sie vom Segeln kennen: eine Kursänderung, bei der der Bug „durch den Wind" geht, uns also der Wind kurzzeitig ins Gesicht weht, bevor wir dann die Fahrt zum Ziel mit etwas modifiziertem Kurs fortsetzen.

ERSTER SCHRITT: HERAUS AUS DER OPFERROLLE!

Das gängige Narrativ öffentlicher wie privater Waldbesitzer bzw. derer Verbände derzeit lautet ein wenig überspitzt in etwa so: Durch den Klimawandel stirbt unser Wald. Weil zu wenig gejagt wird, fressen die Rehe die Waldverjüngung. Und deshalb brauchen mehr staatliche Unterstützung und neue Jagdgesetze.

Diese Sichtweise beinhaltet zumindest drei grundlegende Fehler: Zum einen ist es keineswegs allein der Klimawandel, der die aktuellen Probleme verursacht. Die Tatsache, dass derzeit flächendeckend Bäume und teilweise ganze Bestände absterben (vgl. Abbildung 77), hat mehr als nur eine Ursache.

Sicher ist es die aktuelle Trockenheit, welche viele seit langem schlummernde Probleme erst zu Tage treten lässt. Und sicher sind vier außerordentlich trockene Jahre seit 2018 eine extreme Situation, wie wir sie vielleicht nur ein- oder zweimal im Jahrhundert sehen. In den 1930er und 1970er Jahren gab es zumindest lokal ähnliche Trockenphasen.

Doch sind nicht Ereignisse, die ein- oder zweimal im Jahrhundert auftreten, etwas, das forstliche Konzepte vorwegnehmen müssen? Unsere Planungen müssen das gesamte Spektrum an Jahrhunderterеignissen berücksichtigen, seien es Trockenheit oder extreme Nässe, seien es Spätfröste oder Stürme.

Sicher werden diese Phänomene durch den Klimawandel verschärft. Doch grundsätzlich sind sie bekannt und müssen bei der Bestandesbegründung „eingepreist“ werden. Die Wahl der Baumarten spielt in diesem Zusammenhang eine große Rolle, deren waldbauliche Behandlung, aber auch die genetische Variation innerhalb einer Baumart, also deren Angepasstheit und Anpassungsfähigkeit an neue Umweltsituationen.

Letztere wurde in der Forstwirtschaft lange Zeit sträflich vernachlässigt. Zu sehr haben wir auf die Anpassung an die gegenwärtige Situation, auf die Wahl des richtigen Herkunftsgebietes geblickt. Das war nicht falsch, aber unzureichend. Forstgenetiker haben seit den 1980er Jahren genau vor diesen Problemen gewarnt.[63,63a]

Auch Wildverbiss ist kein schicksalhaftes Phänomen. Vielmehr wären alle mittleren und großen Forstbetriebe problemlos in der Lage,

Abb. 77: Trockenschäden an Fichte im Sauerland (September 2022): Diese Fichten wurden vermutlich in den 1990er Jahren gepflanzt. Zu diesem Zeitpunkt wussten wir genau, welche Risiken wir damit eingehen.

ihre Verjüngung mit intelligenten Methoden des Wildtiermanagements vor Wildverbiss zu schützen. Jedoch nicht durch unstrukturierte flächendeckende Bejagung mittels großer Gesellschaftsjagden, auf denen leitende Forstbeamte viele Arbeitstage verbringen, nicht indem Dutzende völlig unerfahrene betriebsfremde Jäger als zahlende Gäste eingeladen werden, und auch nicht, indem Gesellschaftsjagden durch externe Dienstleister für satt fünfstellige Eurobeträge organisiert werden, ohne dass das Jagdergebnis im mindesten den Aufwand rechtfertigt.

Sicher, bis heute nehmen sich die öffentlichen Unterstützungen für die Waldbesitzer, verglichen mit denjenigen der Landwirte, wie die sprichwörtlichen „Peanuts“ aus. Und ja, derzeit ist eine Starthilfe zur Begründung neuer Bestände nach Trocknisschäden für manchen kleinen und mittleren Betrieb definitiv sinnvoll. Aber: Wollen wir Forstleute auf Jahrzehnte zu staatlichen Almosenempfängern werden? Subventionen sind wie Drogen: Einmal damit angefangen, kommt man nicht mehr davon los, verwahrlost und verliert die Selbstachtung.

Es liegt bei uns selbst, die Zukunft aktiv zu gestalten, nicht mit dem Finger auf die anderen zu zeigen, sondern aus den Fehlern der Vergangenheit zu lernen und zukünftige Entwicklungen so gut es geht vorwegzunehmen und uns darauf einzustellen.

Dazu, wie das funktionieren kann, noch einige Gedanken.

NATURNAHE WALDWIRTSCHAFT – REICHT DAS?

Wir befinden uns derzeit in einer ähnlichen Situation wie Ende der 1980er Jahre: Aufgerüttelt durch massive Waldschäden sind wir uns weitgehend einig, dass es so nicht weitergehen kann. Doch was bedeutet das genau? Was bedeutete es damals, was bedeutet es heute?

Die Lösung, da sind Forstleute sich weitgehend einig, liegt in einer naturnahen Waldwirtschaft. Deren Umsetzung benötigt Zeit, auch darüber sind wir uns einig.

Normalerweise können wir in einem Forstbetrieb jährlich je nach Umtriebszeit lediglich etwas mehr oder etwas weniger als ein Hundertstel des Gesamtbestandes erneuern, also in naturnähere Waldformen umbauen.

Doch Mutter Natur half nach: Durch die Orkanereignisse der 1990er, 2000er und 2010er Jahre, von „Wiebke“ (1990) über „Kyrill“ (2007) bis „Friederike“ (2018) entstanden riesige Freiflächen, welche für neue, naturnähere Wälder und vielleicht auch für ein paar Dutzend sich selbst überlassener Hektar, im Sinne einer „kleinen Wildnis“, vielleicht auch für die eine oder andere Wildruhezone oder -äsungsfläche nutzbar gewesen wären.

Man hätte integrierte Konzepte von Naturverjüngung und traditioneller Pflanzung dort entwickeln können, wo Naturverjüngung möglich und sinnvoll war. Oder dort, wo mangels samenspendender Altbäume gepflanzt werden musste, mehr zur Frage der langfristigen Anpassungsfähigkeit durch Pflanzgut aus dem gesamten ökologischen Spektrum einer Baumart erfahren können. In dieser Hinsicht ist leider kaum etwas geschehen.

Der Förster und Publizist Peter Wohlleben formuliert das so: „*Als die Orkane über Deutschland hinwegfegten und ganze Waldgebiete umwarfen, brach die Nadelholzwirtschaft in Deutschland auf Jahre zusammen. Bundesweit wurden Aufforstungsprogramme aufgelegt, mit denen der Anteil von Buchen und anderen Laubhölzern deutlich erhöht werden sollte. Ich freute mich als junger Förster, dass ich an der ökologischen Wende mitarbeiten durfte. Doch dann geriet das Desaster der Stürme langsam wieder in Vergessenheit* […].“[225]

Es wäre sicher unfair zu sagen, dass man die Chance überhaupt nicht genutzt hat. Und es wäre ebenso unfair, all die Forstleute, die in der Praxis hervorragende Arbeit geleistet haben und täglich leisten, pauschal zu diffamieren. Vielerorts entstanden aus den Windwurfflächen bis heute interessante Mischwälder. Doch Wohlleben trifft eines sehr präzise: Lange Zeiträume (und mit diesen arbeiten wir Forstleute nun einmal) fördern das Vergessen. Spätestens seit den mahnenden Worten und Schriften zahlreicher Forstwissenschaftler der 1980er Jahre zu den Gefahren der Bodenversauerung war klar, dass etwas passieren muss. In den folgenden drei Jahrzehnten hätte deutlich mehr passieren können.

Und: Es ist keineswegs auszuschließen, dass in Zukunft, vielleicht nach zwei oder drei nasskalten Sommern, mit denen wir trotz oder gerade wegen des Klimawandels jederzeit rechnen müssen, alle guten Vorsätze in den Forstbehörden und Ministerien wieder vergessen sind.

Nun wollen wir uns nicht mit Schuldzuweisungen befassen, sondern Konzepte und Strategien entwickeln, wie unsere forstliche Zukunft aussehen kann.

Die „naturnahe Waldwirtschaft" ist ein weiter Begriff, der in mancherlei Hinsicht noch mit Leben gefüllt werden muss. Und da fangen die Schwierigkeiten an.

Vielleicht sollten wir das Thema zunächst einmal vom anderen Ende her denken: Was wollen wir nicht? Wir wollen keine Holzplantagen, keine Monokulturen aus nur einer einzigen Baumart, die im schlagweisen Altersklassenwald bewirtschaftet wird. Solche (und schlimmere) Wirtschaftsformen sind bis heute insbesondere in den Tropen noch gang und gäbe, und wir unterstützen sie leider durch den Kauf entsprechender Produkte aus Tropenholz oder mit Palmölanteil, egal, ob zertifiziert oder nicht. Das aber nur am Rande.

Hierzulande sollten wir es tunlichst vermeiden, Schadflächen einfach wieder mit Fichte oder Kiefer aufzuforsten. Selbst in kleinen und mittleren Privatwäldern, die derzeit unter einem enormen ökonomischen Druck stehen, können wir nicht weitermachen wie bisher, sondern müssen alternative, auf die Besonderheiten des kleineren Betriebes abgestimmte Konzepte für die Zukunft entwickeln.

Naturnahe Wälder, so viel ist auch klar, müssen in den allermeisten Fällen Wirtschaftswälder sein. Sie müssen aus volkswirtschaftlicher Sicht die Versorgung mit nachhaltigen und klimaschonenden Produkten sicherstellen und aus betriebswirtschaftlicher Sicht den Waldbesitzern Erträge liefern. Sie sind im Normalfall eben keine „Naturwälder der Zukunft", die sich selbst überlassen bleiben. Dies wäre aus ökonomischen, aber auch aus ökologischen und energiepolitischen Gründen ein falsches Signal.

Sicher brauchen wir auch „Naturwälder der Zukunft". Aber nicht überall. Und vor allem mit fachlich tragfähigen Schutzkonzepten. Doch dazu später mehr.

Wie genau diese naturnahen Wirtschaftswälder zu begründen und zu behandeln sind, hängt von vielen Faktoren ab. Die Ziele der jeweiligen Waldbesitzer müssen dabei auch in Zukunft grundsätzlich einen hohen Stellenwert genießen. Das heißt, wir müssen uns davor hüten, durch Gesetze und andere Restriktionen deren Motivation zu zerstören. Denn: Ohne das persönliche und finanzielle Engagement der privaten Waldbesitzer gäbe es heute deutlich weniger Wald in Deutschland.

Hinsichtlich der Frage, inwieweit aktive Eingriffe, also forstliche Bewirtschaftung die Resilienz und Stabilität der Wälder gegen die Einflüsse eines sich ändernden Klimas verbessern können, gibt es mittlerweile auch einige Erkenntnisse[127]. Die Resultate fallen je nach Zeitpunkt des Eingriffes und der betroffenen Phase der Bestandesentwicklung recht unterschiedlich aus. Wir können allerdings grundsätzlich annehmen, dass zum Beispiel Durchforstungen, also das Vermindern der Zahl der Bäume, einen positiven Effekt hat. Dies liegt insofern auch nahe, verteilt sich doch das verfügbare Wasser dadurch auf weniger Baumindividuen.

Klar sollte ferner sein, dass wir möglichst mit Mischbeständen, mit verschiedenen, an den Standort angepassten Baumarten einschließlich Mischungen aus Laub- und Nadelbaumarten arbeiten müssen (vgl. Abbildung 78).

Hier stoßen wir auf das erste ernste Problem: In der Vergangenheit war der „Standort" (vgl. Kapitel 3) eine der wenigen Konstanten, mit denen Forstleute arbeiten konnten, zumindest wurde er im Rahmen der Forstwirtschaft als solche behandelt. Richtig ist, dass sich der Standort schon immer verändert hat, sonst gäbe es keine Evolution. Nur eben viel langsamer, kaum merklich.

Infolge vom Menschen verursachter Phänomene wie Bodenversauerung oder Klimawandel ist der Standort heute allerdings deutlich weniger „konstant". Er ist definitiv als eine Variable anzusehen, und zwar nicht nur über mehrere Baumgenerationen hinweg, sondern möglicherweise bereits über mehrere Jahrzehnte. Das erfordert innerhalb der Baumarten eine viel größere (genetische) Anpassungsfähigkeit als in der Vergangenheit (vgl. Abbildung 79). In diesem Punkt besteht vermutlich derzeit der meiste Nachholbedarf.

Interessant ist auch die Frage, ob wir zusätzliche, nichtheimische Baumarten benötigen. Das wird aktuell sehr kontrovers diskutiert. Ohne eine Antwort dieses Meinungsfindungsprozesses vorwegnehmen zu wollen: Es gibt natürlich Unterschiede, ob wir beispielsweise Arten wie die mediterranen Eichen- oder Kiefernarten, die bislang eher im (nördlichen) Mittelmeerraum und den angrenzenden Gebieten heimisch sind, oder Arten, die von anderen Kontinenten mit deutlich unterschiedlichen ökologischen Rahmenbedingungen stammen, wie etwa Eukalyptus meinen. Über erstere sollten wir ernsthaft nachdenken, über letztere eher weniger.

Wichtiger ist es momentan, das ökologische Potential der heimischen Arten weiter auszuschöpfen. Diese Option wurde über Jahrzehnte in der Forstwirtschaft sträflich vernachlässigt, ja geradezu

Abb. 78: Ein wichtiges Ziel des Waldumbaus ist die Überführung gleichaltriger Reinbestände (hier: Kiefer) in ungleichaltrige, artenreiche Mischwälder.

Abb. 79: Eichenpflanzung auf extremen Trockenstandorten erfordert an extreme Trockenheiten angepasstes Pflanzgut. Nicht immer ist das offiziell für eine Region zugelassene Vermehrungsgut für die Zukunft das geeignetste.

Abb. 80: Roteichen sind zwar hierzulande nicht heimisch, bilden allerdings als Mischbaumarten eine interessante Ergänzung des Artenspektrums und haben sich als ökologisch weitgehend unproblematisch erwiesen. Daher sollten wir diese Baumarten nicht aus ideologischen Gründen ablehnen.

systematisch ausgeblendet. Der Grund dafür liegt vermutlich in der alten Vorstellung, dass der Standort (vermeintlich) konstant sei. Daher sollten wir zunächst diesen Schritt gehen. Darin steckt genügend Arbeit für die nächsten Jahrzehnte.

Schließlich kennen wir verschiedene nichtheimische Baumarten wie etwas Douglasie und Roteiche (vgl. Abbildung 80), die sich mittlerweile seit Jahrhunderten in Deutschland bewährt und als ökologisch weitgehend unproblematisch erwiesen haben. Es spricht aus waldökologischer Sicht daher nichts dagegen und vieles dafür, diese im Rahmen naturnaher Mischwälder auch einzusetzen, auch wenn dies von Naturschutzvertretern kritisch gesehen wird.

Naturverjüngung sollte wo immer möglich den Vorzug vor der Pflanzung genießen. Doch Vorsicht: Auch die Naturverjüngung, also die Verjüngung mit dem Saatgut der Bäume, die an einem bestimmten Ort wachsen, führt zunächst nur zu einem angepassten Baumbestand. In der Vergangenheit war das meist ausreichend. Um allerdings Anpassungsfähigkeit an zukünftige Klimabedingungen zu erreichen, muss mehr geschehen. So könnte man Naturverjüngungsflächen ebenfalls durch Pflanzung von Artgenossen aus extremeren, trockeneren oder feuchteren, kälteren oder wärmeren Teilen des Verbreitungsgebietes ergänzen.

Bei der Naturverjüngung können auch Wildtiere helfen. Die bekannteste Unterstützung liefert der Eichelhäher. „Hähersaaten" tragen dazu bei, etwa unter reinen Kiefernbeständen eine Verjüngung mit Eiche zu etablieren (vgl. Abbildung 81).

Dabei werden Eicheln über mehrere hundert Meter, teilweise über Kilometer verbreitet[202,203]. Dort, wo nur wenige samentragende Eichen in der Nähe stehen, kann man den Eichelhähern Saatgut in kleinen, zum Schutz gegen Mäuse erhöht angebrachten Kisten anbieten, welches dann zum größten Teil gefressen wird. Der kleinere Teil ist der forstlich bedeutsame: Er wird als Wintervorrat im Boden versteckt,

Abb. 81: Eichenverjüngung durch Hähersaat aus benachbarten Eichenbeständen (Oberpfalz)

teilweise aber vergessen und keimt dann im Frühjahr. In der Praxis gelingt es so, etwa auf beräumten Schadensflächen, mehrere tausend Eichensämlinge pro Hektar zu erzielen.

Ein weiteres, noch vielfach unverstandenes Thema ist die Bedeutung der Huftiere im naturnahen Wald. Bislang erfolgte der Blick auf diese Arten in Forschung und Praxis weitgehend durch die Scheuklappen der Fraßschäden. Daher wissen wir über die ökologischen Bedeutungen dieser Arten kaum etwas. Wildwechsel, „Plätzstellen" (dienen beim Reh zur Markierung des Territoriums) oder Suhlen sind, das wissen wir beispielsweise, für „Rohbodenkeimer" unter den Waldbäumen wichtig. Hierzu gehören insbesondere die Pionierbaumarten, welche die erste Phase in einer natürlichen Waldentwicklung bieten. In der Vergangenheit hat man viele dieser Arten (Sandbirke, Aspe, Weide und viele andere) wie Unkraut behandelt und aus dem Wald entfernt. Mit steigender Wertschätzung einer naturnahen Waldentwicklung gewinnen diese Arten an Bedeutung und mit ihnen die Wildtiere. Sie nutzen etwa die „Weichlaubholzarten" (z. B. Pappeln und Weiden) als Nahrungsbasis, tragen in hohem Maße zu deren Verbreitung bei und schaffen den Pionierarten aber auch ganz aktiv Lebensräume.

Ein drittes Beispiel ist der Biber. Er sorgt durch umfangreiche Aktivitäten in seinem Lebensraum für spezielle ökologische Bedingungen, indem er Bäche und kleine Flüsse aufstaut. Das tut er aus Sicherheitsgründen, um den Eingang in seine Biberburg immer unter Wasser zu halten. Gleichzeitig entstehen so feuchte Flächen im Umfeld, in denen viele Auwaldarten der Weichholzaue gedeihen. Diese wiederum fällt er (vgl. Abbildung 82) zum Dammbau, aber auch zur Ernährung (er frisst die jungen Zweige). Damit werden diese zum Stockausschlag fähigen Arten stetig verjüngt. Von diesen immer

Abb. 82: Biber sorgen in der Weichholzaue für Naturverjüngung (hier: Fällung einer Pappel) und damit auch für hinreichend Nahrung für die großen Pflanzenfresser im Ökosystem.

wieder auftretenden Stockausschlägen würden normalerweise, wenn wir Menschen das zuließen, die großen wiederkäuenden Arten in der Natur leben.

Ähnliche Systeme imitiert übrigens auch die Niederwaldwirtschaft, welche heute ebenfalls wieder mehr Beachtung finden sollte: Sie deckt die Wälder mit hoher Diversität und kurzer Umtriebszeit ab und wäre etwa für eine CO_2-neutrale Brennholzproduktion für den direkten Bedarf der Haushalte ein interessanter Ansatz.

Von den sehr kurzen Umtriebszeiten nun ein Blick in die andere Richtung: Brauchen wir längere Umtriebszeiten in den Wäldern? Naturnahe Wälder werden kleinflächig bewirtschaftet. Das bedeutet, dass nicht mehr das Alter des Bestandes zwingend den Erntezeitpunkt bestimmt, sondern der Zeitpunkt, zu dem ein Baum einen bestimmten Zieldurchmesser erreicht hat. Auf diese Weise entstehen langfristig zum einen ungleichaltrige Bestände, da sich in den Lücken im Bestand bald wieder Naturverjüngung einfindet. Dabei sind Forstleute selbstverständlich frei darin, den Zieldurchmesser festzulegen. Bislang erfolgt dies vor allem aufgrund der Nachfrage nach hochwertigen Holzsortimenten, wobei die Stämme schon dick sein sollten, aber nicht zu dick. Sonst lassen sie sich im Säge- oder Furnierwerk nicht mehr maschinell verarbeiten.

Die Forderung nach älteren Wäldern, die also nicht mehr nach rund einem, sondern eher nach zwei oder drei Jahrhunderten geerntet werden, ließe sich grundsätzlich auch im Wirtschaftswald umsetzen. Der Stadtwald Lübeck ist ein Beispiel für derartige Konzepte.

Allerdings stoßen wir aus mehreren Gründen damit irgendwann an Grenzen: zum einen ist dies, wie erwähnt, die Verarbeitbarkeit großer Durchmesser in der Industrie. Darauf könnte sie sich sicher einstellen. Zum anderen verändern sich aber auch Holzeigenschaften mit zunehmendem Alter oder es kommt zu Verletzungen mit anschließendem Pilzbefall und Absterben des Baumes. Solche totholzreichen alten Bäume sind ökologisch ausgesprochen wertvoll, lassen sich aber nicht mehr hochpreisig verkaufen. Es sei denn, der Brennholzpreis steigt weiter so an wie in den vergangenen Monaten.

Schließlich sind auch die Holzernteverfahren bei derartig dicken Bäumen aufwendiger. Das kollidiert mit der ebenfalls immer wieder erhobenen Forderung nach weniger Technik im Wald.

Allerdings ist es bereits heute nicht selten geübte Praxis, auch im Wirtschaftswald einzelne Bäume alt werden zu lassen, sie bewusst nicht zu ernten und damit die Zerfallsphase von Naturwäldern ein Stück weit zu imitieren. Durch einen vergleichsweise kleinen Verzicht auf Erträge wird so ein deutliches Plus an Biodiversität geschaffen (vgl. Abbildung 83). Insbesondere wenn das nicht mit dem „Damoklesschwert" einer Unter-Schutz-Stellung solcher wertvollen Kleinode für den Waldbesitzer verbunden ist, werden viele Waldbesitzer, die oft auch begeisterte Naturliebhaber sind, solche Gelegenheiten nutzen.

Wenn wir über naturnahe Bewirtschaftung sprechen, wird meist auch die Frage nach der Technik gestellt. Schwere Forstmaschinen, Rückeschlepper (Traktoren, die das Holz aus dem Wald zum Weg ziehen), „Forwarder" (Transportfahrzeuge für die Stämme innerhalb des Waldes) oder „Harvester" (Erntemaschinen, welche heute oft gleich mehrere Waldarbeitergruppen mit Motorsäge ersetzen) sind allenthalben in den Wäldern anzutreffen und stehen nicht selten im Zentrum der Kritik.

Die Diskussion darum hat eine ökologische und eine sozio-kulturelle Seite. Ökologisch gesehen wird häufig unterstellt, dass durch den Maschineneinsatz Bodenschäden entstehen, „Bodenverdichtungen", welche das Feingefüge des Bodens zerstören. Nicht ablaufendes Regenwasser und lange vorhandene Wasserpfützen in den Fahrspuren sind ein Zeichen dafür. Auch wenn diese Stellen manchmal wertvolle Laichbiotope für Amphibien darstellen, so müssen derartige Schäden doch unbedingt vermieden werden. Allerdings ist es – wie so oft

Abb. 83: Alte Buche im Wirtschaftswald. Durch bewusstes Belassen alter Einzelbäume im Wirtschaftswald wird die Zerfallsphase von Naturwäldern imitiert. Es ist eine Möglichkeit, stabile und biologisch noch vielfältigere Wirtschaftswälder zu schaffen, die durch natürliche Absterbeprozesse vielen Tier- und Pilzarten Lebensraum über Jahrzehnte bieten.

im Leben – nicht immer die Technik, die für die Probleme verantwortlich ist, sondern gelegentlich auch der Mensch, der die Maschine bedient. Nicht selten sind es externe Unternehmer, die es unter dem finanziellen Druck des günstigsten Angebotes für den Waldbesitzer an der erforderlichen Sorgfalt mangeln lassen.

Gleichzeitig ist die Technisierung der Forstbetriebe auch ein Symbol für die sozialen und wirtschaftlichen Umbrüche in den 1990er Jahren insbesondere der staatlichen Forstverwaltungen, wie wir noch sehen werden.

Das gerne empfohlene traditionelle Holzrücken (also das Transportieren des Holzes zum befahrbaren Weg) mit Pferden ist definitiv ein erfreulicherer Anblick und auch sehr boden- und bestandesschonend. Allerdings ist es in vielen Fällen auch teurer und hinsichtlich der zu bewegenden Baumdurchmesser nach oben begrenzt. Die Abwägung aller Umstände, ökonomischer, technischer und ökologischer Rahmenbedingungen des jeweiligen Betriebes wird allerdings auch heute gelegentlich zu dem Resultat führen, dass traditionelle Methoden durchaus die bessere Wahl sein können.

UMSTRUKTURIERUNG DER STAATLICHEN FORSTVERWALTUNGEN

Die 1970er und 1980er Jahre sind in Deutschland verbunden mit schnellen Lohnkostenanstiegen, welche sich in der damals extrem personalintensiven Forstwirtschaft schnell bemerkbar machten. Im Großen und Ganzen änderte sich da allerdings noch nichts Grundlegendes, der Staatswald wurde von „Staatlichen Forstverwaltungen“ betreut, deren operative Ebene die Forstämter mit ihren Revieren darstellten. Im Forstamt waren typischerweise hoheitliche und betriebliche Aufgaben zusammengefasst.

Die 1990er und frühen 2000er Jahre brachten dann gerade in den öffentlichen Forstverwaltungen weitreichende Umstrukturierungen. Es war die Zeit, in der es in Mode kam, große Staatsbetriebe wie Post oder Bahn zu „privatisieren“ und ähnliches wurde auch für die Staatsforstverwaltungen erwogen.

Deren echte Privatisierung erfolgte in Deutschland nie; die Maßnahmen führten, vereinfacht gesagt, dazu, dass aus staatlichen Forstverwaltungen staatliche „Forstbetriebe“ wurden. Chimären aus alten Verwaltungen und neuen Unternehmen, von denen nicht nur böse Zungen behaupten, sie hätten die Nachteile aus beiden Welten eingehandelt: Sie standen unter dem Zwang zur Rationalisierung, denn wie bei einem privaten Unternehmen wurden Gewinne erwartet, doch gleichzeitig fehlte ihnen die nötige Freiheit und Flexibilität in ihrer unternehmerischen Ausrichtung.

Die Folge war unter anderem die deutliche Vergrößerung der Betriebe. Umfasste ein staatliches Forstamt, geleitet durch einen auf der Universität ausgebildeten Forstbeamten, zuletzt oft um die 10 000 Hektar Fläche, bewirtschaftet ein staatlicher Forstbetrieb heute ein Vielfaches davon. Ähnliches geschah mit den Forstrevieren, geleitet durch den klassischen, auf der Fachhochschule ausgebildeten Revierförster. Personal wurde in dieser Zeit in großem Umfang freigesetzt, um dann als Unternehmer wieder angeheuert zu werden: „Outsourcing“ war das Modewort der Zeit. Dass man damit gleichzeitig Wertschöpfungspotentiale sowie Planungssicherheit abgab, schien niemanden zu interessieren.

So kam es, dass die großen staatlichen Forstbetriebe in der Zeit, in der wichtige Weichen im Waldumbau hätten gestellt werden sollen, mit der eigenen Verwaltungsreform befasst waren.

Und als die Serie an Trockenjahren seit 2018 eine intensive Präsenz in der Fläche erfordert hätte, um die geschwächten Bäume zu entnehmen, bevor sie massiv vom Borkenkäfer besiedelt wurden, fehlte es schlichtweg an Personal. Unternehmer hatten lange Wartelisten für ihre Einsätze, eine betriebseigene Logistik fehlte, so dass aus den Schäden durch Trockenheit vermutlich ein Vielfaches an Schäden durch nachfolgenden Borkenkäferbefall resultierte.

Insofern liegt die Vermutung nahe, auch wenn das nie genau zu quantifizieren sein wird, dass ein Teil der aktuell sichtbaren Waldschäden letztlich auch aufgrund verschiedener Fehlentscheidungen hinsichtlich der Umstrukturierung ehemaliger Forstämter zu heutigen Forstbetrieben hausgemacht ist.

WELCHE ROLLE KANN DIE JAGD IN ZUKUNFT SPIELEN?

Die Vergrößerung der Forstreviere und der Personalabbau hatte auch auf dem Gebiet der Jagd Folgen. Die Rationalisierungsmaßnahmen führten dazu, dass selbst die Jagd „effizienter“ gestaltet werden musste.

Dies wiederum hatte zur Folge, dass großflächige Gesellschaftsjagden („Drück-Stöber-Jagden“) die Regel wurden, und dass Bejagung zunehmend unter Effizienzgesichtspunkten abläuft. Gleichzeitig wurden die Ausgaben für Hegemaßnahmen deutlich reduziert, die Pflege von Wildwiesen oder die Winterfütterung wurde in vielen Forstbetrieben eingestellt. Dass dies zu mehr Schäden führen kann, wird ignoriert bzw. man versucht das durch noch intensivere Bejagung (einschließlich höherer Kosten für die Jagdorganisation) zu kompensieren. Einige Betriebe haben auch hier das „Outsourcing“ vorangetrieben, was letztlich die Kosten für die Jagd noch einmal deutlich gesteigert hat: Die eigenen Beamten sind vorhanden und müssen bezahlt werden, die Kosten für den externen Dienstleister kommen hinzu. Wenn wir merken, dass wir in die falsche Richtung unterwegs sind, hilft es nicht, das Tempo zu erhöhen.

Wir befinden uns in vielen Forstbetrieben in einem Teufelskreis von zunehmenden Fraßeinwirkungen, teilweise auch wirklichen Schäden, auf die gleichzeitig mit mehr Jagd und weniger Investitionen in den Wildbestand reagiert wird. Letzteres führt zu weiter ansteigenden Schäden. Dabei ist zweierlei verloren gegangen: zum einen die klare Fokussierung jagdlicher Maßnahmen innerhalb der Forstreviere auf die Flächen, die waldbaulich in den nächsten Jahren relevant sind, zum anderen werden zunehmend Nachhaltigkeitskriterien, insbesondere ethische Kriterien, infrage gestellt. Das widerspricht eklatant dem selbst auferlegten Anspruch der Vorbildlichkeit (wie ihn zumindest die staatlichen Forstbetriebe pflegen).

Das größte ökonomische Problem stellt allerdings die vielfach fehlende Koordination jagdlicher Maßnahmen mit waldbaulichen Entscheidungen dar: Jagd ist ein ausgesprochen kostenintensiver Teil des Forstbetriebes. Daher ist es zunächst sinnvoll, jagdliche Aktivitäten auf diejenigen Flächen zu fokussieren, die sensibel für die Fraßeinwirkungen des Wildes sind, insbesondere die verbiss- oder schälgefährdet sind.

Das Prinzip der Schwerpunktbejagung, welches für das Rehwild bereits vor Jahrzehnten entwickelt wurde[152], ist das derzeit wohl geeignetste Konzept, insbesondere da neuere Forschungsergebnisse zeigen, dass auch das Rotwild auf diese Weise gut zu bejagen ist[122,123].

Diese Vorgehensweise spart einerseits Kosten und sichert andererseits die Erfolge forstlicher Maßnahmen genau auf den Flächen, auf denen in diese Maßnahmen investiert wurde.

Schafft man gleichzeitig Ruhezonen und Wildäsungsflächen ohne Bejagung (empfohlen sind jeweils mindestens fünf Prozent der Waldfläche), so wird alleine durch die damit verbundene vermehrte Ruhe der Schaden durch Wildwiederkäuer deutlich zurückgehen. Dass damit oftmals eine größere Sichtbarkeit des Wildes auch am Tage verbunden ist, ist ein positiver Nebeneffekt für die Waldbesucher.

Derzeit besteht eine einmalige Gelegenheit, derartige Konzepte in die Tat umzusetzen: Große Freiflächen, auf denen die Fichte durch Trocknis und Borkenkäfer verlorengegangen ist, müssen wiederbewaldet werden. Hier ist es meist leicht und vor allem kostengünstig möglich, entsprechende Äsungsflächen und Ruhezonen mit einzuplanen und damit zusätzlich das Risiko für Schäden an den ebenfalls neu entstehenden Verjüngungsflächen zu minimieren.

Wir müssen wieder lernen, den waldbaulichen Erfolg in Form einer gesicherten Verjüngung im Auge zu behalten, nicht den jagdlichen Erfolg in Form einer möglichst große Zahl erlegten Wildes.

Schließlich ist generell eine größere Gelassenheit im Umgang mit den Wildtieren angezeigt: Die wenigen langfristigen Untersuchungen, die es zu dieser Frage gibt, zeigen, dass kaum eine Korrelation zwischen Wilddichte, Fraßeinwirkungen in den Forstkulturen oder der Naturverjüngung und der Erreichbarkeit forstlicher Ziele besteht[153].

IST MEHR NATURSCHUTZ IM WALD EINE LÖSUNG?

Wenn wir uns wieder mehr alte Wälder wünschen, so denken viele Menschen an Naturschutz und Nationalparke. Doch sind das die richtigen Instrumente? Wir haben gesehen, wie widersprüchlich sich die derzeitigen Naturschutzkonzepte gerade im Wald verhalten. Der Naturschutz in Deutschland ist in weiten Teilen dringend reformbedürftig. Das zentrale Instrument sind Gesetze und Verordnungen, also letztlich starre und bürokratische Regelungen, die vor allem mit Verboten und Strafandrohung arbeiten. Den Herausforderungen für die Zukunft, auch und gerade angesichts des Klimawandels, sind diese, wie sich gezeigt hat, keineswegs gewachsen.

Bleiben wir bei den beiden in Kapitel 7 erwähnten Beispielen (es gibt darüber hinaus noch zahlreiche andere).

Zu einem wichtigen Konfliktherd, dazu braucht es nicht viel Phantasie, werden sich alsbald die FFH-Gebiete entwickeln. So kann es leicht passieren, dass in Zukunft die Schutzziele (Erhaltung eines Status quo) im Wald mit Zielen der Klimaanpassung der Wälder nicht mehr vereinbar sind. Die Akzeptanz ist bei denjenigen Forstbetrieben, die wirtschaftlich arbeiten müssen, bereits jetzt teilweise gering, zumal die wertvollen Lebensräume, welche geschützt werden sollen, nicht selten eine Folge der Waldbewirtschaftung sind. Die Situation wird schwieriger werden, sobald sich herausstellen wird, dass zukünftige, klimaresiliente Wälder möglicherweise andere Artenzusammensetzungen erfordern, als dies heute der Fall ist. Wie wir mit derartigen Konflikten zwischen Arten- und Klimaschutz, aber auch innerhalb des Artenschutzes selbst, in Zukunft umgehen, ist derzeit eine offene Frage.

Das zweite derzeit hochaktuelle Beispiel sind die großen Prozessschutzflächen insbesondere in Nationalparken. Schon in der Vergangenheit war es problematisch, das Konzept „Natur Natur sein lassen" konsequent zu verfolgen. Insbesondere Tourismus und Jagd stellen den fachlich interessanten Ansatz in der Praxis infrage.

Nun kommen Waldbrände in Nationalparken hinzu: Sowohl im Harz als auch in der Sächsischen Schweiz haben diese für intensive Diskussionen gesorgt. Das Belassen von Totholz in den Beständen, im Sinne des Prozessschutzes absolut gerechtfertigt, liefert brennbares Material in großem Umfang.

Würde man das Konzept konsequent umsetzen, dürfte man in diesen Flächen nicht löschen. Wenn man hingegen versucht, die Brände zu löschen, gibt man den Prozessschutzgedanken noch ein Stück weiter auf.

Prozessschutz bedeutet nicht, eine Art „Disneyland mit Urwäldern" zu schaffen. Im Gegenteil, dieses Konzept muss von dem heutigen Zustand, also z. B. auch Nadelholz-Monokulturen, ausgehen und soll lediglich die zukünftige Entwicklung sich selbst überlassen. Das würde eben auch eine Toleranz gegenüber Faktoren wie Bränden, Borkenkäfern und anderen Tieren beinhalten.

Eine solche Toleranz können wir uns aber ganz offensichtlich in unseren „großen" Schutzgebieten einfach deshalb nicht leisten, weil sie letztlich doch immer zu klein sind und in einer intensiv genutzten Kulturlandschaft zu oft mit dieser interagieren.

Es ist daher an der Zeit, verschiedene alte Konzepte und Glaubenssätze im Naturschutz grundlegend zu überdenken. Wenn wir Wälder wirklich alt werden lassen wollen, ist es genau deshalb auch nicht hilfreich, sie mit den traditionellen Instrumenten des Naturschutzes bewahren zu wollen. Hier müssen wir alsbald andere Werkzeuge und Anreize schaffen, um privaten wie öffentlichen Waldbesitzern zu ermöglichen, solche Wälder bereitzustellen. Ob und wie dies über öffentlich-rechtliche langfristige Pachtverhältnisse, Naturschutzverträge und entsprechende Sicherungen im Grundbuch funktioniert, ist letztendlich nebensächlich. Wichtig ist, dass insbesondere private Waldbesitzer ihre Schutzleistungen oder langfristigen Nutzungsverzicht auch langfristig vergütet bekommen.

WÄLDER IM KLIMAWANDEL

Die Frage, welche Rolle Wälder im Zusammenhang mit dem Klimawandel spielen, hat zwei wichtige Aspekte: Zum einen sind Wälder in ihrer Existenz durch den Klimawandel bedroht. Zum anderen leisten Wälder weltweit einen entscheidenden positiven Beitrag zur CO_2-Bilanz der Atmosphäre.

Der Logik folgend müssen wir festhalten, dass wir daher zunächst einmal dafür Sorge tragen müssen, dass Wälder in Zukunft bei uns erhalten bleiben. Nur dann können sie die möglichen Funktionen als

Kohlenstoffsenken oder zumindest CO_2-neutrale Energiequellen erfüllen.

Die waldbaulichen Strategien, die Anpassung zu bewirken, sind vielfältig, doch werden bislang noch nicht alle Wege genutzt. Die Ausnutzung der ökologischen Potentiale einheimischer Arten erscheint zusammen mit dem Anbau weiterer Arten, insbesondere aus trockeneren Regionen Europas, sowie waldbaulichen Maßnahmen, welche die Stabilität der Bestände fördern, der Weg zu sein, welcher vor uns liegt.

Hinsichtlich der Frage, wie wir mit unseren europäischen Wäldern die Kohlenstoffbilanz verbessern, gibt es drei wichtige Aspekte.

Zum einen gilt es, möglichst viel CO_2 der Atmosphäre zu entziehen und in den Wäldern selbst zu speichern. Derzeit gibt es noch keine Einigkeit unter Fachleuten, ob dies eher durch eine Steigerung der Umtriebszeit, also langlebigere Wälder, oder durch eine Nutzung der Bäume zu einem Zeitpunkt, zu dem sie ihren maximalen Zuwachs überschritten haben, erfolgen soll.

Ein zweiter Aspekt ist die Frage, möglichst viele Produkte mit einer ungünstigen CO_2-Bilanz durch Holzprodukte zu ersetzen, denn im Holz wurde bereits während des Wachstums der Bäume Kohlendioxid fixiert, welches erst wieder in die Atmosphäre abgegeben wird, wenn das Holzprodukt entweder verbrannt oder durch Verrottung zersetzt wird. Diese Produkte entstammen aber der Nutzung der Wälder. Damit ist klar, dass Verzicht auf Holznutzung allein kein tragfähiges Konzept zum Klimaschutz bildet.

Schließlich stellt sich als dritter Aspekt die Frage nach der energetischen Nutzung von Holz. Diese ist derzeit vermutlich die am kontroversesten diskutierte Frage im Zusammenhang mit dem Klimaschutz.

Klar ist einerseits, dass Holz als nachwachsender Rohstoff den fossilen Brennstoffen wie Erdöl und Erdgas überlegen ist. Wir müssen uns allerdings fragen, ob Brennholznutzung unmittelbar mit anderen Nutzungsformen in Bezug auf die CO_2-Einsparung bzw. -reduktion konkurriert. Müssen wir also für das Holz, welches zur Energiegewinnung genutzt wird, anderes Holz, welches etwa als Konstruktionsholz Verwendung findet, importieren? Oder gelangen wir zu einer komplementären Form der Nutzung, welche vor allem diejenigen Sortimente in die Brennholznutzung lenkt, die anderweitig nicht (Holz aus Niederwäldern, Waldrestholz, Abfallholz aus der Industrie, Schadholz etc.) oder nur mit zusätzlichem Aufwand zu verarbeiten wären?

Alle drei Aspekte müssen, wenn wir wirklich eine signifikante CO_2-Reduktion anstreben, gegeneinander abgewogen und miteinander kombiniert werden.

Die aktuellen politischen Entwicklungen zeigen, dass in Zukunft wohl weitere Argumente in dieser Diskussion in die Waagschale geworfen werden. So stellt sich gerade akut die Frage nach einer krisensicheren Gewährleistung der Wärmeversorgung der Haushalte.

Bei alledem dürfen wir allerdings auch nicht aus den Augen verlieren, dass Klimaschutz immer global ansetzen muss, um wirksam zu sein.

Wenn es nicht gelingt, die weltweite Vernichtung von Wäldern zu stoppen, wenn es nicht gelingt, die weltweite massive Nutzung fossiler Brennstoffe zumindest deutlich einzuschränken, und vor allem, wenn es nicht gelingt, das exponentielle Wachstum der Weltbevölkerung deutlich zu reduzieren, werden alle lokalen Bemühungen um den Klimaschutz scheitern.

Für den Erhalt unserer Wälder hierzulande müssen die Verantwortlichen in Forstwirtschaft und Naturschutz einmal gründlich ihre Hausaufgaben machen und aus Fehlern und Fehlentwicklungen lernen. Wir brauchen sehr bald sachgerechte, zielorientierte und unbürokratische Regeln und Gesetze. Das alleine reicht allerdings nicht.

Entscheidend ist es, dass wir als Bürger in unserem täglichen Handeln ganz bewusst Verantwortung übernehmen, für Klima, Artenvielfalt und ganz besonders für die Wälder, die uns seit Generationen, wie wir gesehen haben, ganz besonders am Herzen liegen. Dazu bedarf es des aktiven Handelns. Warum also nicht in Zukunft die nächste Küche aus massivem Holz kaufen? Warum nicht sogar einmal ein Haus aus Holz bauen? Und mit Holz heizen, statt mit Öl oder Gas?

Wir können weniger Fleisch essen und dann vielleicht Wild aus heimischen Wäldern statt Tiere aus der Massentierhaltung. Wir sollten die heimischen Wälder zur Erholung nutzen, aber dies verantwortungsbewusst tun. Beim Waldspaziergang auf den Wegen bleiben und den Hund an der Leine behalten aus Rücksicht auf die Wildtiere. Wir können Wissen erwerben über die Erhaltung unserer Wälder und der Natur, Bücher und Internet bieten heute mehr Möglichkeiten als jemals zuvor. Und dieses Wissen dazu nutzen, kritische Fragen zu stellen. Fragen an lokale und Landespolitiker, an Förster, Jäger und Naturschutzverbände.

So können bald viele „Gespräche über Bäume“ dazu beitragen, dass auch die Generationen nach uns herrliche Wälder mit ihrer Tier- und Pflanzenwelt erleben dürfen.

WEITERFÜHRENDE UND VERTIEFENDE LITERATUR

Im Text verweisen die hochgestellten Ziffern auf die im Folgenden aufgeführten Quellen.

1. *Anonymus* Erneuerbare Energien. https://www.allesueberalu.de/Erneuerbare-Energien.html
2. *Anonymus* Forstvermehrungsgutgesetz (FoVG). https://www.gesetze-im-internet.de/fovg/FoVG.pdf, 2002. Zuletzt aufgerufen 30. August 2022.
3. *Anonymus* Gesetz zur Erhaltung des Waldes und zur Förderung der Forstwirtschaft (Bundeswaldgesetz). https://www.gesetze-im-internet.de/bwaldg/BJNR010370975.html, zuletzt aufgerufen 24. August 2022.
4. *Anonymus* Gesetz über Naturschutz und Landschaftspflege. https://www.gesetze-im-internet.de/bnatschg_2009/. Zuletzt aufgerufen 24. Oktober 2022.
5. *Anonymus* Harsche Kritik an Gabriels Kamin-Verordnung. https://www.tagesspiegel.de/politik/heizung-harsche-kritik-an-gabriels-kamin-verordnung/1107300.html, 27.11.2007. Zuletzt aufgerufen 20. August 2022.
6. *Anonymus* Invasive Arten: Gefahren der biologischen Einwanderung. https://www.wwf.de/themen-projekte/artensterben/invasive-arten, 2014. Zuletzt aufgerufen 24. Oktober 2022.
7. *Altmoos, M.; Durka*, W. Prozessschutz in Bergbaufolgelandschaften: Eine Naturschutzstrategie am Beispiel des Südraumes Leipzig. Naturschutz und Landschaftsplanung **30**, 291–297, 1998.
8. *Arenhövel*, W. Die Orkan- und Borkenkäferschäden im Thüringer Wald 1946–1954. In: *Burghoff, L.; Dargel, H.; Gehringer, M.; Grabau, M.; Heinze, M.; Müller*, K.-H.; *Sprossmann, H.; Weller*, E. (Herausgeber). Forstchronik: Die Geschichte des Waldes und der Forstwirtschaft in Thüringen, 64–68, ThüringenForst, Erfurt 2018.
9. *Assmann*, E. Waldertragskunde. Bayerischer Landwirtschafts-Verlag, München, 1961.
10. *Bahr*, H.-E. Naturverbundenheit und menschliche Welt. In: Hessisches Ministerium für Landesentwicklung, Umwelt, Landwirtschaft und Forsten (Herausgeber). Hessischer Naturschutztag 1979, 12–30, Wiesbaden 1979.
11. *Barth*, W.-E. Affentheater. Die Evolution entlässt uns nicht aus unserem „Psychotop". Deutsche Literaturgesellschaft, Zug 2018.
12. *Barth*, W.-E. Naturschutz: Das Machbare. Verlag Paul Parey, Hamburg 1995
13. *Baumbach*, G. Auswirkungen von Holzfeuerungsabgasen auf die Luftqualität in Wohngebieten. https://www.umweltbundesamt.de/sites/default/files/medien/377/dokumente/auswirkungen_von_holzfeuerungsabgasen_auf_die_luftqualitaet_in_wohngebieten_-_apl._prof._dr.-ing._habil._guenter_baumbach_ifk-2.pdf, 2013. Zuletzt aufgerufen 14. Oktober 2022.
14. *Bergmann, R.; Puettmann, M.; Taylor, A.; Skog*, K.E. The Carbon Impacts of Wood Products. Forest Products Journal **64**, 220–231, 2014.
15. *Blanckmeister, J.; Blossfeld, O.; Bösener, R.; Fischer, K.; Kienitz, E.; Köhler, J.; König, H.; Lux, H.; Müller, G.; Pleiss, H.; Schlegel, W.; Schmiedel, H.;*

Schretzenmayr, M.; Weidermann, K.; Werner, H. Der Wald und die Forstwirtschaft. Volk und Wissen Volkseigener Verlag, Berlin 1963.

16. *Blickle*, P. Die Revolution von 1525. Oldenbourg Wissenschaftsverlag, München 2004
17. *Blum, A.; Brandl, H.; Oesten, G.; Rätz, T.; Schanz, H.; Schmidt, S.; Vogel*, G. Wirkungen des Waldes und Leistungen der Forstwirtschaft. Allgemeine Forst Zeitschrift – Der Wald, 22–26, 1/1996.
18. *Bode, W.; von Hohnhorst*, M. Waldwende. C.H. Beck'sche Verlagsbuchhandlung, München 1994.
19. *Bolliger, M.; Imesch, N.; Schnidrig*, R. Waldreservatspolitik der Schweiz: Zwischenbilanz und Perspektiven aus Sicht des Bundes. Schweizerische Zeitschrift für Forstwesen **163**, 199–209, 2012.
20. *Bonnemann*, A. Der Reinhardswald. Verlag der Weserbuchhandlung, Hannoversch Münden 1984.
21. *Born*, M. Frühgeschichtliche Flurrelikte in den deutschen Mittelgebirgen. Geografiska Annaler **43**, 17–25, 1961.
22. *Borst*, H. Waldhonig. https://honig-und-bienen.de/waldhonig/. Zuletzt aufgerufen: 14. Oktober 2022.
23. *Brecht*, B. Leben des Galilei. edition suhrkamp, Berlin 1963.
24. *Bücheler*, G. Holz- die verkannte erneuerbare Energie. proWald, 81, Mai 2022.
25. *Buras, A.; Menzel*, A. Projecting Tree Species Composition Changes of European Forests for 2061–2090 Under RCP 4.5 and RCP 8.5 Scenarios. Frontiers in Plant Science, Januar 2019. https://doi.org/10.3389/fpls.2018.01986
26. *Burschel*, P. Der Wald als eine Gesellschaft von Bäumen. In: *Stern, H.; Biebelriether, H.; Burschel, P.; Plochmann, R.; Schröder, W.; Schulz*, H. (Herausgeber). Rettet den Wald. Kindler-Verlag, München 1979.
27. *Burschel*, P. Der Wald in seiner Umwelt. In: *Stern, H.; Biebelriether, H.; Burschel, P.; Plochmann, R.; Schröder, W.; Schulz*, H. (Herausgeber). Rettet den Wald, 94–125, Kindler Verlag, München 1979.
28. *Canetti*, E. Masse und Macht. Verlag Claassen, Hamburg 1960.
29. *Closmann*, C. Legalizing a Volksgemeinschaft. Nazi Germany's Reich Nature Protection Law of 1935. In: *Brüggemeier, F.-J.; Cioc, M.; Zeller*. T. How Green Were The Nazis? Nature, Environment, and Nation in the Third Reich. 18–42, Ohio University Press, Athens 2005.
30. *Dannecker*, K. Daseinskampf der Weißtanne in ihren Heimatgebieten.Allgemeine Forst- und Jagdzeitung **117**, 129–148, 1941.
31. *de Groot*, R.S. Environmental functions as a unifying concept for ecology and economics. The Environmentalist 7, 105–109, 1987.
32. *de Groot, R.S.; Wilson M.; Boumans*, R. A typology of the description, classification and valuation of ecosystem functions, goods and services. Ecological Economics **65**, 765–775, 2002.
33. *Dieterich*, V. Forstwirtschaftspolitik. Verlag Paul Parey, Hamburg 1953.
34. *Elling*, W. Immissionen im Ursachenkomplex von Tannenschädigung und Tannensterben. Allgemeine Forst Zeitung – Der Wald **48**, 87–95, 1993.

35. *Elsässer*, E. Die Kielwasssertheorie- Totgesagte leben länger. Holz-Zentralblatt, 312, 16/2021.
36. *Elton*, C.S. Animal Ecology. Sidgwick and Jackson, London 1927.
37. *Engelhard*, K. Entwicklung der Kulturlandschaft. In: *Martin, B.; Wetekam*, R. (Herausgeber): Waldeckische Landeskunde, 99–169, Wilhelm Bing Druckerei und Verlag, Korbach 1971.
38. *Ensinger, K.; Wurster, M.; Selter, A.; Jenne, M.; Botsch, K.; Bethmann*, S. „Eintauchen in eine andere Welt" – Untersuchungen über Erholungskonzepte und Erholungsprozesse im Wald. Allgemeine Forst- und Jagdzeitung **184**, 70–83, 2013.
39. *Ewert*, R. Rauchkranke Böden. Angewandte Botanik **6**, 97–104, 1924.
40. *Felinks, B.; Wiegleb*, G. Welche Dynamik schützt der Prozeßschutz? Aspekte unterschiedlicher Maßstabsebenen – dargestellt am Beispiel der Niederlausitzer Bergbaufolgelandschaft. Naturschutz und Landschaftsplanung **30**, 298–303, 1998.
41. *Festi, D.; Brandner, D.; Grabner, M.; Knierzinger, W.; Reschreiter, H.; Kowarik*, K. 3500 years of environmental sustainability in the large-scale alpine mining district of Hallstatt, Austria. Journal of Archaeological Science: Reports **35**, 2021. https://doi.org/10.1016/j.jasrep.2020.102670.
42. *Finck, P.; Klein, M.; Riecken*, U. Wildnisgebiete in Deutschland – von der Vision zur Umsetzung. Natur und Landschaft **88**, 342–346, 2013.
43. *Forstner, M.; Reimoser, F.; Lexer, W.; Heckl, F.; Hackl*, J. Nachhaltigkeit der Jagd: Prinzipien, Kriterien und Indikatoren. Österreichischer Agrarverlag, Wien 2006.
44. *Francé*, R.H. Ewiger Wald – Ein Buch für Wanderer. Verlag Richard Eckstein Nachf., Leipzig 1922.
45. *Francé*, R.H. Leben und Wunder des deutschen Waldes. Berlin 1943.
46. FSC Deutschland. Deutscher FSC-Standard 3-0. Freiburg im Breisgau, 2018.
47. *Gärtner, S.O.; Hienz, G.; Keller, H.; Paulsch*, D. Ökobilanz der kaskadierten Nutzung nachwachsender Rohstoffe am Beispiel Holz-eine Einordnung. UmweltWirtschaftsForum **20**, 155–164, 2012.
48. *Gerken, B.; Görner*, M. (Herausgeber) Europäische Landschaftsentwicklung mit großen Weidetieren. Referate und Ergebnisse des gleichnamigen Symposiums vom 2l. bis 23. April 1998 in Neuhaus im Solling. Höxter & Jena 1999.
49. *Gloy*, K. Das Verständnis der Natur. Erster Band: Die Geschichte des wissenschaftlichen Denkens. Verlag C.H. Beck, München 1995.
50. *Gómez-Baggethun, E.; de Groot, R.; Lomas, P.L.; Montes*, C. The history of ecosystem services in economic theory and practice: From early notions to market and payment schemes. Ecological Economics **69**, 1209–1218, 2010.
51. *Grimm, J.; Grimm*, W. Altdeutsche Wälder. Zweiter Band. Bernhard Körner, Frankfurt am Main 1815.
52. *Grinnell*, J. The niche-relationships of the California thrasher. The Auk **34**, 427–433, 1917.
53. *Gritzbach*, E. Hermann Göring. Werk und Mensch. Zentralverlag der N.S.D.A.P. Franz Eher Nachf., München 1938.
54. *Grober*, U. Die Entdeckung der Nachhaltigkeit. Verlag Antje Kunstmann, München 2010.
55. *Gross*, E. Gedanken zum Dauerwald. Der Deutsche Forstmann 17, 31–46, 1935.

56. *Groth, J.; Reck, H.; Irmler*, U. Wild und Biologische Vielfalt: Käfergemeinschaften an Wild- und Haustierdung. Faunistisch-Ökologische Mitteilungen **9**, 247–266, 2011.
57. *Grunewald, K.; Walz, U.; Herold, H.; Syrbe*, R.-U. Ökosystemleistungen erfassen und bewerten. Naturschutz und Landschaftsplanung **47**, 305–310, 2015.
58. *Häfner*, P. Natur- und Waldkindergärten in Deutschland: eine Alternative zum Regelkindergarten in der vorschulischen Erziehung. Dissertation, Universität Heidelberg 2003.
59. *Halbwachs*, M. Das kollektive Gedächtnis. Ferdinand Enke Verlag, Stuttgart 1967.
60. *Hartig, T.; Evans, G.W.; Jamner, L.D.; Gärling*, T. Tracking restoration in natural and urban field settings. Journal of Environmental Psychology **23**, 109 –123, 2003.
61. *Hasel*, K. Forstgeschichte. Verlag Paul Parey, Hamburg & Berlin 1985.
62. *Hattemer, H.H.; Gregorius, H.-R.* Is gene conservation under global climate change meaningful? In: *Jackson, M.T.; Ford-Lloyd, B.V.; Parry*, M.L. (Herausgeber). Climatic Change and Plant Genetic Resources. Bellhaven Press, London & New Ypork, 1990.
63. *Hattemer, H.H.; Bergmann, F.; Ziehe*, M. Einführung in die Genetik für Studierende der Forstwissenschaft. J.D. Sauerländer's Verlag, Frankfurt am Main 1993.
63a. *Hattemer*, H.H.; *Ziehe*, M. Erhaltung forstgenetischer Ressourcen. Universitätsverlag Göttingen 2018.
64. *Heptner*, V.G. Die Säugetiere der Sowjetunion. Band I. Paarhufer und Unpaarhufer. VEB Gustav Fischer, Jena 1966.
65. *Herzog*, S. Der Jäger, der Förster und das Wild: Gedanken zu einer Konfliktsituation. Forst und Holz 65, 16–19, September 2010.
66. *Herzog*, S. Genetic inventory of European oak populations: consequences for breeding and gene conservation. Annales des Sciences Forestiéres 53, 783–793, 1996.
67. *Herzog*, S. Genetische Vielfalt als Stabilitätsfaktor im Waldökosystem. Jagd+Hege, 18, Mai 1988.
68. *Herzog*, S. Wie nachhaltig ist Jagd? Allgemeine Forst Zeitschrift – Der Wald, 30–31, 17.November 2014.
69. *Herzog*, S. Wildtiermanagement. Quelle & Meyer, Wiebelsheim 2019.
70. *Herzog*, S. Ökologische Auswirkungen einer Klimaerwärmung auf Wildtiere. Forst und Holz 64, 39–43, Februar 2009.
71. *Herzog*, S. „Ökosystemdienstleistungen?" https://www.youtube.com/watch?v=hxzZLHIILaM, 2020. Zuletzt aufgerufen 16. Oktober 2022.
72. *Herzog, S.; Krabel*, D. Genetic structures of a flooded and a non-flooded oak (Quercus robur) population from the floodplains of the Rhein river. Ekológia **18**, 160–163, 1999.
73. *Herzog, S.; Müller-Starck*, G. Untersuchungen zur genetischen Differenzierung bei Stieleiche (Quercus robur L.) und Traubeneiche (Quercus petraea Liebl.): Konsequenzen für die Erhaltung genetischer Ressourcen. Forstarchiv **64**, 88–92, 1993
74. *Herzog, S.; Schwarz, K.; Leicht, H.J.; Krauhausen, V.; Voll*, H. Lebensraumgutachten und Bewirtschaftungskonzept der Rotwildhegegemeinschaft „Krofdorfer Forst". Rotwildhegegemeinschaft „Krofdorfer Forst", Wettenberg 2020.
75. *Hesmer*, H. Naturwaldzellen. Der Deutsche Forstwirt **16**, 133–135 & 141–143, 1934.
76. *Hillebrecht*, M.-L. Eine mittelalterliche Energiekrise. In: *Herrmann*, B. (Herausgeber). Mensch und Umwelt im Mittelalter, 275–283, Fourier Verlag, Wiesbaden 1986.

77. *Hillebrecht*, M.-L. Die Relikte der Holzkohlewirtschaft als Indikatoren für Waldnutzung und Waldentwicklung: Untersuchungen an Beispielen aus Südniedersachsen. Göttinger Geographische Abhandlungen **79**, 1–157, 1982.
78. *Hobi, M.L.; Ginzler, C.; Commarmot, B.; Bugmann*, H. Gap pattern of the largest primeval beech forest of Europe revealed by remote sensing. Ecosphere **6**, 1–15, 2015
79. *Hofmann, G.; Pommer, U.; Jenssen, M.; Ahrens, M.; Dobias*, K. Wildökologische Lebensraumbewertung. Eberswalder Forstliche Schriftenreihe **39**, 1–205, 2008
80. *Höhle*, H. Die untergegangenen Ortschaften oder Die Wüstungen in Waldeck. Wilhelm Bings Buchdruckerei, Corbach 1929.
81. *Hösl*, G. Simulation der Entmischung unserer Wälder durch Wildverbiss. Allgemeine Forst Zeitung-Der Wald, 34–37, 15/2021
82. *Huesmann*, F. Leugnen, bis die Erde brennt: Das Netzwerk der Klimawandelleugner. https://www.rnd.de/politik/klimawandel-das-netzwerk-der-leugner-und-die-afd-K6IPXDWA45AITDQ3LKYXNBV2YQ.html. 2021. Zuletzt aufgerufen 14. Oktober 2022.
83. *Hunger, M.; Herzog*, S. Auswertung der bayerischen Verbissgutachten von 1991 bis 2009: Was können Verbissgutachten leisten ? Allgemeine Forst Zeitschrift – Der Wald, 23–25, 18. Juli 2011.
84. *Hunger, M.; Herzog*, S. Ein integriertes Wildtiermanagementkonzept auf wildbiologischer Grundlage am Beispiel des Rotwildes (Cervus elaphus) im Westerzgebirge. Säugetierkundliche Informationen **11, 57**, 295–334, 2020.
85. *Ibisch*, P.L. Klimawandel und Klimaschutz: Chancen, Gefahren und Handlungsoptionen für den Naturschutz im Wald. In: Wald, Naturschutz und Klimawandel. Ein Workshop zur Zukunft des Naturschutzes im Wald vor dem Hintergrund des globalen Klimawandels. BfN-Skripten **185**, 71–81, Bundesamt für Naturschutz, Bonn 2006.
86. *Ibisch*, P. Karbonisierung der Weltumweltpolitik oder ökosystembasierte Nachhaltigkeit? In: *Sommer, J.; Müller*, M. (Herausgeber). Unter 2 Grad? Was der Weltklimavertrag wirklich bringt. S. Hirzel Verlag, Stuttgart 2016.
87. *Ibisch, P.; Welle, T.; Blumröder, J.S.; Sommer, J.; Sturm*, K. Wie das Klimaschutznarrativ die Wälder bedroht. In: *Knapp, H.D.; Klaus, S.; Fähser*, L. Der Holzweg, 175–200, oekom Verlag, Freiburg 2020
88. *Imort*, M. „Eternal Forest-Eternal Volk". The Rhetoric and Reality of National Socialistic Forest Policy. In: *Brüggemeier, F.-J.; Cioc, M.; Zeller*, T. How Green Were The Nazis? Nature, Environment, and Nation in the Third Reich. 43–72, Ohio University Press, Athens 2005.
89. *Jäger*, H. Entwicklungsperioden agrarer Siedlungsgebiete im mittleren Westdeutschland seit dem frühen 13. Jahrhundert. Würzburger Geographische Arbeiten **6**, 1–36, 1958.
90. *Jacob*, K. Wald wandelt das Klima. Max Planck Forschung, 78–85, 4/2020
91. *Jennings, D.H.; Lysek*, G. Fungal Biology. BIOS Scientific Publishers, Oxford 1996
92. *Jochem, D.; Weimar, H.; Bösch, M.; Mantau*, U.; Dieter, M. Estimation of wood removals and fellings in Germany: a calculation approach based on the amount of used roundwood. European Journal of Forest Research **134**, 869–888, 2015.
93. *John, H.; Birks*, B. Mind the gap: how open were European primeval forests? Trends in Ecology & Evolution **20**, 154–156, 2005.

94. *Kaplan, R.; Austin,* M.E. Out in the country: Sprawl and the quest for nature nearby. Landscape and Urban Planning **69**, 235–243, 2004.
95. *Kaplan,* R.; *Kaplan,* S. The experience of nature: A psychological perspective. Cambridge University Press, New York 1989.
96. *Kirchhoff, T.* Sehnsucht nach Wald als Wildnis. https://www.bpb.de/shop/zeitschriften/apuz/260678/sehnsucht-nach-wald-als-wildnis/#footnote-target-23. 2017. Zuletzt aufgerufen 14. Oktober 2022.
97. *Knauf, M.; Köhl, M.; Mues, V.; Olschowsky, K.; Frühwald,* A. Modeling the CO2-effects of forest management and wood usage on a regional basis. Carbon Balance and Management, 2015. DOI 10.1186/s13021-015-0024-7
98. *Köpping,* H. Zur Geschichte der Bauernwälder in der Dahlener Heide. Gneisenaustadt Schildau 2005.
99. *Krabel,* D. Baumphysiologie und Trockenstress – eine komplexe Beziehung? S. In: *Roloff,* A. (Herausgeber). Trockenstress bei Bäumen, 140–149, Quelle & Mayer Verlag, Wiebelsheim 2021.
100. *Krabel,* D. Vom Gen zur Fitness – welche Rolle spielt die Genetik? In: *Roloff,* A. (Herausgeber). Trockenstress bei Bäumen, 118–139, Quelle & Mayer Verlag, Wiebelsheim 2021.
101. *Krabel, D.; Herzog,* S. Genetische Variabilität als Voraussetzung für den Erhalt von Stadtbäumen. Forst und Holz **63**, 23–25, 2008.
102. *Küster,* H. Geschichte des Waldes. Verlag C.H. Beck, München 2013.
103. *Lang,* G. Quartäre Vegetationsgeschichte Europas. Gustav Fischer Verlag, Jena, Stuttgart, New York 1994.
104. *Larsen,* J.B. Das Tannensterben: Eine neue Hypothese zur Klärung des Hintergrundes dieser rätselhaften Komplexkrankheit der Weißtanne (Abies alba Mill.). Forstwissenschaftliches Centralblatt **105**, 381–396, 1986.
105. *Lehmann,* A. Von Menschen und Bäumen: Die Deutschen und ihr Wald. Rowohlt Verlag, Reinbek 1999
106. *Lehmann, A.; Schriewer,* K. (Herausgeber). Der Wald- Ein deutscher Mythos? Dietrich Reimer Verlag, Berlin & Hamburg 2000.
107. *Leibundgut,* H. Aufbau und waldbauliche Bedeutung der wichtigsten natürlichen Waldgesellschaften in der Schweiz. Eidgenössische Inspektion für Forstwesen, Jagd und Fischerei, Bern 1948.
108. *Leibundgut,* H. Europäische Urwälder. Verlag Paul Haupt, Bern 1993.
109. *Leif, T.; Speth,* R. (Herausgeber). Die fünfte Gewalt: Lobbyismus in Deutschland. VS Verlag für Sozialwissenschaften, 2006.
110. *Lekan,* T. „It Shall Be the Whole Landscape". The Reich Nature Protection Law and Regional Planning in the Third Reich. In: *Brüggemeier, F.-J.; Cioc, M.; Zeller.* T. How Green Were The Nazis? Nature, Environment, and Nation in the Third Reich. 18–42, Ohio University Press, Athens 2005.
111. *Leopold,* A. Wilderness as a form of land use. The Journal of Land & Public Utility Economics, 398–404, 1925.
112. *Leopold,* A. The Wilderness and its Place in Forest Recreational Policy. Journal of Forestry **19**, 718–721, 1925.
113. *Lindner, M.; Maroschek, M.; Netherer, S.; Kremer, A.; Barbati, A.; Garcia-Gonzalo, J.; Seidl, R.; Delzon, S.; Corona, P.; Kolstrom, M.; Lexer, M.J.;*

Marchetti, M. Climate change impacts, adaptive capacity, and vulnerability of European forest ecosystems. Forest Ecology and Management **259**, 698–709, 2010.

114. Lochner, A. Wald. Franckh-Kosmos, Stuttgart 2019.

115. Lotka, A.J. Analytical Theory of Biological Populations. Plenum Press, New York 1998.

116. Ludwig, G.; Gawel, E.; Pannicke-Prochnow, N. Altholz in der Kaskadennutzung – eine Bestandsaufnahme für Deutschland.Wasser und Abfall, 54–58, November 2016.

117. Luick, R.; Schuler, H.-K. Waldweide und forstrechtliche Aspekte. Berichte des Institutes für Landschafts- und Pflanzenökologie der Universität Hohenheim **17**, 149–164, 2008.

118. Luyssaert, S.; Schulze, E.D.; Börner, A.; Knohl, A.; Hessenmöller, D.; Law, B.E.; Ciais, P.; Grace, J.; Old-growth forests as global carbon sinks. Nature **455**, 213–215, 2008.

119. Mantau, U. Funktionen, Leistungen, Wirkungen oder ganz was Neues? Allgemeine Forst Zeitschrift-Der Wald, 826–827, 15/1997.

120. Mantel, K. Wald und Forst in der Geschichte. Schaper Verlag, Alfeld 1990.

121. Maxeiner, D.; Miersch, M. Lexikon der Öko-Irrtümer. Piper Verlag, München 2000.

122. Meissner, M.; Reinecke, H.; Herzog, S. Vom Wald ins Offenland. Der Rothirsch auf dem Truppenübungsplatz Grafenwöhr. Verlag Frank Fornacon, Ahnatal 2012.

123. Meissner, M.; Reinecke, H.; Herzog, S. Rotwildtelemetrie-neue Aspekte für ein wild- und waldverträgliches Management. In:„Wild auf Verjüngung“, 6–14, Bundesanstalt für Immobilienaufgaben, Berlin 2015. ISBN 978-3-00-048525-1.

124. Menzel, A.; Fabian, P. Growing season extended in Europe. Nature **452**, 987–990, 1999.

125. Meyer-Abich, K.M. Praktische Naturphilosophie. Verlag C.H. Beck, München 1997.

126. Meyer, P.; Lorenz, K.; Mölder, A.; Steffens, R.; Schmidt, W.; Kompa, T., Wevell von Krüger, A. Naturwälder in Niedersachsen. Schutz und Forschung. Band 2 – Niedersächsisches Bergland. Nordwestdeutsche Forstliche Versuchsanstalt, Göttingen 2015.

127. Meyer, P.; Spînu, A.P.; Mölder, A.; Bauhus, J. Management alters drought-induced mortality patterns in European beech (Fagus sylvatica L.) forests. Plant Physiology 2022, doi:10.1111/plb.13396

128. Meyer, P.; *Tabaku*, V.; *von Lüpke*, B. Die Struktur albanischer Rotbuchen-Urwälder- Ableitungen für eine naturnahe Buchenwirtschaft. Forstwissenschaftliches Centralblatt **122**, 47–58, 2003.

129. Meyer, P.; Wevell von Krüger, A.; Steffens, R.; Unkrig, W. Naturwälder in Niedersachsen. Schutz und Forschung. Band 1 – Niedersächsisches Tiefland. Göttingen 2006.

130. Michiels H.-G. Lichte Wälder – Warum sie uns wichtig sind. Allgemeine Forst Zeitschrift-DerWald, 19–21, 6/2015.

131. Miersch, M. Der Klima-Konjunktiv nutzt sich ab. Focus-Magazin online, 29.11.2014, https://www.focus.de/magazin/archiv/politik-der-klima-konjunktiv-nutzt-sich-ab_id_4310778.html. Zuletzt aufgerufen 16. Oktober 2022.

132. Möller, A. Der Dauerwaldgedanke – Sein Sinn und seine Bedeutung. Springer-Verlag, Berlin & Heidelberg 1922.

133. *Müller*, M. *Auswirkungen* des Klimawandels auf ausgewählte Schadfaktoren in den deutschen Wäldern. Wissenschaftliche Zeitschrift der Technischen Universität Dresden **58**, 69–75, 2009.

134. *Müller-Starck, G.; Herzog, S.; Hattemer, H.*H. Intra- and interpopulational genetic variation in juvenile populations of Quercus robur L. and Quercus petraea Liebl. Annales des Sciences Forestiéres **50**, 233s–244s, 1993.

135. *Nagel*, J. Nutzungsplanung in Rein- und Mischbeständen. Allgemeine Forst- und Jagdzeitung **175**, 150–156, 2004.

136. *Neger*, F. W. Das Tannensterben in den sächsischen und anderen deutschen Mittelgebirgen. Tharandter Forstliches Jahrbuch **58**, 201–225, 1908.

137. *Neumann*, C.W. Das Buch vom deutschen Wald. Georg Dollheimer Verlag, Leipzig 1935.

138. *Neuschulz*, F. Management und Prozeßschutz. Erfahrungen aus dem Biosphärenreservat Flusslandschaft Elbe (Brandenburg). Naturschutz und Landschaftsplanung **32**, 71–74, 2000.

139. *Niggemeyer*, H. Die Beschädigung der Vegetation durch Rauch mit besonderer Berücksichtigung des rheinisch-westfälischen Industriegebietes. Dissertation Universität Münster 1916.

140. *Okarma, H., Herzog*, S. Handbuch Wolf. Franckh-Kosmos, Stuttgart 2019.

141. *Petrak*, M. Windenergie – Rotwild – Naturschutz. Ergebnisse, Empfehlungen und Erfahrungen aus der Eifel. Säugetierkundliche Informationen **10,51**, 179–188, 2016

142. *Pickett, S.T.A.; Parker, V.T.; Fiedler*, P.L. The New Paradigm in Ecology: Implications for Conservation Biology Above the Species Level. In: *Fiedler, P.L.; Jain*, S.L. (Herausgeber). Conservation Biology, New York 1992.

143. *Plochmann*, R. Mensch und Wald. In: *Stern, H.; Biebelriether, H.; Burschel, P.; Plochmann, R.; Schröder, W.; Schulz*, H. (Herausgeber). Rettet den Wald, 156–197, Kindler Verlag, München 1979.

144. *Plott*, B. A History of Hunting in the Great Smoky Mountains. The History Press, Charleston, 2008.

145. *Popper*, K.R. Objektive Erkenntnis. Hofmann & Campe, Hamburg 1972.

146. Programme for The Endorsement of Forest Certification Schemes (PEFC). Sustainable Forest Management-Requirements. PEFC Council, Genf 2018.

147. *Purkus, A.; Lüdtke, J.; Becher, G.; Jochem, D.; Polley, H.; Rüter, S.; Weimar, H.; Maack*, C. Charta für Holz 2.0-Kennzahlenbericht 2019 Forst & Holz. Fachagentur Nachwachsende Rohstoffe e.V., Gülzow 2019.

148. *Radkau*, J. Holzverknappung und Krisenbewusstsein im 18. Jahrhundert. Geschichte und Gesellschaft **9**, 513–543, 1983.

149. *Radkau*, J. Zur angeblichen Energiekrise des 18. Jahrhunderts. Revisionistische Betrachtungen zur 'Holznot'. Vierteljahrschrift für Sozial- und Wirtschaftsgeschichte **73**, 1–37, 1986.

150. *Reichholf*, J.H. Schnell wird man als „Klimaleugner" abgestempelt. welt online, 28.5.2017, https://www.welt.de/debatte/kommentare/article165004435/Schnell-wird-man-als-Klimaleugner-abgestempelt.html. Zuletzt aufgerufen 15. Oktober 2022.

151. *Reif, A.; Gärtner*, S. Naturschutz durch Nutzung des Waldes – Widerspruch in sich oder glückliche Fügung? Tagung Naturschutz durch Nutzung. Mainz, 10.11.2005 Denkanstöße **4**, 22–33, 2006.
152. *Reimoser; F.* Schwerpunktbejagung und Intervallbejagung. Österreichs Weidwerk, 35–38, Dezember 1991
153. *Reimoser; F.; Stock*, J. Baumverbiss durch Huftiere und Waldentwicklung – Langfristige Auswirkungen auf ehemaligen Wildschadensflächen. Beiträge zur Jagd- und Wildforschung **46**, 23–36, 2021.
154. *Reinhardt*, R. Strukturwandel in der Eisenindustrie des Lahn-Dill-Gebietes, 1840–1914: Von der Eisenerzeugung zur reinen Eisenweiterverarbeitung in Gießereien. Dissertation, Johann-Wolfgang-Goethe-Universität, Frankfurt am Main, 1999.
155. *Requardt, A.; Köhl, M.; Näscher*, F. Ist Nachhaltigkeit messbar und dokumentierbar? Allgemeine Forst-Zeitschrift/Der Wald, 494–498, 9/2004.
156. *Richarz*, K. Windenergie im Lebensraum Wald. Deutsche Wildtier Stiftung, Hamburg 2021.
157. *Richter*, K. Erhöhte Holznachfrage setzt Wälder unter Druck. 2020. https://www.nabu.de/news/2021/01/29236.html. Zuletzt aufgerufen 15. Oktober 2022.
158. *Riegert, C.; Bader*, A. German cultural history of forestry and forest functions since the early 19th century. The Encyclopedia of Earth, 2010. https://editors.eol.org/eoearth/wiki/German_cultural_history_of_forestry_and_forest_functions_since_the_early_19th_century. Zuletzt aufgerufen 15. Oktober 2022.
159. *Riehl*, W.H. Land und Leute. Verlag Cotta, Stuttgart 1894.
160. *Rohmeder*, E. Das Saatgut in der Forstwirtschaft. Verlag Paul Parey, Hamburg 1972.
161. *Röhrig, E.; Bartsch, N., von Lüpke, B., Dengler*, A. Waldbau auf ökologischer Grundlage. Ulmer Verlag, Stuttgart 2006.
162. *Roloff*, A. (Herausgeber). Trockenstress bei Bäumen. Quelle & Mayer Verlag, Wiebelsheim 2021.
163. *Rössner, W.; Soppa*, R. Energetische und stoffliche Holznutzung sind klimanützlich. https://www.forstpraxis.de/energetische-und-stoffliche-holznutzung-sind-klimanuetzlich/. 2020. Zuletzt aufgerufen 14. Oktober 2022.
164. *Rosenkranz, L.; Seintsch*, B. Opportunitätskostenanalyse zur Implementierung des naturschutzorientierten Waldbehandlungskonzepts „Neue Multifunktionalität". Landbauforschung – Applied Agricultural and Forestry Research **65**, 145–160, 2015.
165. *Rubner, H.* Deutsche Forstgeschichte 1933–1945. Scripta Mercaturae Verlag, St. Katharinen 1985.
166. *Rupf*, H. Wald und Mensch im Geschehen der Gegenwart. In: Deutscher Forstverein (Herausgeber). Jahresbericht, 30–45, Göttingen 1960.
167. *Schanz*, H. Forstliche Nachhaltigkeit. Verlag Kessel, Remagen 2001.
168. *Schede*, H.-G. Der Waldkindergarten auf einen Blick. Verlag Herder, Freiburg im Breisgau 2000.
169. *Schenk*, W. Waldnutzung, Waldzustand und regionale Entwicklung in vorindustrieller Zeit im mittleren Deutschland – Historisch-geographische Beiträge zur Erforschung von Kulturlandschaften in Mainfranken und Nordhessen. Erdkundliches Wissen **117**, 1–325, 1996.

170. *Scherzinger*, W. Das Dynamik-Konzept im flächenhaften Naturschutz. Zieldiskussion am Beispiel der Nationalpark-Idee. Natur und Landschaft **65**, 292–298, 1990.

171. *Schickhofer*, M. Urwald in Österreich. Die letzten wilden Waldparadiese. Brandstätter Verlag, Wien 2013.

172. *Schmidt, M.; Mölder, A.; Engel, F.; Schönfelder, E.; Fortmann-Valtink*, W. Welche Auswirkungen hatte die frühindustrielle Köhlerei auf hessische Wälder? Eine vergleichende Untersuchung im Reinhardswald und im Nationalpark Kellerwald-Edersee. Jahrbuch Naturschutz in Hessen **16**, 21–31, 2016.

173. *Schmidt*, U.E. Geschichte des Waldeigentums und der Forstwirtschaft. In: *Depenheuer, O.; Möhring*, B. (Herausgeber). Waldeigentum, 23–42, Springer-Verlag, Heidelberg, Dordrecht, London & New York 2010.

174. *Schneider*, T. W. Kriterien und Indikatoren für eine nachhaltige Bewirtschaftung der Wälder. Allgemeine Forst-Zeitschrift/ Der Wald, 184–187, 4/1995.

175. *Schraml*, U. Das Waldsterben – neu beschrieben. Schweizerische Zeitschrift für Forstwesen **160**, 179–180, 2009.

176. *Schretzenmayr, M.; Blossfeld, O.; Bösener, R.; Jaeger, H.; Landbeck, H.; Löschau, M.; Nebe, W.; Wagner, W.; Weidermann*, K. Der Wald. Urania-Verlag, Leipzig, Jena, Berlin 1975.

177. *Schröder*, J. Wie ein Bonner Startup mit deutschem Wald CO2-Zertifikate generieren will. https://www.geo.de/natur/oekologie/bonner-startup--co2-zertifikate-mit-deutschem-wald-30535916.html, 2021. Zuletzt aufgerufen 24. Oktober 2022.

178. *Schröder*, W. Die Tiere des Waldes – Glieder im Ökosystem. In: *Stern, H.; Biebelriether, H.; Burschel, P.; Plochmann, R.; Schröder, W.; Schulz*, H. (Herausgeber). Rettet den Wald, 126–155, Kindler Verlag, München 1979.

179. *Schütt*, P. Aktuelle Schäden am Wald – Versuch einer Bestandsaufnahme. Holz-Zentralblatt **108**, 369–372, 1982.

180. *Schütt*, P. Der Stand unseres Wissens über eine aktuelle und gefährliche Komplexkrankheit der Weißtanne (Abies alba Mill.). Forstwissenschaftliches Centralblatt **96**, 177–186, 1977.

181. *Schulze, E.-D.; Stupak, I.; Hessenmöller*, D. The climate mitigation potential of managed spruce and beech forest in Central Europe. In: *Magalhães Pires, J.C.; Da Cunha Gonçalves*, A.L. (Herausgeber). Bioenergy with Carbon Capture and Storage, 131–149, Academic Press, London, San Diego, Cambridge, Oxford 2019.

182. *Schussmann*, M. Die Kelten in Bayern: Archäologie und Geschichte. Verlag Friedrich Pustet, Regensburg 2019

183. *Shirey, P.D.; Lamberti*, G.A. Assisted colonization under the U.S. Endangered Species Act. Conservation Letters **3**, 45–52, 2010.

184. *Sieferle*, R.P. Der unterirdische Wald. Energiekrise und industrielle Revolution. Beck, München 1982.

185. *Simard, S.W.; Perry, D.A.; Jones, M.D.; Myrold, D.D.; Durall, D.M.; Molina*, R. Net transfer of carbon between ectomycorrhizal tree species in the field. Nature **388**, 579–582, 1997.

186. *Sippel*, K. Wirtschaftsarchäologische Geländeforschungen zum mittelalterlichen und neuzeitlichen Bergbau und Hüttenwesen in Nordhessen. Zeitschrift für Archäologie des Mittelalters **33**, 103–122, 2005.

187. *Smith, T.M., Smith, R.L.; Kratochwil*, A. Ökologie. Pearson Studium, München 2009.
188. *Soëtard*, M. Jean-Jacques Rousseau. Leben und Werk. Verlag C.H.Beck, München 2012
189. *Sombart*, W. Der moderne Kapitalismus.: Historisch-systematische Darstellung des gesamteuropäischen Wirtschaftslebens von seinen Anfängen bis zur Gegenwart. Duncker & Humblot, München 1919.
190. *Sonnentag, S.; Fritz*, C. The recovery experience questionaire: Development and validation of a measure for reassessing and unwinding from work. Journal of Occupational Health Psychology **12**, 204–221, 2007.
191. *Speidel*, G. Planung im Forstbetrieb. Verlag Paul Parey, Hamburg & Berlin 1972.
192. *Spelsberg*, G. Rauchplage. Zur Geschichte der Luftverschmutzung. Kölner Volksblatt, Köln 1988.
193. *Stauffer*, M. Der Wald: Zur Darstellung und Deutung der Natur im Mittelalter, Juris-Verlag, Zürich 1958
194. *Ste-Marie, C.; Nelson, E. A.; Dabros, A.; Bonneau*, M. E. Assisted migration: Introduction to a multifaceted concept. Forestry Chronicle **87**, 724–730, 2011. https://doi.org/10.5558/tfc2011-089
195. *Steurer*, R. Paradigmen der Nachhaltigkeit. Zeitschrift für Umweltpolitik und Umweltrecht **10**, 537–566, 2001.
196. *Straube*, S. Der Natur überlassen statt gestalten. Flächen im mitteldeutschen Braunkohlerevier. Nationalpark, 29–33, 1/2000.
197. *Stöckhardt*, J.A. Über die Einwirkung des Rauches von Silberhütten auf die benachbarte Vegetation. Polytechnisches Centralblatt **16**, 257–278, 1850.
198. *Sturm*, K. Prozeßschutz- ein Konzept für naturschutzgerechte Waldwirtschaft. Zeitschrift für Ökologie und Naturschutz **2**, 181–192, 1993.
199. *Suda*, M. Ist der Wald multifunktional? Wald und Holz **90**, 40–42, 2009.
200 *Suda, M.; Pukall*, K. Multifunktionale Forstwirtschaft zwischen Inklusion und Extinktion (Essay). Schweizerische Zeitschrift für das Forstwesen **165**, 333–338. 2014.
201. *Suzuki, S.N.; Tsunoda, T.; Nishimura, N.; Morimoto, J.; Suzuki*, J. Dead wood offsets the reduced live wood carbon stock in forests over 50 years after a stand-replacing wind disturbance. Forest Ecology and Management **432**, 94–101, 2019.
202. *Tiede, T.; Herzog*, S. Using zoochorous dispersal within the scope of converting pine and spruce stands into mixed forests. Forstwissenschaftliche Beiträge Tharandt – Contributions to Forest Sciences **20**, 2004, 144–152.
203. *Tiede, T.; Austermühle, S.; Herzog*, S. Auswahl- und Fraßverhalten des Eichelhähers – Ökologische Konsequenzen für die Verbreitung von Laubbaumarten. Verhandlungen der Gesellschaft für Ökologie **32**, 215, 2002.
204. *Ulrich*, B. Zur Stabilität von Waldökosystemen. Forstarchiv 52, 165–170, 1981.
205. *Ulrich, B.; Mayer, R.; Khanna*, P.K. Deposition von Luftverunreinigungen und Auswirkungen in Waldökosystemen im Solling. Schriftenreihe der Forstlichen Fakultät der Universität Göttingen und Mitteilungen der Niedersächsischen Forstlichen Versuchsanstalt 58, 1–291, 1979.
206. *Vahrenholt, F.; Lüning*, S. Unerwünschte Wahrheiten: Was Sie über den Klimawandel wissen sollten. Langen Müller Verlag, München 2020.

207. *Vera*, F.W.M. Grazing ecology and forest history. CABI Publishing, Wallingford & New York 2002.
208. *Vitasse, Y.; Bottero, A.; Cailleret, M.; Bigler, C.; Fonti, P.; Gessler, A.; Lévesque, M.; Rohner,B.; Weber, P.; Rigling, A.; Wohlgemuth*, T. Contrasting resistance and resilience to extreme drought and late spring frost in five major European tree species. Global Change Biology **25**, 3781–3792, 2019.
209. *Vitt, P.; Havens, K.; Kramer, A.T.,;Sollenberger, D.; Yates*, E. Assisted migration of plants: Changes in latitudes, changes in attitudes. Biological Conservation **143**, 18–27, 2010. https://doi.org/10.1016/j.biocon.2009.08.015
210. *Völksen*, G. Die Lüneburger Heide. Kommissionsverlag Göttinger Tageblatt, Göttingen 1984.
211. *Volterra*, V. Leçons sur la Théorie Mathématique de la Lutte pour la Vie. Gauthier-Villars, Paris 1931
212. *von Berg*, C.H.E. Das Verdrängen der Laubwälder im nördlichen Deutschlande durch die Fichte und die Kiefer. Verlag C.W. Leske, Darmstadt 1844.
213. *von Berg*, H.E.C. Das Verdrängen der Laubwälder im nördlichen Deutschlande durch die Nadelhölzer, besonders durch die Fichte. Land- und Forstwirthschaftliche Zeitschrift für Nord-Deutschland **2**, 74–96, 1834.
214. *von Carlowitz*, H.C. Sylvicultura Oeconomica. Hausswirthliche Nachricht und Naturmäßige Anweisung zur Wilden Baum-Zucht. Faksimile der Erstauflage Leipzig 1713. Verlag Kessel, Remagen.
215. *von Detten, R.; Metzger, B.; Brüggemeier*, F.-J. Der Wald stirbt!? Eine westdeutsche Debatte der 1980er Jahre. Freiburger Universitätsblätter **196**, 115–137, 2012
216. *von Graevenitz, G.; Köcher, R.; Rüthers*, B. (Herausgeber). Vierte Gewalt?: Medien und Medienkontrolle. UVK Verlag, Konstanz 1999.
217. *von Mammen*, F. Der Wald als Erzieher. „Globus“ Wissenschaftliche Verlagsanstalt, Dresden & Leipzig 1934.
218. *Warde*, P. Fear of wood shortage and the reality of the woodland in Europe, c. 1450–1850. History Workshop Journal **62**, 28–57, 2006.
219. *Weber*, N. Zehntausend Klafter Holz oder grüne Menschenfreude? Zur Gemeinwohldiskussion in der Forstwirtschaft. In: *Münkler, H.; Fischer*, K. Forschungsberichte der Interdisziplinären Arbeitsgruppe „Gemeinwohl und Gemeinsinn“ der Berlin-Brandenburgischen Akademie der Wissenschaften. Band 2 Gemeinwohl und Gemeinsinn, 243–263, Akademie-Verlag, Berlin 2002.
220. *Westekemper, K.; Reinecke, H.; Signer, J.; Meissner, M.; Herzog, S.; Balkenhol, N.* Stay on trails – effects of human recreation on the spatiotemporal behavior of red deer Cervus elaphus in a German national park. Wildlife Biology 2018. doi.org/10.2981/wlb.00403.
221. *Westman*, W. How much are nature's services worth? Science 197, 960–964, 1977.
222. *Wiegand*, C. Kulturlandschaftsräume und historische Kulturlandschaften landesweiter Bedeutung in Niedersachsen – Landesweite Erfassung, Darstellung und Bewertung. Niedersächsischer Landesbetrieb für Wasserwirtschaft, Küsten- und Naturschutz 2019.

223. *Wippel, B.; Becker, G.; Seintsch, B.; Rosenkranz, L.; Englert, H.; Dieter, M.; Möhring, B.; Stratmann, J.; Gerst, J.; Paschke, M.; Riedinger*, D. FFH-Impact project. Johann-Heinrich-von-Thünen-Institut, Hamburg 2012.
224. *Wohlleben*, P. Das geheime Leben der Bäume. Ludwig Buchverlag, München 2015.
225. *Wohlleben*, P. ...ist eine Plantage. Stern, 26–36, 22. August 2019.
226. *Wohlrab*, B. Landschaftswasserhaushalt, Wasserkreislauf und Gewässer im ländlichen Raum. Verlag Paul Parey, Hamburg 1992.
227. World Commission on Environment and Development. Our Common Future. Oxford University Press, Oxford 1987.
228. *Ziehe, M.; Gregorius, H.-R.; Glock, H.; Hattemer, H. H.; Herzog*, S. Gene resources and gene conservation in forest trees: General concepts. In: *Scholz, F.; Gregorius, H.-R.; Rudin*, D. (Herausgeber). Genetic Effects of Air Pollutants in Forest Tree Populations. Springer-Verlag: Berlin, Heidelberg, New York, 173–185, 1989.
229. *Zierhofer*, W. Umweltforschung und Öffentlichkeit-Das Waldsterben und die kommunikativen Leistungen von Wissenschaft und Massenmedien. Westdeutscher Verlag, Opladen 1998.
230. *Zundel*, R. Einführung in die Forstwissenschaft. Eugen Ulmer, Stuttgart 1990

REGISTER

Bildnachweis
Mit 85 Abbildungen von Frank Hecker (Abb. 13, 24, 59); Doris Krabel (Abb. 38); Pixabay.com (Abb. 56 © Erich Westendarp, 57 © Robert Pastryk); Shutterstock.com (Abb. 8 © KPG-Payless, 12 © Petr Salinger, 21 © Petr Grzempowski, 31 © Qart Hadasht, 47 © jurra8); Siebengebirgsmuseum/Heimatverein Siebengebirge (Abb. 6); Stocksy.com (Seite 4 © Andreas Wonisch); wikimedia commons (Abb. 3, 5, 9, 11, 40)
Alle weiteren Abbildungen von Sven Herzog, Grafiken von Maya Franke.

Impressum
Umschlaggestaltung von BÜRO JORGE SCHMIDT, München,
unter Verwendung eines Fotos von TobyG/Shutterstock.com.

FSC www.fsc.org MIX Papier | Fördert gute Waldnutzung FSC® C014889

Gedruckt auf chlorfrei gebleichtem Papier.

ISBN 978-3-440-17529-3
Lektorat: Achim Gralke
Gestaltung und Satz: DOPPELPUNKT, Stuttgart
Produktion: Markus Schärtlein
Druck und Bindung: Friedrich Pustet GmbH & Co. KG, Regensburg
Printed in Germany / Imprimé en Allemange